●十五年戦争陸軍留守名簿資料集③

# 留守名簿　北支那防疫給水部

西山勝夫　編・解説

不二出版

# 『留守名簿 北支那防疫給水部』復刻にあたって

一、本書の原簿冊名は、「留守名簿 甲第一八五五部隊 北支那防疫給水部」(昭和二〇年八月二九日調製) である。
一、本書は、西山勝夫氏が独立行政法人国立公文書館から入手したデータを使用した。
一、本簿被覆有の頁は、モノクロスキャニング画像からカラースキャニング画像に差し替えた。
国立公文書館のカラースキャニング画像の納品が遅れたため本書の刊行が大幅に遅延したことをお詫び申し上げます。
一、本書巻頭に解説(西山勝夫 著)を収録した。
一、収録にあたっては、次の処理を施した。
1. 復刻版の通し頁を小口下方に漢数字で付した。
2. 本書解説との照会のため、必要に応じ復刻版の小口上方に柱(*付き)を付して注記した。
3. 付箋が付してあった頁については付箋をめくった状態の面も収録した。

(不二出版)

## 目次


解説『留守名簿 北支那防疫給水部』からみえる北支那防疫給水部の構成の概要………1
氏名目次(不二出版編集部)………15
将校らの兵種別氏名別兵歴(西山勝夫)………(1)

原簿冊復刻版………復刻版一～二四〇

# 『留守名簿 北支那防疫給水部』からみえる北支那防疫給水部の構成の概要

西山勝夫

## 一、はじめに

### 一―一、入手の経緯

国立公文書館のデジタルアーカイブで検索できた『留守名簿 北支那防疫給水部』について、写しの作成方法についてはカラースキャニング（光ディスク）の利用請求書で申請を行った（二〇一五年一一月）が、代替物（閲覧用複製物）の用紙への複写（モノクロ）しか認められず、それが納品されたのは二〇一六年四月七日であった。しかし、様々な折衝を経て、最終的には「一部の利用を認める」（「犯罪者とその親族を特定する情報は利用不可」）としたもののｊｐｇ形式のカラースキャニングの利用決定（二〇一八年二月一四日）が通知され、光ディスクの納品（同年四月）に至った(1)。

### 一―二、留守名簿全体の外見

納品されたカラースキャニングの『留守名簿 北支那防疫給水部』の画像の構成は、全一二九枚のｊｐｇ形式のファイル（本簿は五枚目から一二〇枚目までがカラー、利用を認められない隊員を含む本簿のページ、一二六枚目以降は全体がモノクロスキャニング）である。その全枚数は『留守名簿 関東軍防疫給水部』の約六分の一である。

最初の二枚は、黒のマジックインキで表題などが書かれていることから後に添えられた表紙とみなせ、もともとの表紙は三枚目からと考えられる。一枚目は、表紙、裏表紙を開いて背表紙と共に撮影されている。表紙の簿名は、

北支那防疫給水部
甲　一八五五部隊　留守名簿

となっており、「昭和二十年八月二十九日調製」と左下に記されている。また右下には赤マジックで算用数字「287」と書かれ、その上に国立公文書館の管理ラベルが貼り付けられている。背表紙の題目は「甲　北支那防疫給水部」で、底辺に赤字で「二八七」と表紙と同じ番号の漢数字が記されている。「287」は国立公文書館デジタルアーカイブで「留守名簿」＆「北支那防疫給水部」で検索した際に表示される概要情報「留守名簿（支那）北支那防疫給水部・甲第１８５５部隊２８７」の最後の三桁の数値と符合している。二枚目は表紙を閉じた形の表紙像の右側に参照用の物差しと色見本の像が写されている。

三枚目の本表紙は、主題目が「留守名簿」、副題目が「甲第一八五五部隊」左下に「北支防疫給水部」と毛筆で記されている。また、左上には「G.H.Q.」の赤字スタンプと手書きで算用数字「７２８７」が記されたラベルが貼られている。

四枚目は、赤罫線を印刷した陸軍のＢ４判便箋を中折れしたものの右半分の像が写されている。赤鉛筆の大きなカギ括弧の中に黒ペンで「第十二軍司令官の定むる兵站病院に転属と有るものは一応第百六十九兵站病院留守名簿を調査されたい。」と記されている。その左側中央には青ペンで「留名番号 492」と記した小文字のメモがある。国立公文書館デジタルアーカイブで「留守名簿」＆「４９２」で検索したところ、概要情報「留守名簿（支那）第１６９兵站病院・仁第１４０２部隊４９２」を見出すことができた。

五枚目から本簿で、その書式は、『陸亜第一四三五号 留守業務規程』(2)（一一頁）に示されているものとほとんど同じである。綴代側にページ番号が手書きされている。名簿の配列は、『留守名簿 関東軍防疫給水部』と同じく大体隊員氏名の読みのアイウエオ順である。全ての隊員について、隊員ごとに所定の記入欄の上から下まで、赤二重取消線が引かれている。

本簿には『留守名簿 関東軍防疫給水部』のような破損、汚染はほとんどなく、そのためによる読み取り困難な個所もなく、整然と整理されている。

二五枚目と二六枚目は本簿39頁と40頁に挟み込まれたメモ用紙（凡Ａ６版大の古紙）で、「大内慶重郎は１５１兵站病院へ転属」と手書きされたメモが挿入されている。

五〇枚目左側（本簿81頁）と五一枚目右側（本簿82頁）及び八六枚目左側（本簿139頁）と八七枚目右側（本簿140頁）は部分公開のため白紙で袋綴じされている。

一二四枚目は部分公開隊員情報が記載された頁のモノクロスキャニング用紙を別冊にしたファイルの表紙で、一二六枚目以降四枚が本簿被覆有の頁の画像*であ

る。一二六枚目の本簿81頁の五番目の隊員については、隊員の本籍地の町村名以下、留守担当者の町村名以下の住所、留守担当者の氏名、隊員の氏名、生年月日が被覆されている。一二七枚目と一二八枚目には被覆はない。一二九枚目は本簿140頁の六番目の隊員の本籍地の町村名以下、留守担当者の氏名が被覆されている。

### 一―三、本稿の主旨

『留守名簿 関東軍防疫給水部』にみられたような付表は一切ない。また、『留守名簿 関東軍防疫給水部』のように国会で審議された痕跡も見当たらない。拙著[3-5]以外に北支那防疫給水部の部隊構成について検討したものは見当たらない。そこで本稿では、本簿をもとに北支那防疫給水部の構成について、拙著[3、4]よりもさらに詳細な検討を行う。

## 二、方法

名簿に記載された各項目の集計のために、SPSS 15.0J Base System SC（二〇〇六年）を用いた。

上述したスプレッドシートの各項目の他に、それらの分類のために記入内容に基づき新たに作成した分類項目を変数として、度数分布表、クロス集計表を作成した。なお、年月日を記載する項目については西暦に変換した変数も用いた。

前処理として、度数分布表で同姓同名が見いだされた場合には、生年月日、本籍、留守担当者、その続柄を照合し、同一人と判断した場合は、重複ありとして以降の集計から除外した。除外基準は、昇格・昇給・除隊・解雇・留守担当者の変更などの追記、重複抹消線・取り消し線などのある場合、簿冊頁番号や同ページの記入列が後方の場合などとした。役種兵種官等並ニ等給級俸月給額・発令年月日の項の記入内容・記入方法には必ずしも一貫性がないので、役種兵種官等にかかわる事項については、日本軍の階級に当たるものと軍務内容にかかわるものを抽出し、階級と役種の分類項目を作成し、集計することにした。

本稿では、階級と諸項目のクロス集計表を作成した結果をもとに、構成を検討することにした。なお、暫定的スプレッドシートを用いた各種集計も暫定的なものと言わざるを得ないので、詳細な検討は後に行うこととした。

## 三、結果

### 三―一、分析対象隊員数

重複が認められた隊員数は二名である。重複回数は高々二回である。これらを除外した結果、解析対象となる隊員数は一二四一名となった。

### 三―二、階級と兵種

階級については、少尉以上の隊員を将校、伍長／軍曹／曹長／准尉を下士官、それら以外の兵を兵と再分類した。看護婦長、技手、業務手、雇員、傭人、陸軍公仕は再分類しないでそのまま階級名とした。

階級と兵種のクロス集計表は**表1**に示す。

階級構成の度数分布では、不記載は八九名、七・二％と『留守名簿 関東軍防疫給水部』に比べるとその人数は二倍、割合は五倍程度多い。

兵が最多で六七九名、五四・八％、次いで下士官が二六八名、二一・五％、で合計九四七名、七六・三％である。軍医や医師が多いとされる将校、技師一〇二名、八・二％が、三番目である。『留守名簿 関東軍防疫給水部』では、技手、業務手、雇員、傭人の合計は五八・九％と過半数を占めているが、『留守名簿 北支那防疫給水部』では九一名、七・三％とかなり少ない。『留守名簿 関東軍防疫給水部』では認められた嘱託、軍属・軍傭、助教は見当たらないが、陸軍公仕が七名、〇・六％いる。

兵種構成度数分布では、兵種の種類は、『留守名簿 関東軍防疫給水部』よりも四割くらい少ない。最多は衛生で九四〇名、七五・七％を占めている。『留守名簿 関東軍防疫給水部』と比べると割合で倍以上を占める。次いで多いのは軍医で七五名、六・〇％、自動車操縦六八名、五・五％、技術四六名、三・七％で、以上で九一％となる。

階級と兵種のクロス表を見ると、将校九六名中七五名が軍医で七八・一％を占め、『留守名簿 関東軍防疫給水部』よりも倍ほどの割合である。技師の中に医師、医学者がどれだけいるかはわからないのは、『留守名簿 関東軍防疫給水部』と変わらない。自動車操縦では七六・四％が階級不記載となっている。

表1．北支那防疫給水部の構成：留守名簿の階級と兵種のクロス集計結果

| | | 階級 | | | | | | | | | | | 合計 | 構成比(%) |
|---|---|---|---|---|---|---|---|---|---|---|---|---|---|---|
| | | 将校 | 技師 | 看護婦長 | 下士官 | 兵 | 技手 | 業務手 | 雇員 | 傭人 | 陸軍公仕 | 不記載 | | |
| 兵種 | 衛生 | 7 | 0 | 0 | 256 | 677 | 0 | 0 | 0 | 0 | 0 | 0 | 940 | 75.7 |
| | 軍医 | 75 | 0 | 0 | 0 | 0 | 0 | 0 | 0 | 0 | 0 | 0 | 75 | 6.0 |
| | 自動車操縦 | 0 | 0 | 0 | 0 | 0 | 4 | 12 | 0 | 0 | 0 | 52 | 68 | 5.5 |
| | 技術 | 0 | 0 | 0 | 4 | 0 | 0 | 3 | 31 | 8 | 0 | 0 | 46 | 3.7 |
| | 筆生 | 0 | 0 | 0 | 0 | 0 | 0 | 0 | 0 | 1 | 4 | 9 | 14 | 1.1 |
| | 主計 | 4 | 0 | 0 | 6 | 0 | 0 | 0 | 0 | 0 | 0 | 0 | 10 | 0.8 |
| | 薬剤 | 10 | 0 | 0 | 0 | 0 | 0 | 0 | 0 | 0 | 0 | 0 | 10 | 0.8 |
| | 調理 | 0 | 0 | 0 | 0 | 0 | 0 | 0 | 0 | 0 | 0 | 9 | 9 | 0.7 |
| | 通訳 | 0 | 0 | 0 | 0 | 0 | 0 | 0 | 3 | 4 | 0 | 2 | 9 | 0.7 |
| | 事務 | 0 | 0 | 0 | 0 | 0 | 0 | 0 | 8 | 0 | 0 | 0 | 8 | 0.6 |
| | 雑仕 | 0 | 0 | 0 | 0 | 0 | 0 | 0 | 0 | 0 | 0 | 6 | 6 | 0.5 |
| | 打字 | 0 | 0 | 0 | 0 | 0 | 0 | 0 | 0 | 0 | 0 | 5 | 5 | 0.4 |
| | 電話 | 0 | 0 | 0 | 0 | 0 | 0 | 0 | 0 | 0 | 0 | 4 | 4 | 0.3 |
| | 守衛 | 0 | 0 | 0 | 0 | 0 | 0 | 0 | 0 | 0 | 0 | 3 | 3 | 0.2 |
| | 看護 | 0 | 0 | 1 | 0 | 0 | 0 | 0 | 0 | 0 | 0 | 0 | 1 | 0.1 |
| | 給仕 | 0 | 0 | 0 | 0 | 0 | 0 | 0 | 0 | 0 | 0 | 1 | 1 | 0.1 |
| | 軍房 | 0 | 0 | 0 | 0 | 0 | 0 | 0 | 0 | 0 | 1 | 0 | 1 | 0.1 |
| | 経見士 | 0 | 0 | 0 | 0 | 1 | 0 | 0 | 0 | 0 | 0 | 0 | 1 | 0.1 |
| | 御長 | 0 | 0 | 0 | 1 | 0 | 0 | 0 | 0 | 0 | 0 | 0 | 1 | 0.1 |
| | 療 | 0 | 0 | 0 | 1 | 0 | 0 | 0 | 0 | 0 | 0 | 0 | 1 | 0.1 |
| | 不記載 | 0 | 6 | 0 | 0 | 1 | 15 | 1 | 0 | 1 | 2 | 2 | 28 | 2.3 |
| | 合計 | 96 | 6 | 1 | 268 | 679 | 19 | 16 | 42 | 14 | 7 | 89 | 1,241 | 100 |
| 構成比(%) | | 7.7 | 0.5 | 0.1 | 21.5 | 54.8 | 1.5 | 1.3 | 3.4 | 1.1 | 0.6 | 7.2 | 100 | |

表2．北支那防疫給水部の構成：留守名簿の階級と西暦生年(5年毎)のクロス集計結果

| | | 階級 | | | | | | | | | | | 合計 | 構成比(%) |
|---|---|---|---|---|---|---|---|---|---|---|---|---|---|---|
| | | 将校 | 技師 | 看護婦長 | 下士官 | 兵 | 技手 | 業務手 | 雇員 | 傭人 | 陸軍公仕 | 不記載 | | |
| 西暦生年(五年毎) | 1870 | 0 | 0 | 0 | 0 | 0 | 0 | 0 | 0 | 0 | 1 | 1 | 2 | 0.2 |
| | 1885 | 1 | 0 | 0 | 0 | 0 | 0 | 0 | 0 | 0 | 0 | 1 | 2 | 0.2 |
| | 1890 | 1 | 0 | 0 | 0 | 0 | 0 | 0 | 0 | 0 | 0 | 4 | 5 | 0.4 |
| | 1895 | 0 | 1 | 0 | 1 | 0 | 1 | 0 | 3 | 0 | 0 | 1 | 7 | 0.6 |
| | 1900 | 5 | 0 | 0 | 0 | 0 | 2 | 1 | 2 | 0 | 0 | 2 | 12 | 1.0 |
| | 1905 | 10 | 1 | 0 | 3 | 2 | 9 | 4 | 4 | 1 | 0 | 6 | 40 | 3.2 |
| | 1910 | 38 | 1 | 0 | 30 | 57 | 4 | 8 | 14 | 1 | 1 | 12 | 166 | 13.4 |
| | 1915 | 29 | 2 | 0 | 121 | 174 | 3 | 3 | 10 | 1 | 0 | 35 | 378 | 30.4 |
| | 1920 | 9 | 1 | 1 | 109 | 306 | 0 | 0 | 6 | 6 | 0 | 18 | 456 | 36.8 |
| | 1925 | 0 | 0 | 0 | 0 | 132 | 0 | 0 | 1 | 5 | 5 | 11 | 154 | 12.4 |
| | 1930 | 0 | 0 | 0 | 0 | 1 | 0 | 0 | 0 | 0 | 0 | 0 | 1 | 0.1 |
| | 隠蔽 | 0 | 0 | 0 | 0 | 1 | 0 | 0 | 0 | 0 | 0 | 0 | 1 | 0.1 |
| | 不記載 | 3 | 0 | 0 | 4 | 6 | 0 | 0 | 2 | 0 | 0 | 2 | 17 | 1.4 |
| | 合計 | 96 | 6 | 1 | 268 | 679 | 19 | 16 | 42 | 14 | 7 | 93 | 1,241 | 100 |

### 三―三、生年構成

生年は一八七一年から一九三四年の間に分布していた。

階級と西暦生年（五年毎）のクロス集計表は表2に示す。

全体では最多が一九二〇年代の四五六名、三六・八％、次いで一九一五年代が三七八名、三〇・四％、一九一〇年代が一六六名、一三・四％であるが、将校、雇員は一九一〇年代、下士官は一九一五年代が最多である。

### 三―四、本籍地構成

階級と本籍地都道府県のクロス集計表は表3に示す。

本籍地は都道府県名までで集計することとした。最多が東京の三三三名、二六・八％、次いで山梨、埼玉、千葉の一三〇名台、約一一％である。神奈川も九八名、七・九％、この一都四県で六割を占めている。全土都道府県に分布する他朝鮮を本籍とする隊員二三名、一・九％である。不記載・不明は一六名、一・三％である。

以上の分布傾向は下士官、兵の分布を反映している。

### 三―五、編入年構成

階級と北支防疫給水部に編入された年のクロス集計表は表4に示す。

最多は一九四三年の三八九名、三一・四％、次いで一九四〇年の二五〇名、二〇・二％、一九四五年の一九四名、一五・六％である。不記載・不明は『留守名簿 関東軍防疫給水部』のように多くは見られず、判読不可の八名、〇・六％のみである。

階級別にみると兵は一九四三年編入が二六六名と最多、次いで一九四五年編入が一八二名でこれらで六六％を占めている。将校、技師、下士官、技手、業務手、雇員、不記載では一九四〇年が最多である。

### 三―六、前所属とその編入年構成

階級と前所属のクロス集計表は表5に示す。

前所属の最多は気球連隊の一九一名、一五・四％、次いで独歩第八一大隊、歩兵第一五七連隊の一一八名、九・五％、歩兵第一四九連隊の九三名、七・五％、菊池部隊の七一名、五・七％である。その他の前所属は約一八〇種で、三二名以下が二・六％未満である。不記載は、一三二名、一〇・六％であるが、『留守名簿 関東軍防疫給水部』の不記載・不明が九〇・七％に比べると格段に少ない。陸軍軍医学校が前所属の者は四名、うち三名が将校である。

将校、技師、下士官、兵、技手については前所属がほとんど記されていた。将校の前所属では菊池部隊が最多で一六名を占めている。気球連隊と独歩第八一大隊のほとんどが兵である。

階級と前所属編入年のクロス集計表は表6に示す。

最多は一九四三年の三八〇名、三〇・六％、次いで一九四〇年の二〇七名、一六・七％、一九四二年の二〇〇名、一六・一％である。不記載・不明も『留守名簿 関東軍防疫給水部』のようには多くはなく、不記載は一四九名、一二・〇％である。

階級別にみると一九四二年以降の前所属編入は将校、下士官、兵のみである。兵の前所属編入年は一九四〇年以降である。将校、技師、下士官、兵の前所属編入年のは不記載は少ない。

### 三―七、留守担当者の続柄構成

階級と留守担当者の続柄のクロス集計表は表7に示す。

留守担当者の続柄については、父が六五五名、五二・七％と最多で、次いで妻が二〇四名、一六・五％で、母が一六四名、一三・二％、兄が一一三名、九・一％と続き、これらで九割を超える。不記載は三名、〇・二％で、不記載率は『留守名簿 関東軍防疫給水部』の一〇分の一程度である。

将校についても最多が父であるのは『留守名簿 関東軍防疫給水部』では妻であるのとは異なる。

### 三―八、徴集年構成

階級と徴集年のクロス集計表は表8に示す。

徴集年については、不記載が二五三名、二〇・四％を占めている。記載のあるものの中では、一九四四年、一九四〇年が約一九〇名、一五％強と最多である。

全隊員の七五％を占める下士官､兵についてほとんど記載されていることから、この傾向が全体に反映されている。徴集年が早い者の占める割合は一九三九年ま

表３．北支那防疫給水部の構成:留守名簿の階級と本籍地都道府県のクロス集計結果

| | 階級 | | | | | | | | | | | 合計 | 構成比（%） |
|---|---|---|---|---|---|---|---|---|---|---|---|---|---|
| 本籍地都道府県名 | 将校 | 技師 | 看護婦長 | 下士官 | 兵 | 技手 | 業務手 | 雇員 | 傭人 | 陸軍公仕 | 不記載 | | |
| 朝鮮 | 0 | 0 | 0 | 0 | 0 | 0 | 0 | 5 | 4 | 0 | 14 | 23 | 1.9 |
| 北海道 | 1 | 0 | 0 | 0 | 1 | 0 | 1 | 2 | 0 | 0 | 1 | 6 | 0.5 |
| 青森 | 0 | 0 | 0 | 0 | 0 | 0 | 2 | 2 | 1 | 0 | 1 | 6 | 0.5 |
| 岩手 | 1 | 0 | 0 | 0 | 1 | 0 | 0 | 0 | 0 | 0 | 4 | 6 | 0.5 |
| 山形 | 1 | 0 | 0 | 0 | 1 | 0 | 0 | 1 | 0 | 0 | 3 | 6 | 0.5 |
| 秋田 | 2 | 0 | 0 | 3 | 0 | 0 | 0 | 2 | 0 | 0 | 6 | 13 | 1.0 |
| 宮城 | 3 | 0 | 0 | 2 | 26 | 1 | 0 | 2 | 2 | 0 | 0 | 36 | 2.9 |
| 福島 | 1 | 1 | 0 | 3 | 15 | 1 | 0 | 1 | 0 | 0 | 1 | 24 | 1.9 |
| 茨城 | 1 | 0 | 0 | 5 | 2 | 2 | 0 | 1 | 0 | 0 | 0 | 11 | 0.9 |
| 群馬 | 0 | 0 | 0 | 1 | 0 | 0 | 0 | 0 | 0 | 0 | 2 | 3 | 0.2 |
| 埼玉 | 2 | 0 | 0 | 32 | 916 | 1 | 1 | 0 | 0 | 0 | 2 | 134 | 10.8 |
| 栃木 | 1 | 0 | 0 | 4 | 1 | 1 | 2 | 1 | 0 | 0 | 1 | 11 | 0.9 |
| 千葉 | 6 | 0 | 0 | 35 | 79 | 4 | 2 | 2 | 0 | 0 | 5 | 133 | 10.7 |
| 東京 | 15 | 1 | 0 | 62 | 245 | 4 | 1 | 1 | 0 | 1 | 3 | 333 | 26.8 |
| 神奈川 | 3 | 0 | 0 | 46 | 45 | 0 | 2 | 1 | 0 | 0 | 1 | 98 | 7.9 |
| 山梨 | 0 | 0 | 0 | 16 | 120 | 0 | 1 | 0 | 0 | 0 | 1 | 138 | 11.1 |
| 長野 | 5 | 0 | 0 | 1 | 20 | 0 | 0 | 1 | 0 | 0 | 0 | 27 | 2.2 |
| 新潟 | 4 | 0 | 0 | 6 | 1 | 1 | 0 | 0 | 0 | 0 | 3 | 15 | 1.2 |
| 富山 | 4 | 0 | 0 | 1 | 16 | 0 | 0 | 1 | 0 | 0 | 1 | 23 | 1.9 |
| 石川 | 3 | 0 | 0 | 2 | 5 | 0 | 0 | 2 | 0 | 0 | 1 | 13 | 1.0 |
| 福井 | 2 | 0 | 0 | 1 | 0 | 0 | 0 | 0 | 0 | 0 | 0 | 3 | 0.2 |
| 静岡 | 0 | 0 | 0 | 5 | 0 | 0 | 1 | 0 | 0 | 0 | 1 | 7 | 0.6 |
| 愛知 | 0 | 0 | 0 | 1 | 1 | 0 | 1 | 0 | 0 | 2 | 2 | 7 | 0.6 |
| 三重 | 2 | 0 | 0 | 4 | 0 | 0 | 0 | 0 | 0 | 0 | 1 | 7 | 0.6 |
| 岐阜 | 2 | 0 | 0 | 0 | 0 | 0 | 0 | 1 | 0 | 3 | 2 | 8 | 0.6 |
| 滋賀 | 0 | 0 | 0 | 1 | 0 | 0 | 0 | 2 | 0 | 0 | 2 | 5 | 0.4 |
| 京都 | 5 | 1 | 0 | 2 | 0 | 0 | 1 | 2 | 4 | 0 | 3 | 18 | 1.5 |
| 奈良 | 0 | 0 | 0 | 4 | 0 | 1 | 0 | 0 | 0 | 0 | 1 | 6 | 0.5 |
| 和歌山 | 2 | 0 | 0 | 0 | 0 | 0 | 0 | 1 | 0 | 0 | 0 | 3 | 0.2 |
| 大阪 | 1 | 0 | 0 | 0 | 0 | 1 | 0 | 2 | 1 | 0 | 1 | 6 | 0.5 |
| 兵庫 | 5 | 1 | 0 | 2 | 0 | 0 | 0 | 0 | 0 | 0 | 1 | 9 | 0.7 |
| 岡山 | 5 | 0 | 0 | 2 | 0 | 0 | 0 | 1 | 0 | 0 | 1 | 9 | 0.7 |
| 広島 | 2 | 0 | 0 | 1 | 0 | 0 | 0 | 1 | 0 | 0 | 2 | 6 | 0.5 |
| 山口 | 1 | 0 | 0 | 3 | 1 | 0 | 0 | 1 | 0 | 0 | 0 | 6 | 0.5 |
| 鳥取 | 0 | 1 | 0 | 1 | 0 | 0 | 0 | 1 | 0 | 0 | 0 | 3 | 0.2 |
| 島根 | 1 | 0 | 0 | 1 | 0 | 1 | 0 | 0 | 0 | 0 | 1 | 4 | 0.3 |
| 徳島 | 0 | 0 | 0 | 0 | 0 | 0 | 0 | 1 | 0 | 0 | 0 | 1 | 0.1 |
| 香川 | 1 | 0 | 0 | 0 | 0 | 0 | 0 | 0 | 1 | 0 | 0 | 2 | 0.2 |
| 高知 | 0 | 0 | 0 | 0 | 0 | 0 | 0 | 0 | 0 | 0 | 2 | 2 | 0.2 |
| 愛媛 | 4 | 0 | 0 | 3 | 0 | 0 | 0 | 0 | 0 | 0 | 1 | 8 | 0.6 |
| 福岡 | 4 | 0 | 0 | 2 | 0 | 0 | 0 | 2 | 0 | 0 | 6 | 14 | 1.1 |
| 長崎 | 0 | 0 | 0 | 3 | 0 | 0 | 1 | 0 | 0 | 1 | 1 | 6 | 0.5 |
| 佐賀 | 0 | 0 | 0 | 0 | 1 | 1 | 0 | 1 | 0 | 0 | 2 | 5 | 0.4 |
| 熊本 | 2 | 0 | 1 | 5 | 1 | 0 | 0 | 1 | 0 | 0 | 9 | 19 | 1.5 |
| 大分 | 2 | 0 | 0 | 1 | 0 | 0 | 0 | 0 | 0 | 0 | 2 | 5 | 0.4 |
| 宮崎 | 1 | 0 | 0 | 1 | 0 | 0 | 0 | 0 | 0 | 0 | 0 | 2 | 0.2 |
| 鹿児島 | 1 | 0 | 0 | 6 | 0 | 0 | 0 | 0 | 1 | 0 | 1 | 9 | 0.7 |
| 沖縄 | 0 | 1 | 0 | 0 | 0 | 0 | 0 | 0 | 0 | 0 | 1 | 2 | 0.2 |
| 不記載 | 3 | 0 | 0 | 4 | 6 | 0 | 0 | 2 | 0 | 1 | 0 | 16 | 1.3 |
| 合計 | 96 | 6 | 1 | 268 | 679 | 19 | 16 | 42 | 14 | 7 | 93 | 1,241 | 100 |

表4．北支那防疫給水部の構成: 留守名簿の階級と編入年（西暦）のクロス集計結果

| | | 階級 | | | | | | | | | | | 合計 | 構成比（%） |
|---|---|---|---|---|---|---|---|---|---|---|---|---|---|---|
| | | 将校 | 技師 | 看護婦長 | 下士官 | 兵 | 技手 | 業務手 | 雇員 | 傭人 | 陸軍公仕 | 不記載 | | |
| 編入年（西暦） | 1935 | 0 | 0 | 0 | 1 | 3 | 0 | 0 | 0 | 0 | 0 | 0 | 4 | 0.3 |
| | 1939 | 3 | 0 | 0 | 0 | 0 | 0 | 0 | 0 | 0 | 0 | 0 | 3 | 0.2 |
| | 1940 | 30 | 5 | 0 | 74 | 49 | 15 | 16 | 24 | 0 | 1 | 36 | 250 | 20.2 |
| | 1941 | 15 | 0 | 0 | 37 | 58 | 0 | 0 | 3 | 0 | 0 | 18 | 131 | 10.5 |
| | 1942 | 14 | 0 | 0 | 61 | 80 | 3 | 0 | 7 | 3 | 1 | 5 | 174 | 14.0 |
| | 1943 | 22 | 1 | 0 | 72 | 266 | 1 | 0 | 4 | 6 | 5 | 12 | 389 | 31.4 |
| | 1944 | 10 | 0 | 1 | 20 | 36 | 0 | 0 | 4 | 3 | 0 | 14 | 88 | 7.1 |
| | 1945 | 2 | 0 | 0 | 0 | 182 | 0 | 0 | 0 | 2 | 0 | 8 | 194 | 15.6 |
| | 判読不可 | 0 | 0 | 0 | 3 | 5 | 0 | 0 | 0 | 0 | 0 | 0 | 8 | 0.6 |
| | 合計 | 96 | 6 | 1 | 268 | 679 | 19 | 16 | 42 | 14 | 7 | 93 | 1,241 | 100 |

表5．北那支防疫給水部の構成：留守名簿の階級と前所属のクロス集計結果

| | | 階級 | | | | | | | | | | | 合計 | 構成比（%） |
|---|---|---|---|---|---|---|---|---|---|---|---|---|---|---|
| | | 将校 | 技師 | 看護婦長 | 下士官 | 兵 | 技手 | 業務手 | 雇員 | 傭人 | 陸軍公仕 | 不記載 | | |
| 前所属 | 気球連隊 | 4 | 0 | 0 | 8 | 179 | 0 | 0 | 0 | 0 | 0 | 0 | 191 | 15.4 |
| | 独歩第81大隊 | 0 | 0 | 0 | 0 | 118 | 0 | 0 | 0 | 0 | 0 | 0 | 118 | 9.5 |
| | 歩兵第157連隊 | 0 | 0 | 0 | 52 | 66 | 0 | 0 | 0 | 0 | 0 | 0 | 118 | 9.5 |
| | 歩兵第149連隊 | 1 | 0 | 0 | 36 | 56 | 0 | 0 | 0 | 0 | 0 | 0 | 93 | 7.5 |
| | 菊池部隊 | 16 | 1 | 0 | 17 | 0 | 5 | 6 | 13 | 0 | 1 | 0 | 71 | 5.7 |
| | その他 | 75 | 5 | 0 | 153 | 258 | 12 | 6 | 2 | 0 | 0 | 19 | 518 | 41.7 |
| | 不記載 | 0 | 0 | 1 | 2 | 2 | 2 | 4 | 27 | 14 | 6 | 74 | 132 | 10.6 |
| | 合計 | 96 | 6 | 1 | 268 | 679 | 19 | 16 | 42 | 14 | 7 | 93 | 1,241 | 100.0 |

表6．北支那防疫給水部の構成：留守名簿の階級と前所属編入年（西暦）のクロス集計結果

| | | 階級 | | | | | | | | | | | 合計 | 構成比（%） |
|---|---|---|---|---|---|---|---|---|---|---|---|---|---|---|
| | | 将校 | 技師 | 看護婦長 | 下士官 | 兵 | 技手 | 業務手 | 雇員 | 傭人 | 陸軍公仕 | 不記載 | | |
| 前所属編入年（西暦） | 1937 | 0 | 0 | 0 | 1 | 1 | 0 | 1 | 0 | 0 | 0 | 0 | 3 | 0.2 |
| | 1938 | 9 | 2 | 0 | 16 | 0 | 7 | 7 | 0 | 0 | 0 | 5 | 46 | 3.7 |
| | 1939 | 18 | 2 | 0 | 20 | 0 | 5 | 6 | 15 | 0 | 1 | 12 | 79 | 6.4 |
| | 1940 | 12 | 1 | 0 | 82 | 109 | 2 | 0 | 0 | 0 | 0 | 1 | 207 | 16.7 |
| | 1941 | 13 | 0 | 0 | 10 | 13 | 1 | 0 | 0 | 0 | 0 | 0 | 37 | 3.0 |
| | 1942 | 13 | 0 | 0 | 85 | 102 | 0 | 0 | 0 | 0 | 0 | 0 | 200 | 16.1 |
| | 1943 | 14 | 0 | 0 | 48 | 317 | 0 | 0 | 0 | 0 | 0 | 1 | 380 | 30.6 |
| | 1944 | 5 | 0 | 0 | 0 | 134 | 0 | 0 | 0 | 0 | 0 | 0 | 139 | 11.2 |
| | 1945 | 1 | 0 | 0 | 0 | 0 | 0 | 0 | 0 | 0 | 0 | 0 | 1 | 0.1 |
| | 不記載 | 11 | 1 | 1 | 6 | 3 | 4 | 2 | 27 | 14 | 6 | 74 | 149 | 12.0 |
| | 合計 | 96 | 6 | 1 | 268 | 679 | 19 | 16 | 42 | 14 | 7 | 93 | 1,241 | 100 |

表7. 北支那防疫給水部の構成:留守名簿の階級と留守担当者の続柄のクロス集計結果

| | | 階級 | | | | | | | | | | | 合計 | 構成比(%) |
|---|---|---|---|---|---|---|---|---|---|---|---|---|---|---|
| | | 将校 | 技師 | 看護婦長 | 下士官 | 兵 | 技手 | 業務手 | 雇員 | 傭人 | 陸軍公仕 | 不記載 | | |
| 続柄 | 父 | 41 | 2 | 0 | 151 | 388 | 4 | 5 | 13 | 9 | 5 | 37 | 655 | 52.7 |
| | 妻 | 36 | 3 | 0 | 36 | 75 | 10 | 8 | 14 | 0 | 0 | 22 | 204 | 16.5 |
| | 母 | 14 | 0 | 0 | 43 | 89 | 0 | 1 | 6 | 3 | 1 | 7 | 164 | 13.2 |
| | 兄 | 3 | 0 | 1 | 15 | 67 | 3 | 2 | 5 | 2 | 0 | 15 | 113 | 9.1 |
| | 養父 | 1 | 0 | 0 | 3 | 16 | 0 | 0 | 1 | 0 | 1 | 0 | 22 | 1.8 |
| | 義兄 | 0 | 0 | 0 | 2 | 9 | 0 | 0 | 0 | 0 | 0 | 2 | 13 | 1.0 |
| | 叔父 | 0 | 0 | 0 | 2 | 7 | 0 | 0 | 0 | 0 | 0 | 3 | 12 | 1.0 |
| | 祖父 | 1 | 0 | 0 | 0 | 7 | 0 | 0 | 0 | 0 | 0 | 0 | 8 | 0.6 |
| | 弟 | 0 | 1 | 0 | 4 | 1 | 0 | 0 | 1 | 0 | 0 | 0 | 7 | 0.6 |
| | 姉 | 0 | 0 | 0 | 2 | 4 | 0 | 0 | 0 | 0 | 0 | 0 | 6 | 0.5 |
| | 従兄 | 0 | 0 | 0 | 0 | 5 | 0 | 0 | 0 | 0 | 0 | 0 | 5 | 0.4 |
| | 養母 | 0 | 0 | 0 | 3 | 1 | 1 | 0 | 0 | 0 | 0 | 0 | 5 | 0.4 |
| | 伯父 | 0 | 0 | 0 | 0 | 4 | 0 | 0 | 0 | 0 | 0 | 0 | 4 | 0.3 |
| | 義父 | 0 | 0 | 0 | 1 | 0 | 1 | 0 | 0 | 0 | 0 | 1 | 3 | 0.2 |
| | 主人 | 0 | 0 | 0 | 0 | 2 | 0 | 0 | 0 | 0 | 0 | 0 | 2 | 0.2 |
| | 祖母 | 0 | 0 | 0 | 0 | 1 | 0 | 0 | 0 | 0 | 0 | 1 | 2 | 0.2 |
| | 妹 | 0 | 0 | 0 | 2 | 0 | 0 | 0 | 0 | 0 | 0 | 0 | 2 | 0.2 |
| | 義弟 | 0 | 0 | 0 | 0 | 0 | 0 | 0 | 1 | 0 | 0 | 0 | 1 | 0.1 |
| | 従姉 | 0 | 0 | 0 | 1 | 0 | 0 | 0 | 0 | 0 | 0 | 0 | 1 | 0.1 |
| | 村長 | 0 | 0 | 0 | 0 | 0 | 0 | 0 | 1 | 0 | 0 | 0 | 1 | 0.1 |
| | 長男 | 0 | 0 | 0 | 0 | 0 | 0 | 0 | 0 | 0 | 0 | 1 | 1 | 0.1 |
| | 夫 | 0 | 0 | 0 | 0 | 0 | 0 | 0 | 0 | 0 | 0 | 1 | 1 | 0.1 |
| | 父兄 | 0 | 0 | 0 | 1 | 0 | 0 | 0 | 0 | 0 | 0 | 0 | 1 | 0.1 |
| | 父母 | 0 | 0 | 0 | 0 | 1 | 0 | 0 | 0 | 0 | 0 | 0 | 1 | 0.1 |
| | 義兄 | 0 | 0 | 0 | 0 | 0 | 0 | 0 | 0 | 0 | 0 | 1 | 1 | 0.1 |
| | 實兄 | 0 | 0 | 0 | 1 | 0 | 0 | 0 | 0 | 0 | 0 | 0 | 1 | 0.1 |
| | 實弟 | 0 | 0 | 0 | 0 | 0 | 0 | 0 | 0 | 0 | 0 | 1 | 1 | 0.1 |
| | 實母 | 0 | 0 | 0 | 0 | 1 | 0 | 0 | 0 | 0 | 0 | 0 | 1 | 0.1 |
| | 養父 | 0 | 0 | 0 | 0 | 0 | 0 | 0 | 0 | 0 | 0 | 0 | 0 | 0.0 |
| | 不記載 | 0 | 0 | 0 | 1 | 1 | 0 | 0 | 0 | 0 | 0 | 1 | 3 | 0.2 |
| | 合計 | 96 | 6 | 1 | 268 | 679 | 19 | 16 | 42 | 14 | 7 | 93 | 1,241 | 100 |

表8. 北支那防疫給水部の構成：留守名簿の階級と徴集年（西暦）のクロス集計結果

| | | 階級 | | | | | | | | | | | 合計 | 構成比(%) |
|---|---|---|---|---|---|---|---|---|---|---|---|---|---|---|
| | | 将校 | 技師 | 看護婦長 | 下士官 | 兵 | 技手 | 業務手 | 雇員 | 傭人 | 陸軍公仕 | 不記載 | | |
| 徴集年（西暦） | 1918 | 0 | 0 | 0 | 1 | 0 | 0 | 0 | 0 | 0 | 0 | 0 | 1 | 0.1 |
| | 1925 | 1 | 0 | 0 | 0 | 1 | 0 | 0 | 0 | 0 | 0 | 0 | 2 | 0.2 |
| | 1927 | 1 | 0 | 0 | 1 | 0 | 0 | 0 | 0 | 0 | 0 | 0 | 2 | 0.2 |
| | 1928 | 0 | 0 | 0 | 1 | 0 | 0 | 0 | 0 | 0 | 0 | 0 | 1 | 0.1 |
| | 1929 | 1 | 0 | 0 | 0 | 0 | 0 | 0 | 0 | 0 | 0 | 0 | 1 | 0.1 |
| | 1930 | 0 | 0 | 0 | 1 | 0 | 0 | 0 | 0 | 0 | 0 | 0 | 1 | 0.1 |
| | 1931 | 5 | 0 | 0 | 3 | 12 | 0 | 0 | 0 | 0 | 0 | 0 | 20 | 1.6 |
| | 1932 | 2 | 0 | 0 | 5 | 2 | 0 | 0 | 0 | 0 | 0 | 0 | 9 | 0.7 |
| | 1933 | 2 | 0 | 0 | 6 | 20 | 0 | 0 | 0 | 0 | 0 | 0 | 28 | 2.3 |
| | 1934 | 1 | 0 | 0 | 13 | 18 | 0 | 0 | 0 | 0 | 0 | 0 | 32 | 2.6 |
| | 1935 | 1 | 0 | 0 | 13 | 26 | 0 | 0 | 0 | 0 | 0 | 0 | 40 | 3.2 |
| | 1936 | 2 | 0 | 0 | 34 | 51 | 0 | 0 | 0 | 0 | 0 | 0 | 87 | 7.0 |
| | 1937 | 2 | 0 | 0 | 28 | 35 | 0 | 0 | 1 | 0 | 0 | 0 | 66 | 5.2 |
| | 1938 | 5 | 0 | 0 | 10 | 16 | 0 | 0 | 0 | 0 | 0 | 0 | 31 | 2.5 |
| | 1939 | 7 | 0 | 0 | 29 | 33 | 0 | 0 | 0 | 0 | 0 | 0 | 69 | 5.6 |
| | 1940 | 4 | 0 | 0 | 53 | 133 | 0 | 0 | 0 | 0 | 0 | 0 | 190 | 15.3 |
| | 1941 | 12 | 0 | 0 | 46 | 66 | 0 | 0 | 0 | 0 | 0 | 0 | 124 | 10.0 |
| | 1942 | 2 | 0 | 0 | 16 | 33 | 0 | 0 | 1 | 0 | 0 | 0 | 52 | 4.2 |
| | 1943 | 1 | 0 | 0 | 0 | 30 | 0 | 0 | 0 | 0 | 0 | 0 | 31 | 2.5 |
| | 1944 | 0 | 0 | 1 | 0 | 193 | 0 | 0 | 0 | 0 | 0 | 0 | 194 | 15.6 |
| | 判読不可 | 0 | 0 | 0 | 2 | 5 | 0 | 0 | 0 | 0 | 0 | 0 | 7 | 0.6 |
| | 不記載 | 47 | 6 | 1 | 6 | 4 | 19 | 16 | 40 | 14 | 7 | 93 | 253 | 20.4 |
| | 合計 | 96 | 6 | 1 | 268 | 679 | 19 | 16 | 42 | 14 | 7 | 93 | 1,241 | 100 |

でで三割超と『留守名簿 関東軍防疫給水部』の二%弱と比べるとその割合はかなり多い。

### 三—九、任官年構成

階級と任官年のクロス集計表は表9に示す。

任官年については、不記載が七六・三%を占めている。

　将校、下士官については全体とは異なって七割以上が記載されている。将校の任官年は一九四〇年が一五名、一五・六%と最多で、一九四一年以降の将校は三六名、三七・五%と『留守名簿 関東軍防疫給水部』の五七・七%に比べるとその割合は二〇%程少ない。

### 三—一〇、発令年構成

　発令年は、北那支防疫給水部における直近の昇給昇格の年月日から西暦年に変換したものである。階級と発令年のクロス集計表を表10に示す。

　一九四五年の敗戦までが五四四名、四三・九%と最多で、次いで一九四五年八月五〇一名、四〇・四%と一九四五年が大部分を占め、一九五五年も四名〇・三%ある。記載・不明は〇名である。

### 三—一一、役種

　役種兵種官等並ニ等給級俸月給額・発令年月日の項には、豫と役種が記載されている隊員がいる。豫は予備役を指す。特に記載のない隊員の役種は現役とした。『留守名簿 関東軍防疫給水部』には記載のあった臨時、臨嘱の隊員は認められなかった。階級と役種のクロス集計を表11に示す。

　現役が九八六名、七九・五%を占めているが、『留守名簿 関東軍防疫給水部』の九七・八%に比べると少ない。不記載は一名、〇・一%である。予備役のほとんどは下士官、将校で占められ、将校の七六・〇%が予備役で『留守名簿 関東軍防疫給水部』の四〇%の割合と比べると倍ほどである。予備役の下士官は六〇・八%で、『留守名簿 関東軍防疫給水部』の〇・二%と比べると非常に大きい割合を占めている。

表9．北支那防疫給水部の構成：留守名簿の階級と任官年（西暦）のクロス集計結果

| | | 階級 | | | | | | | | | | | 合計 | 構成比（%） |
|---|---|---|---|---|---|---|---|---|---|---|---|---|---|---|
| | | 将校 | 技師 | 看護婦長 | 下士官 | 兵 | 技手 | 業務手 | 雇員 | 傭人 | 陸軍公仕 | 不記載 | | |
| 任官年（西暦） | 1919 | 1 | 0 | 0 | 0 | 0 | 0 | 0 | 0 | 0 | 0 | 0 | 1 | 0.1 |
| | 1923 | 1 | 0 | 0 | 1 | 0 | 0 | 0 | 0 | 0 | 0 | 0 | 2 | 0.2 |
| | 1925 | 1 | 0 | 0 | 0 | 0 | 0 | 0 | 0 | 0 | 0 | 0 | 1 | 0.1 |
| | 1930 | 2 | 0 | 0 | 0 | 0 | 0 | 0 | 0 | 0 | 0 | 0 | 2 | 0.2 |
| | 1932 | 1 | 0 | 0 | 1 | 0 | 0 | 0 | 0 | 0 | 0 | 0 | 2 | 0.2 |
| | 1933 | 1 | 0 | 0 | 0 | 0 | 0 | 0 | 0 | 0 | 0 | 0 | 1 | 0.1 |
| | 1934 | 1 | 0 | 0 | 0 | 0 | 0 | 0 | 0 | 0 | 0 | 0 | 1 | 0.1 |
| | 1935 | 3 | 0 | 0 | 2 | 0 | 0 | 0 | 0 | 0 | 0 | 0 | 5 | 0.4 |
| | 1937 | 3 | 0 | 0 | 7 | 0 | 0 | 0 | 0 | 0 | 0 | 0 | 10 | 0.8 |
| | 1938 | 6 | 1 | 0 | 22 | 0 | 0 | 0 | 0 | 0 | 0 | 0 | 29 | 2.3 |
| | 1939 | 13 | 0 | 0 | 23 | 0 | 3 | 0 | 0 | 0 | 0 | 0 | 39 | 3.1 |
| | 1940 | 15 | 1 | 0 | 6 | 0 | 1 | 0 | 0 | 0 | 0 | 0 | 23 | 1.9 |
| | 1941 | 10 | 0 | 0 | 9 | 0 | 0 | 0 | 0 | 0 | 0 | 0 | 19 | 1.5 |
| | 1942 | 9 | 1 | 0 | 11 | 1 | 5 | 0 | 0 | 0 | 0 | 0 | 27 | 2.2 |
| | 1943 | 6 | 1 | 0 | 20 | 0 | 2 | 0 | 0 | 0 | 0 | 0 | 29 | 2.3 |
| | 1944 | 9 | 2 | 0 | 77 | 0 | 4 | 0 | 0 | 0 | 0 | 0 | 92 | 7.3 |
| | 1945 | 2 | 0 | 0 | 9 | 1 | 0 | 0 | 0 | 0 | 0 | 0 | 12 | 1.0 |
| | 不記載 | 12 | 0 | 1 | 80 | 677 | 4 | 16 | 42 | 14 | 7 | 93 | 946 | 76.3 |
| | 合計 | 96 | 6 | 1 | 268 | 679 | 19 | 16 | 42 | 14 | 7 | 93 | 1,241 | 100 |

表10. 北支防疫給水部の構成: 留守名簿の階級と発令年（西暦）のクロス集計結果

| | | 階級 | | | | | | | | | | | 合計 | 構成比（%） |
|---|---|---|---|---|---|---|---|---|---|---|---|---|---|---|
| | | 将校 | 技師 | 看護婦長 | 下士官 | 兵 | 技手 | 業務手 | 雇員 | 傭人 | 陸軍公仕 | 不記載 | | |
| 発令年（西暦） | 1942 | 0 | 0 | 0 | 1 | 0 | 0 | 0 | 0 | 0 | 0 | 0 | 1 | 0.1 |
| | 1943 | 1 | 0 | 0 | 4 | 1 | 0 | 0 | 0 | 0 | 0 | 0 | 6 | 0.5 |
| | 1944 | 46 | 2 | 0 | 55 | 57 | 2 | 0 | 11 | 2 | 0 | 9 | 184 | 14.8 |
| | 1945 | 46 | 4 | 0 | 141 | 303 | 11 | 1 | 9 | 6 | 2 | 21 | 544 | 43.9 |
| | 敗戦後 | 3 | 0 | 1 | 67 | 318 | 6 | 15 | 22 | 6 | 5 | 63 | 506 | 40.8 |
| | 合計 | 96 | 6 | 1 | 268 | 679 | 19 | 16 | 42 | 14 | 7 | 93 | 1241 | 100 |

表11. 北支那防疫給水部の構成：留守名簿の階級と役種のクロス集計結果

| | | 階級 | | | | | | | | | | | 合計 | 構成比（%） |
|---|---|---|---|---|---|---|---|---|---|---|---|---|---|---|
| | | 将校 | 技師 | 看護婦長 | 下士官 | 兵 | 技手 | 業務手 | 雇員 | 傭人 | 陸軍公仕 | 不記載 | | |
| 役種 | 現役 | 23 | 6 | 0 | 105 | 661 | 19 | 16 | 42 | 14 | 7 | 93 | 986 | 79.5 |
| | 豫 | 73 | 0 | 0 | 163 | 18 | 0 | 0 | 0 | 0 | 0 | 0 | 254 | 20.4 |
| | 不記載 | 0 | 0 | 1 | 0 | 0 | 0 | 0 | 0 | 0 | 0 | 0 | 1 | 0.1 |
| | 合計 | 96 | 6 | 1 | 268 | 679 | 19 | 16 | 42 | 14 | 7 | 93 | 1,241 | 100 |

表12. 北支那防疫給水部の構成:留守名簿の階級と留守宅渡ノ有無のクロス集計結果

| | | 階級 | | | | | | | | | | | 合計 | 構成比（%） |
|---|---|---|---|---|---|---|---|---|---|---|---|---|---|---|
| | | 将校 | 技師 | 看護婦長 | 下士官 | 兵 | 技手 | 業務手 | 雇員 | 傭人 | 陸軍公仕 | 不記載 | | |
| 留守宅渡の有無 | 無 | 12 | 0 | 1 | 205 | 674 | 16 | 14 | 31 | 10 | 1 | 71 | 1,035 | 83.4 |
| | 有 | 83 | 6 | 0 | 62 | 1 | 3 | 2 | 9 | 4 | 6 | 21 | 197 | 15.9 |
| | 不記載 | 1 | 0 | 0 | 1 | 4 | 0 | 0 | 2 | 0 | 0 | 1 | 9 | 0.7 |
| | 合計 | 96 | 6 | 1 | 268 | 679 | 19 | 16 | 42 | 14 | 7 | 93 | 1,241 | 100 |

三―一二、留守宅渡ノ有無、補修年月日、欄外（上と下）記入

留守宅渡ノ有無は、『留守業務規程』(2)によれば、俸給が留守担当者に支給されている場合が「有」、そうでない場合は「無」と規定されている。無と記入されている隊員が一〇三五名、八三・四％、有が記入されている隊員が一九七名、一五・九％、記入無が九名、〇・七％である。『留守名簿 関東軍防疫給水部』の無の記入が九二六名、二五・八％であるのと比べると一〇％ほど少ない。

補修年月日については、何らかの年月日の記載があった隊員は六七四名、五四・四％で、『留守名簿 関東軍防疫給水部』とほぼ同率である。

欄外（上）記入に何らかの記載のあった隊員数は一二四一名、一〇〇％である。最多は昭和二〇・八・二九第一五一兵站病院転属の二二六名、一七・四％、次いで昭和二〇・八・二九第一二軍司令官の定むる兵站病院に転属の一九六名、一五・八％、昭和二〇・八・二九第一九四兵站病院転属の一四一名、一一・四％と、兵站病院転属が多数を占め、その他の兵站病院転属（昭和二〇・八・二九）と合計すると一〇四名、八四・五％、敗戦後の転属が一〇七五名、八六・七％を占め、『留守名簿 関東軍防疫給水部』とは大きく様相が異なる。『留守名簿 北支那防疫給水部』の調整年月日が昭和二〇年八月二九日と同日の兵站病院転属日となっている隊員は累計すると一〇四八名、八四・五％を占めている。転属先の兵站病院番号を昇順であげると、一二、一一六、一五一～一五九、一六一、一六三～一六七、一六九、一八一、一九三、一八七、一八八、一九二、一九四、一九八である。

欄外（下）記入に何らかの記載のあった隊員数は二名、〇・二％で、『留守名簿 関東軍防疫給水部』の一二四名、三・五％よりも少なかった。

## 四、考察

### 四―一、留守名簿

階級と諸項目のクロス集計は、初めて北支那防疫給水部の構成の全容を明らかにしたものと考えられる。ただし、留守業務規程(2)附則には「本規程は昭和二〇年一月一日よりこれを施行す」とあり、『留守名簿 関東軍防疫給水部』や著者が閲覧した留守名簿の多くの日付「昭和二〇年一月一日」となっていることや本稿の分析の根拠となった二〇一八年年四月部分公開の『留守名簿 北支那防疫給水部』の調整年月日が昭和二〇年八月二九日となっていることから、「昭和二〇年一月一日」作成の『留守名簿 北支那防疫給水部』（原簿）の存在が考えられる。原簿が現存するのかどうか目下のところ知る由もないが、昭和二〇年八月二九日付の留守名簿しか公開できない何か不都合があったとも考えられる。そのような意味で本稿により明らかにされた構成の全容は暫定的とした方がよい。

国立公文書館アジア歴史資料センター（以下、アジ歴）において「１８５５」で検索すると件名標題（日本語）が『宇都宮師管区』(6)及び『三九七．防疫給水部・其他』(7)がヒットする。それぞれの該当ページは以下のとおりである。

前者（図１）は通称号、固有名、補充担任部隊（所在地）の一覧表で、八番目に、通称号一八五五、固有名北支那防疫給水部が記されている。

後者（図２）は、防疫給水部などの通称番号、兵団文字符、部隊名、編成年月日、補充担任部隊所在地、通称番号、復員年月日の一覧表で、英字が添えられていることからGHQにも利用されたと推察される。

二番目に通称番号一八五五、兵団文字符甲、部隊名北支那防疫給水部が記されているが、本表により編成年月日が一九四〇年二月九日、補充担任部隊が千葉、通称番号千葉陸軍病院であることがわかる。

以上より、表紙に並列して記されていた簿名は、陸軍省により付された固有名と通称（番）号であると確認できる。

アジ歴では、そのほかに北支防疫給水部に関する記録を見出すことができなかった。

### 四―二、兵站病院

敗戦後約二週間後の兵站病院への転属数が圧倒的であるので、当時の兵站病院制度、業務内容を調べるため、アジ歴で、「兵站病院」と「業務」あるいは「規程」あるいは「規定」で検索したが、該当するものは見当たらなかった。したがって、敗戦前後の兵站病院の設置・管理・運用の制度がどのようなものであったかは今後の検討課題である。

「兵站病院」で検索すると、『67．兵站病院』(8)『兵站病院』(9)で、当時の兵站病院の一覧表が認められた。前者は昭和二一年一一月、後者は昭和二八年三月の終戦処理で作成され、後者の方が邦文タイプ印刷で読みやすく、病院数も多いので、図３に示す。

アジ歴で兵站病院名を検索すると、兵站病院の部隊略歴が収録された資料が認められる。その例示として、北那支防疫給水部で転属先として最多の第一五一兵

List 2 — 397

| C. No. 通稱番號 | C. N. 兵團文字符 | M. U. 部隊名 | D. O. 編成年月日 | W. S. 補充担任部隊所在地 | C. No. 通稱番號 | D. D. 復員年月日 |
|---|---|---|---|---|---|---|
| 1644 | Sakae 榮 | Central China Ai. I. W. S. B. 中支那防疫給水部 | 14.4.18 | Shimoshizu 下志津 | Shimoshizu A. Hosp. 下志津陸軍病院 | |
| 1855 | Kō 甲 | North China 〃 北支那 〃 | 15.2.9 | Chiba 千葉 | Chiba A. Hosp. 千葉 〃 | |
| 2606 | Nami 波 | South China 〃 南支那 〃 | 14.4.18 | Kashiwa 柏 | Kashiwa A. Hosp. 柏 〃 | |
| 9420 | I- 威 | South Army 〃 南方軍 〃 | 17.3.26 | Nagoya 名古屋 | Nagoya A. Hosp. 名古屋 〃 | |
| 3170 | Ikioi 勢 | 2nd. 〃 第2 〃 | 13.7.29 | Chiba 千葉 | Chiba A. Hosp. 千葉 〃 | |
| 2605 | 〃 〃 | 8th. 〃 第8 〃 | 〃 | 〃 | 〃 〃 | |
| 9362 | Tomi 富 | 12th. 〃 第12 〃 | 〃 | 〃 | 〃 〃 | |
| 2609 | Oki 沖 | 17th. 〃 第17 〃 | 〃 | 〃 | 〃 〃 | |
| 2624 | Ro 呂 | 21th. F. Ai. I. W. S. B. 第21野戦防疫給水部 | 16.7.16 | Tokyo 東京 | Tobu 東部 6 | |
| 2625 | Mori 森 | 22nd 〃 〃 22 〃 | 〃 | 〃 | 〃 | |
| 2626 | Jō 剛 | 23 〃 〃 23 〃 | 〃 | 〃 | 〃 | |
| 2627 | Oki 沖 | 24 〃 〃 24 〃 | 〃 | Sakai 堺 | Osaka 1st. A. Hosp. 大阪第1陸軍病院 | |
| 2628 | Mō 猛 | 25 〃 〃 25 〃 | 〃 | 〃 | 〃 | |
| 10272 | Mori 森 | 26 〃 〃 26 〃 | 18.8.17 | Kyoto 京都 | Kyoto 1st. A. Hosp. 京都第1陸軍病院 | |
| 1753 | Kyū 球 | 27 〃 〃 27 〃 | 18.11.8 | Nagoya 名古屋 | Tokai 東海 35 | |
| | Kagayaku 28 | 〃 | | | Osaka | |

図2．『397．防疫給水部・其他』（0561-0563）

| 通称号 | 固有名 | 補充担任部隊（所在地） |
|---|---|---|
| 尚武 12787 | 独立輜重第126小隊 | |
| 同 12788 | 同 127 同 | |
| 同 12789 | 同 128 同 | |
| 同 12790 | 同 129 同 | |
| 同 12791 | 同 130 同 | |
| 森 | 同 131 同 | |
| 同 | 同 132 同 | |
| 甲 1855 | 北支那防疫給水部 | |
| 勢 3170 | 第2軍 同 | |
| 同 2605 | 第8軍 同 | |
| 富 7862 | 第12軍 同 | 千葉陸軍病院（千葉） |
| 沖 8607 | 第17軍 同 | |
| 台湾 13360 | 第31野戦 同 | |
| 情 7864 | 第65兵站病院 | 振武台陸軍病院（大和田町） |

図1．『宇都宮師管区』（0379）

兵站病院

| 部隊名 | | 整理番号 | 部隊名 | | 整理番号 |
|---|---|---|---|---|---|
| 第183兵站病院 | | 1321 | 北支方面軍直轄 第1兵站病院 | 改 | |
| 184 〃 | | 1502 | 〃 第2兵站病院 | 改 | |
| 185 〃 | | 1503 | | | |
| 186 〃 | | 493 | | | |
| 187 〃 | | 276 | 第 1兵站病院 | | |
| 188 〃 | | 277 | 2 〃 | | |
| 189 〃 | | 494 | 3 〃 | | |
| 190 〃 | | 2161 | 4 〃 | | |
| 191 〃 | | 2485 | 5 〃 | | |
| 192 〃 | | 2162 | 6 〃 | | |
| 193 〃 | 転 | （ ） | 7 〃 | | |
| 194 〃 | | 356 | 8 〃 | | |
| 195 〃 | | 357 | 9 〃 | | |
| 196 〃 | | 358 | 10 〃 | | |
| 197 〃 | | 575 | 11 〃 | | |
| 198 〃 | | 622 | 12 〃 | | |
| 199 〃 | | 623 | 13 〃 | | |
| 200 〃 | | 2323 | 14 〃 | | |
| 221 〃 | 台 | | 15 〃 | | |
| 222 〃 | 〃 | | | | |

98

兵站病院　　兵站病院

| 部隊名 | | 整理番号 | 部隊名 | | 整理番号 |
|---|---|---|---|---|---|
| 第 72兵站病院 | | 1146 | 第163兵站病院 | | 354 |
| 87 〃 | | 1317 | 164 〃 | | 355 |
| 127 〃 | | 1117 | 165 〃 | | 574 |
| 128 〃 | | 1118 | 166 〃 | | 620 |
| 132 〃 | | 1119 | 167 〃 | | 621 |
| 136 〃 | | 2320 | 168 〃 | | 491 |
| 140 〃 | | 1318 | 169 〃 | | 492 |
| 142 〃 | 改 | （独混 62野病） | 170 〃 | | 2155 |
| 151 〃 | | 271 | 171 〃 | | 2484 |
| 152 〃 | | 272 | 172 〃 | | 2156 |
| 153 〃 | | 273 | 173 〃 | | 2157 |
| 154 〃 | | 274 | 174 〃 | | 2158 |
| 155 〃 | | 573 | 175 〃 | | 2159 |
| 156 〃 | | 2153 | 176 〃 | | 2160 |
| 157 〃 | | 2154 | 177 〃 | | 1160 |
| 158 〃 | | 1158 | 178 〃 | | 1161 |
| 159 〃 | | 1159 | 179 〃 | 転 | （ ） |
| 160 〃 | | 2321 | 180 〃 | | 2322 |
| 161 〃 | | 275 | 181 〃 | | 1319 |
| 162 〃 | | 353 | 182 〃 | | 1320 |

97

図3．兵站病院一覧表 [9]

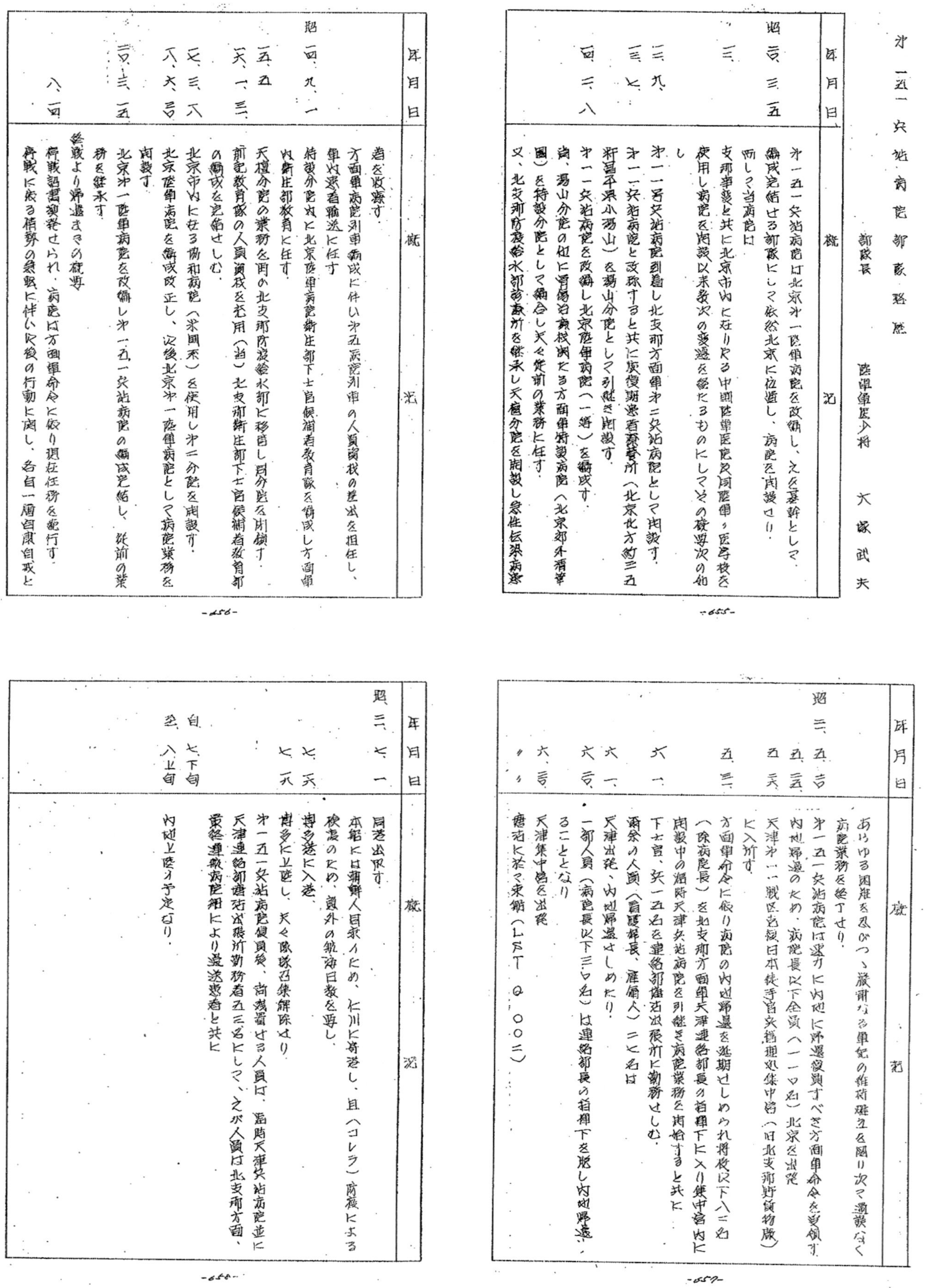

第一五一兵站病院部隊略歴

部隊長 陸軍軍医少将 大塚武夫

| 年月日 | 概況 |
| --- | --- |
| 昭一三、三、五 | 第一五一兵站病院は北京第一陸軍病院を改編し、之を基幹として編成完結せる部隊にして依然北京に位置し、病院を開設せり。而して当病院は支那事変と共に北京市内に在りたる中国陸軍医院及同陸軍ノ医学校を使用し病院を開設以来数次の変遷を経たるものにしてその概要次の如し |
| 一二、九、 | 第一一号兵站病院到着し北支那方面軍第二兵站病院として開設す。 |
| 一三、七、 | 第一一兵站病院と改称すると共に恢復期患者療養所（北京北方約三五粁昌平県小湯山）を湯山分院として引続き開設す。 |
| 一四、二、八 | 第一一兵站病院を改編し北京陸軍病院（一等）を編成す。尚、湯山分院の他に傷病者療養機関たる方面軍特設病院（北京郊外清華園）を特設分院として編合し夫々従前の業務に任ず。又、北支那防疫給水部診療所を継承し天壇分院を開設し急性伝染病患 |

-655-

| 年月日 | 概況 |
| --- | --- |
| | 者を収容す。 |
| 昭一四、九、一 | 方面軍病院列車編成に伴い第五病院列車の人員資材の差出を担任し、軍内患者輸送に任す |
| 一五、五 | 特設分院内に北京陸軍病院衛生部下士官候補者教育隊を編成し方面軍内衛生部教育に任ず。 |
| 一六、一、三一 | 天壇分院の業務を再び北支那防疫給水部に移管し同分院を閉鎖す。前記教育隊の人員資材を充用（当）北支那衛生部下士官候補者教育部の編成を完結せしむ。 |
| 一七、三、八 | 北京市内に在る協和病院（米国系）を使用し第二分院を開設す。 |
| 一八、六、三〇 | 北京陸軍病院を編成改正し、以後北京第一陸軍病院として病院業務を開設す |
| 二〇、三、一五 | 北京第一陸軍病院を改編し第一五一兵站病院の編成完結し、従前の業務を継承す。 |
| | 終戦より帰還までの概要 |
| 八、一四 | 停戦詔書渙発せられ、病院は方面軍命令に依り現任任務を続行す。停戦に依る情勢の急転に伴い爾後の行動に関し、各自一層自粛自戒と |

-656-

| 年月日 | 概況 |
| --- | --- |
| | あらゆる困難を忍びつゝ厳粛なる軍紀の維持確立を図り次々遺憾なく病院業務を終了せり。 |
| 昭二一、五、一〇 | 第一五一兵站病院は速かに内地に帰還復員すべき方面軍命令を受領す |
| 五、二五 | 内地帰還のため、病院長以下全員（一一〇名）北京を出発 |
| 五、二六 | 天津第一一戦区元塘日本徒手官兵措理処集中営（旧北支那貨物廠）に入所す。 |
| 五、三一 | 方面軍命令に依り病院の内地帰還を延期せしめられ将校以下八二名（除病院長）を北支那方面軍天津連絡部長の指揮下に入り集中営内に開設中の臨時天津兵站病院を引継ぎ病院業務を開始すると共に下士官、兵一五名を連絡部塘沽出張所に勤務せしむ。 |
| 六、一 | 爾余の人員（看護婦長、雇傭人）二七名は |
| 六、一、 | 天津出発、内地帰還せしめたり。 |
| 六、二〇、 | 一部人員（病院長以下三〇名）は連絡部長の指揮下を脱し内地帰還することとなり |
| 六、二三 | 天津集中営を出発 |
| 〃 〃 | 塘沽に於て乗船（LST Q 〇〇二） |

-657-

| 年月日 | 概況 |
| --- | --- |
| 昭二一、七、一 | 同港出帆す。本船には朝鮮人同乗のため、仁川に寄港し、且（コレラ）病疫による検疫のため、意外の航海日数を要し、 |
| 七、一六 | 博多港に入港 |
| 七、一八 | 博多に上陸し、夫々部隊召集解除せり |
| | 第一五一兵站病院復員後、尚残留せる人員は、臨時天津兵站病院並に天津連絡部塘沽出張所勤務者五三名にして、之が人員は北支那方面、最終還送病院船により還送患者と共に |
| 自七、下旬 至八、上旬 | 内地上陸の予定なり。 |

-658-

図４．第一五一兵站病院部隊略歴の一部 (10)

站病院の部隊略歴（全一七頁）の収録は二か所(10、11)に分割されている。その一部を図4に示す。この資料は作成が厚生省援護局となっており、終戦処理の一環として、作成された『北支那方面部隊略歴』（全三冊、総二〇八頁）に所収されている。部隊長の報告が厚生省援護局の書式に従って再編されている。兵站病院の創設から、戦時、敗戦、引き揚げ迄の離合集散の概要を確認することができる。総じて敗戦前後から、引き揚げ完了迄の記載事項が多く、第一五一兵站病院のように略歴の版が重ねられている部隊もある。

北支那防疫給水部の転属先の兵站病院は『北支那方面部隊略歴』だけでなく、『中支那方面部隊略歴』（第一五八兵站病院、第一五九兵站病院）、『南支那方面部隊略歴』（第二〇〇兵站病院）にも収録されている。このことから、北支那防疫給水部の隊員は、北京以外の各地で従軍していたことや敗戦時に在留していた地に関係のある兵站病院に転属され、帰国に至っているという経緯を見てとれる。部隊略歴から見える各部隊の編成の経緯から、本簿上欄外に記された転属年月日一九四五年八月二九日は、留守名簿調整上のことであり、実際の転属は同年同日以前であるといえよう。

**文献**


（1）西山勝夫「『留守名簿 関東軍防疫給水部隊』の公開をめぐって」編集復刻版『留守名簿 関東軍防疫給水部隊』第1冊、不二出版、二〇一八年、一三—二三頁。

（2）陸軍省『陸亜第一四三五号 留守業務規程』一九四四年一一月三〇日（「内閣総理大臣 陸軍留守業務部令ヲ定ム 一九四五年五月一四日」の簿冊の一九—三七頁に収められている）。

（3）西山勝夫「国立公文書館で公開された七三一部隊などの名簿」『一五年戦争と日本の医学医療研究会会誌』第一七巻第一号、二〇一六年、三〇—三五頁。

（4）西山勝夫「国立公文書館で公開された防疫給水部隊の名簿を巡る問題」『一五年戦争と日本の医学医療研究会会誌』第一七巻第二号、二〇一七年、一七—二六頁。

（5）西山勝夫「『留守名簿 関東軍防疫給水部』『留守名簿(支那) 北支那防疫給水部・甲第一八五五部隊』『留守名簿(南方) 南方軍防疫給水部岡第九四二〇部隊』、中支那防疫給水部及び南支那防疫給水部に関連する部隊の留守名簿、『留守名簿 関東軍軍馬防疫廠』から抽出できた軍医将校、技師、技術将校、嘱託、薬剤将校、看護婦、獣医将校等」『一五年戦争と日本の医学医療研究会会誌』第一九巻第二号、二〇一九年、四一—五八頁。

（6）陸軍省『宇都宮師管区』防衛省防衛研究所所蔵。国立公文書館アジア歴史資料センター、アジ歴グロッサリー内検索でオンライン閲覧可。レファレンスコード1212125000.

（7）日本陸軍省『397. 防疫給水部・其他』防衛省防衛研究所所蔵。同右。レファレンスコードC15011240900.

（8）陸軍省『67. 兵站病院』防衛省防衛研究所所蔵。同右。レファレンスコードC15010331000.

（9）陸軍省留守業務部『兵站病院』防衛省防衛研究所所蔵。同右。レファレンスコードC15010944400.

（10）厚生省援護局『北支那方面部隊略歴（その1）／分割13』一九六一年一二月一日。同右。レファレンスコードC12122436500.

（11）厚生省援護局『北支那方面部隊略歴（その1）／分割14』一九六一年一二月一日。同右。レファレンスコードC12122436600.


本稿ならびに『留守名簿 北支那防疫給水部』と同スプレッドシートに関する問い合わせ、情報提供は、戦争と医学研究所ホームページのhttps://war-medicine.jimdo.com/問い合わせ/を通じて行ってください。

＊二〇一九年度になって実物閲覧を請求したところ、許可され、漸く実物閲覧が実現した。白紙で袋綴じされた部分もカラー複写の代替物で閲覧可能となっていた。国立公文書館員の口頭説明によれば、部分公開頁数が四頁以下であれば、全部実物閲覧可能となるとのことであった。また、部分公開部分も見直しがなされるとのことであった。

# 氏名目次

——巻頭解説1～13頁において分析から除外した列は頁数の上に†を附して示した。

一、本「氏名目次」はア行～ワ行から構成されている。
一、重複する氏名も記載した。
一、同姓同名であり、複数の情報から同一と判断される隊員の氏名には、原簿の重複頁を〔　〕として記載した。その際、異体字等が使用されていても、同一人物と判断されれば重複頁を記載し、＊を附した。

本「氏名目次」における人物同定には、さらなる検証が不可欠である。

（不二出版編集部）


| 隊員氏名 | 原簿頁 |
|---|---|
| 【ア行】 | |
| 荒木乾 | 1 |
| 新井秀吉 | 1 |
| 安齊勇 | 1 |
| 秋葉光雄 | 1 |
| 阿藤傳吉 | 1 |
| 淺井安男 | 1 |
| 淺井愿一 | 2 |
| 青木作助 | 2 |
| 安藤淺次 | 2 |
| 荒木喜久八 | 2 |
| 淺川喜榮 | 2 |
| 鮎川德選 | 2 |
| 天和太郎 | 2 |
| 阿部磨 | 2 |
| 荒井貞 | 3 |
| 愛正榮 | 3 |
| 雨宮一郎 | 3 |
| 相田司郎 | 3 |
| 安積東助 | 3 |
| 安藤旭 | 3 |
| 青柳一郎 | 4 |
| 新井岩藏 | 4 |
| 新井博幸 | 4 |
| 青木耕 | 4 |
| 安藤十三代 | 4 |
| 安藤孝二 | 4 |
| 相澤健 | 4 |
| 阿部善治 | 4 |
| 秋元清松 | 5 |
| 青柳正春 | 5 |
| 浅沼藤一 | 5 |
| 浅岡作次 | 5 |
| 芦澤豊 | 5 |
| 青柳泰造 | 5 |
| 綾部進 | 6 |
| 秋葉久雄 | 6 |
| 新井正一 | 6 |
| 雨宮猪一郎 | 6 |
| 岩瀬滋 | 7 |
| 石塚儀一 | 7 |
| 池山宮三郎 | 7 |
| 飯森勤 | 7 |
| 伊吹正 | 7 |
| 伊東邦男 | 7 |
| 池田武重 | 8 |
| 石渡秀男 | 8 |
| 井上二郎 | 8 |
| 池田弘 | 8 |
| 磯部佳幸 | 8 |
| 岩下吉雄 | 8 |
| 石井彌市 | 8 |
| 井上忠衡 | 8 |
| 岩城達也 | 9 |
| 今井善一 | 9 |
| 今井通夫 | 9 |
| 泉澤勇 | 9 |
| 石井鑛次 | 9 |
| 伊嶌政太郎 | 9 |
| 伊南正毅 | 10 |
| 稲垣章夫 | 10 |
| 猪俣好造 | 10 |
| 石塚利吉 | 10 |
| 伊波正信 | 10 |
| 井上利平 | 10 |
| 岩崎幹 | 10 |
| 猪股喜三郎 | 10 |
| 飯田新之烝 | 11 |
| 井上武男 | 11 |
| 池上日出男 | 11 |
| 池田直鏡 | 11 |
| 飯塚敏男 | 11 |
| 伊藤明 | 11 |
| 飯島義次 | 12 |
| 石井甲一 | 12 |
| 石井伊助 | 12 |
| 石川和夫 | 12 |
| 伊田實 | 12 |
| 市川保 | 12 |
| 池田芳一 | 12 |
| 飯窪義徳 | 12 |
| 石川泰二 | 13 |
| 岩崎孝二 | 13 |
| 伊藤敦 | 13 |
| 伊澤勇作 | 13 |
| 一ノ瀬宗一 | 13 |
| 石原貞次 | 13 |
| 石垣正義 | 14 |
| 飯島輝雄 | 14 |
| 市村建藏 | 14 |
| 伊藤一義 | 14 |
| 伊藤弘 | 14 |
| 飯島千年 | 14 |
| 井本友吉 | 14 |
| 石渡正雄 | 14 |
| 伊能武司 | 15 |
| 石見章 | 15 |
| 今井正泰 | 15 |
| 一ノ瀬良三 | 15 |
| 石川兵次 | 15 |
| 石井己之助 | 15 |
| 飯田正雄 | 16 |
| 伊澤常吉 | 16 |
| 井口廣二 | 16 |
| 飯塚賢三 | 16 |
| 五十嵐通 | 16 |
| 石合賢三 | 16 |
| 岩波武宣 | 16 |
| 石田良一 | 16 |
| 井上芳郎 | 17 |
| 池谷一男 | 17 |
| 今井泰雄 | 17 |
| 伊藤三郎 | 17 |
| 石原守貞 | 17 |
| 石井政雄 | 17 |
| 飯塚茂 | 18 |
| 伊藤影明 | 18 |
| 井出文弥 | 18 |
| 石黒正文 | 18 |
| 石渡富治 | 18 |
| 伊藤正之助 | 18 |
| 岩田孝一 | 18 |
| 岩田靜夫 | 18 |
| 石毛靜枝 | 19 |
| 今井喜美雄 | 19 |
| 池永純二 | 19 |
| 糸井川克己 | 19 |
| 伊藤謹治郎 | 19 |
| 伊地知幸三 | 19 |
| 池澤佑 | 20 |
| 池田國夫 | 20 |
| 岩井和之助 | 20 |
| 伊東千代吉 | 20 |
| 到津光 | 20 |
| 稲生芳次郎 | 20 |
| 今村庄太郎 | 20 |
| 池本龍登 | 20 |
| 池田安之助 | 21 |
| 市野瀬梅子 | 21 |
| 岩舘政治郎 | 21 |
| 石井睦訓 | 21 |
| 岩井亀雄 | 21 |
| 上田正臣 | 22 |
| 上村秀勝 | 22 |
| 内田文雄 | 22 |
| 上田博章 | 22 |
| 鵜澤榮一 | 22 |
| 梅原長次 | 22 |
| 上野袈裟男 | 23 |
| 上原和夫 | 23 |
| 内野光行 | 23 |
| 梅原良一 | 23 |
| 海田岩雄 | 23 |
| 宇山源吉 | 23 |
| 宇佐見深司 | 23 |
| 梅津健三 | 23 |
| 梅澤奈津雄 | 24 |
| 内山秀男 | 24 |
| 浦武雄 | 24 |
| 上田正二 | 24 |
| 梅澤德司 | 24 |
| 内田長松 | 24 |
| 生方治郎 | 25 |
| 夘澤保 | 25 |
| 内田源惟 | 25 |
| 内田康資 | 25 |
| 内野要 | 25 |
| 遠藤吉雄 | 26 |
| 衣斐直彦 | 26 |
| 江上欽平 | 26 |
| 榎澤隆 | 26 |
| 榎本武次 | 26 |
| 江藤繁雄 | 26 |
| 遠藤菊雄 | 27 |
| 榎本隆二 | 27 |
| 江川充 | 27 |
| 江川シズヱ | 27 |
| 大槗義臣 | 28 |

大森玄洞　28
尾崎繁夫　28
岡田和夫　28
小川正巳　28
大石長二　28
大野伊三郎　29
小澤康富　29
岡部美好　29
大澤光雄　29
大澤角三　29
小倉頼一　29
奥山敏光　29
大森清位　29
小澤重幸　30
大野辰吾　30
岡志津夫　30
長田亀磨　30
小田切正則　30
岡田清　30
落合増治　31
大野高　31
小川吉榮　31
大橋保也　31
岡田周作　31
大野智夫　31
岡武矩　31
岡澤嘉市　31
岡部利治　32
小幡慶吾　32
長田仲雄　32
岡部勝治　32
小澤英雄　32
大塚邦信　32
大橋清　33
大関達夫　33
大見茂三郎　33
小川治一　33
大井武重　33
落合健男　33
奥山宗重　33
大村好文　33
大久保友平　34
小野喜作　34
大川伊助　34
小澤藤雄　34
岡本寅司　34
帯刀邑雄　34
小倉昇　35
追川平八　35
小野豊　35
奥榮治　35
大熊秀雄　35
大渕忠夫　35
長田正光　35
長田榮　35
小川貞雄　36
奥主剛　36
太田正孝　36
太田正男　36
小川一雄　36
大内田精一郎　36
荻野正敏　37
沖田勝太郎　37
奥平元夫　37
小野田辰男　37
大野達男　37
岡英藏　37
小笠原二郎吉　37
大村秋一　37
小川正雄　38
小田原たき　38
大塚たつ子　38
大村晉鎬　†38〔40〕
大塚やえの　38
大原根守　38
大友新平　39
小野清治　39
織田村正治　39
大石良一　39
奥村又喜　39
小田辰五郎　39
大矢清一　39
尾谷春雄　39
大村晉鎬　40〔38〕
大内慶重郎　40
長田孝三九　40

【カ行】

門多魁　41
川鍋呈吉　41
嘉陽宗永　41
香川正雪　41
粕谷健一　41
加藤一　41
河本一俊　42
勝谷達三　42
角田武夫　42
河合浩　42
川畑豊　42
金山賢逸　42
堅岡守夫　42
角石精次　42
梶山重雄　43
亀山利助　43
加藤忠一　43
加藤貞治　43
加藤雄三　43
川口清美　43
川島實　44
加藤八郎　44
輕米忠雄　44
加藤市三　44
川崎日出男　44
金子芳雄　44
加藤徳三郎　44
神田重信　44
金子一　45
神戸操　45
河嵜清志　45
加藤正好　45
川北忠匡　45
片野鉄雄　45
刈部光雄　46
金子一郎　46
桂圭治　46
河野廣治　46
河口進　46
金子武男　46
加藤昌利　46
上村一雄　46
川又誠二　47
金坂信義　47
川浦十一　47
神田次郎　47
河野光重　47
鍛治多一　47
片山忠利　48
粕谷豊治　48
金井光國　48
上石芳意　48
川上源一　48
金親直　48
加瀬芳太郎　48
河村秀男　48
勝又清吉　49
片野清　49
柏浦金五郎　49
柏田武彦　49
川島秀雄　49
金子竹藏　49
粕谷作治　50
河野廣　50
海保豊　50
笠井清次　50
加々美良行　50
金子芳之助　50
片桐幸喜　50
笠井魁　50
金森政雄　51
加藤大助　51
貝塚要　51
金髙幹夫　51
萱沼滿　51
海方芳雄　52
梶原清　52
金島炯燁　52
加藤節子　52
甲斐春江　52
鐘江哲夫　52
河原久光　52
金森英一　52
金田寛　53
加藤忍　53
粕谷舒一　53
柿崎榮　53
金村英得　53
神崎武雄　53
金山トシ　54
金山秉浩　54
河津憲數　54
清原龍　55
北川清男　55
北川清治　55
清田茂雄　55
北浦亀作　55
木本勇　55
木村源藏　56
木村正紀　56
北折利雄　56
橘田賢一　56
木下東一　56
木下哲夫　56
木村儀三郎　56
木内崇吉　56
桐石安久廣　57
木下精一　57
木下清二　57
木内軍人　57
鬼原長吉　57
北原榮一　57
岸本安藏　58
菊島美正　58
桐ヶ谷敏夫　58
菊地和雄　58
木村文七　58
木村眞澄　58
菊地致源　58
北澤秀吉　58
木村政五郎　59
木村勇次郎　59
黒川正治　†59〔60〕
黒川正治　60〔59〕
黒瀬懋　60
倉嶋幸作　60
楠井憲一　60
栗原明三　60

窪田盛親　60
楠滿　61
國井偉策　61
熊谷起丸　61
熊井正義　61
倉林延行　61
桑原藤吉　61
黒川茂男　61
黒田忠夫　61
黒川定次郎　62
窪田正雄　62
倉持省三　62
窪田郁雄　62
倉内常太郎　62
栗山德一　62
久保田清　63
草間宗七　63
桑原平藏　63
小森源一　64
後藤正彦　64
近藤信一　64
兒玉寛　64
幸田光榮　64
郡昇　64
小林廣　65
小杉久雄　65
古山義雄　65
小林信彰　65
後藤虎賀　65
權田德壽　65
小山敬藏　65
鴻野國治　65
今野富男　66
小谷田貞男　66
小泉四男　66
小宮山正美　66
小林治三郎　66
紺野英一　66
小池武　67
小林茂　67
小林常男　67
小林五郎　67
小林茂　67
小沼操　67
小林公司　67
小池末吉　67
小林壽一　68
小林信一　68
小清水弘安　68
此木英一　68
小林力　68
小松正雄　68
東風正雄　69
小森保壽　69
小久保儀右ェ門　69
近藤好夫　69
小林馨　69
小出治雄　69
小林六三　69
小林泰重　69
五味達雄　70
小山清次郎　70
小林孝三　70
小林富次郎　70
小林留吉　70
小林秀雄　70
小林與八　71
小室恒　71
小日向馨慈　71
小林廣治　71
小林勝　71
後藤一男　71
古宮市太郎　71
小池眞澄　71
近藤德　72
五井野愛子　72
小林正三　72
小松原正春　72
小林茂　72
小林正雄　72


【サ行】


酒井英之　73
定豊治　73
澤渡岩夫　73
齋藤誠　73
三宮茂人　73
佐藤恒信　73
佐々木新四郎　74
佐野英一　74
櫻井聖　74
佐藤伸　74
佐野一友　74
佐藤友治　74
酒井實　74
坂本八郎　74
坂井留次　75
佐野友規　75
齋藤治男　75
齋上勝一　75
三條護　75
佐藤元之助　75
櫻井伊助　76
佐藤公平　76
櫻井幸　76
榊新吉　76
佐々木宏　76
佐藤新造　76
齊須信夫　76
佐藤平　76
酒井信久　77
斉藤利雄　77
坂元憲明　77
佐藤尹榮　77
佐藤安吉　77
斉田國次　77
斉藤富三　78
佐藤茂作　78
坂本金一　78
佐奈平六　78
坂井正雄　78
坂本治男　78
里見登　78
坂本一治　78
佐藤慶吾　79
指田伊助　79
笹生勇　79
佐藤忠雄　79
澤江恒明　79
佐藤忠利　79
佐川富藏　80
佐藤吉夫　80
斉藤信雄　80
齋藤泰磨　80
三枝和夫　80
佐藤倖三　80
坂口佐次郎　80
佐々木重藏　80
佐々木幸一　81
坂入金之助　81
斎藤正次郎　81
櫻井貞男　81
※隊員氏名被覆　81
坂本房市　81
佐藤重作　82
佐藤政資　82
坂本堯秋　82
佐藤豈博　82
斎藤芳太郎　82
佐藤次郎　82
佐藤富彌　82
佐々木久子　82
佐々木喜三郎　83
佐々木長助　83
澤隆一　83
才木四郎　83
篠田統　84
下村辰一　84
進藤鉄雄　84
新宮信夫　84
柴田良三郎　84
下西行雄　84
清水藤藏　85
新藤忠一　85
島森清　85
清水熙　85
白澤政直　85
志村勉　85
柴光雄　85
塩谷榮　85
俊藤泰二　86
白鳥俊滿　86
澁谷猛次郎　86
島田辰司　86
志澤正之　86
志村吉平　86
篠崎皖己　87
塩田佐之　87
進藤温雄　87
篠田謙次郎　87
茂田榮市　87
清水專一　87
眞行寺新一郎　87
篠田榮次郎　87
清水洋　88
志賀一雄　88
白駒茂　88
志村正次　88
柴田勝美　88
志村久　88
芝山秀郎　89
白井孝司　89
志村儀長　89
清水ハル　89
白井精子　89
島田謙藏　89
白川龍三　89
島田正次　89
塩谷英子　90
鈴木武夫　91
杉田壽人　91
鈴木賢一　91
須藤芳雄　91
鈴木定五郎　91
鈴木東吾　91
鈴木英一　92
杉山勳　92
鈴木秀男　92
鈴木靜　92
鈴木正郎　92
鈴木數成　92
鈴木猛　92
鈴木馨　92
鈴木平二郎　93
鈴木昇　93
菅野德孝　93

鈴木清隆 93
菅澤義房 93
鈴木武次 93
鈴木武 94
杉本昇 94
鈴木熙 94
須摩敏夫 94
杉田武治 94
杉浦勝夫 94
鈴木賢司 94
鈴木常男 94
鈴木源治 95
鈴木良平 95
須崎丑之助 95
砂金利夫 95
須永義夫 95
鈴木廉子 95
菅谷武 96
菅澤政吉 96
関根健児 97
瀬戸豊 97
関口正平 97
関根重雄 97
関根文雄 97
関根金次郎 97
関根孝治 98
瀬野尾新二 98
仙名小太郎 98
関快夫 98
関本義則 98
関井清一郎 98
関根酉吉 98
清野八郎 98
清野義男 99
妹尾一士 99
瀬戸政夫 99
芹澤誠 99
莊司達郎 100
染谷貞一 100
染谷良一 100
【タ行】
髙橋傳 101
田山吉政 101
立石五郎 101
髙岡滿 101
隆文雄 101
田中實 101
髙橋太七 102
髙橋袈裟太郎 102
髙橋要 102
武井経利 102
田村節彦 102
髙木皓次 102
髙橋淑夫 102
谷岡薫 102
田邊太一 103
谷山直記 103
髙根澤晃 103
館野正雄 103
大郷義松 103
田丸英穂 103
髙橋雅雄 104
田中新一 104
舘正夫 104
田端潔 104
田沼良一 104
田中武夫 104
谷孝一 104
寶田平八 104
髙橋清 105
俵弥平衞 105
田中隆治 105
田口正治 105
武井広忠 105
髙宮建司 105
髙橋一夫 106
髙瀬啓一 106
田中清 106
髙橋義雄 106
髙橋兼吉 106
髙山一二 106
丹野正治 106
竹森文次 106
田中昇 107
田中一 107
竹内敬一 107
髙安孝敏 107
髙橋太郎 107
竹丸敬吉 107
丹澤武博 108
髙橋平之助 108
髙柳重治 108
武田菊雄 108
髙木莊司 108
田部井治吉 108
田中一郎 108
田島源作 108
髙橋清七 109
瀧田敦孝 109
竹内一慶 109
髙橋安次郎 109
田代武正 109
竹本正藏 109
田邊荒吉 110
髙橋勝次郎 110
田島弘一 110
竹内喜助 110
髙橋民二 110
田中學逑 110
田浦榮太郎 110
瀧谷守 110
髙橋實 111
竹尾湊 111
田島己之助 111
髙山城治 111
谷藤勝雄 111
髙岡靖 111
玉置通知 112
竹下義雄 112
髙山清七 112
谷藤喜代司 112
珍田正雄 113
近木英哉 113
竺原隆毅 113
千野直文 113
千野種次 113
地曳新治 113
血脇仲 114
地井外次郎 114
壺井甚作 115
堤利一 115
津田政雄 115
土田政治 115
椿晃 115
椿伍郎 115
塚越源次郎 116
堤崎廣次郎 116
筒浦達雄 116
津澤貞次 116
土屋新太郎 116
土田増太郎 116
角田吉博 116
鶴岡仁三郎 116
土屋泰明 117
辻一郎 117
土屋新哉 117
角田新一 117
都築光夫 117
土屋一光 117
辻井春雄 118
辻伊佐夫 118
津野田久 118
告萬作 118
寺田道雄 119
寺島昇 119
寺澤末廣 119
寺島富之助 119
豊永安雄 120
豊島泰成 120
土居博 120
豊田與吉 120
富岡健 120
富樫和一 120
鴇田竹雄 121
戸ヶ崎福義 121
遠山幸雄 121
戸倉利雄 121
外山政三 121
冨成政策 121
豊田英夫 121
豊島明一 121
【ナ行】
長木大三 122
並河靖 122
那須毅 122
中溝保三 122
中西陽一 122
中田重保 122
中原實 123
中山勝吉 123
中山春吉 123
中川亨明 123
中村俊郎 123
中島德藏 123
中村貞夫 123
成田菊治 123
内藤進 124
中村福太郎 124
滑川源衞 124
中村孝 124
永田新太郎 124
中根一 124
名取邦雄 125
長島武治 125
長島晃 125
内藤初次郎 125
永井進 125
中村三郎 125
長崎七郎 125
長島晟 125
中村亀吉 126
中根周吉 126
中島守治 126
流清 126
中村義朗 126
長瀬信行 126
中村長吉 127
中谷富藏 127
長島三男 127
中島保雄 127
内藤幸政 127
内藤進 127
滑川義雄 127
中川兼行 127

長濱正一 128
中西留之助 128
仲丸秀雄 128
中村登 128
中村欣司 128
奈良源兵衛 128
中村倉之助 129
並木八郎 129
永野幸雄 129
中澤喜久雄 129
中澤武夫 129
中村太郎吉 129
内藤政三 129
仲野豊一 129
中山正治 130
中山忠次郎 130
中山政雄 130
永井文治 130
中澤仲磨 130
中澤桂 130
長田芳松 131
中村繁 131
中谷義雄 131
長田茂樹 131
中川喜一 131
西村英二 132
西村祥三 132
西原不二雄 132
西頼夫 132
西澤大六 132
西村博 132
西矢盛茂 133
錦織璋 133
西澤素一 133
西宮實 133
西村松枝 133
二宮清吉 133
西井正吉 133
西野薄 133
庭野馨 134
西濱光藏 134
西濱タヨ 134
西濱キミ 134
沼田榮太郎 135
沼田音次 135
沼田爲之助 135
根岸正 136
根本常春 136
根津文雄 136
根本重男 136
野口龍雄 137
野口繁德 137
野澤安太郎 137
野田重治 137
野澤千藏 137
野口一郎 137
野口榮吉 138
野口照行 138
野浦新八 138
野瀬孝一 138
野田鉄太郎 138
【ハ行】
橋本泰男 139
幡省三 139
濱田直松 139
原憲吾 139
馬場貞義 139
畠山誠 139
長谷川繁 140
萩原一郎 140
長谷川欣三 140
長谷川久司 140
八谷五郎 140
林克巳 140
原嶋勝二 140
羽根田清吉 140
長谷川森一 141
迫勉 141
橋本榮吉 141
初野輝雄 141
蓮見五郎 141
長谷川等 141
濱野保藏 142
林茂 142
早川保雄 142
早川弥 142
畠山武志 142
林清次郎 142
萩野健二 142
馬場英一 142
服部孝吉 143
林弘 143
原儀男 143
蜂屋一郎 143
橋本徹夫 143
服部圭祐 143
萩生秀一 144
萩原筠 144
長谷川健一 144
張替武男 144
橋本正雄 144
長谷川操男 144
林正吉 144
早坂辰治 144
秦辰彌 145
張村芝茄 145
濱崎正惠 145
原德朝 145
長谷川久治 145
服部利夫 145
林利直 146
林二郎 146
橋口孝一郎 146
萩原健市 146
平野晟 147
廣瀬一郎 147
平田政利 147
樋口榮 147
平井達治 147
平本爲作 147
日向榮一 148
廣田常吉 148
平原眞 148
平野一雄 148
廣瀬俊男 148
廣川繁雄 148
日向健二 148
平岩保次郎 148
肥塚武 149
廣田彰 149
平山俊一 149
廣野典男 149
菱木寅雄 149
平ノ内三郎 149
平井欣一 150
平野政治 150
比留間美佐雄 150
廣野良晴 150
平山登 150
平川喜一 150
廣田英治 150
鬢櫛惠作 150
平田林二郎 151
平山嵩大 151
平田一彦 151
平井豊● 151
藤田福治 152
福田武夫 153
福井利三 153
藤田勝平 153
藤王忠太郎 153
藤代●助 153
藤村光男 153
福岡一雄 154
福田榮一 154
古家長年 154
藤澤大作 154
藤波藤藏 154
深澤平八 154
古川三平 154
福田又四郎 154
藤原近文 155
深澤勝男 155
藤田完策 155
藤巻力雄 155
福井延吉 155
藤野與三郎 155
古屋正作 156
藤原丈治 156
藤本清一 156
古川廣重 156
古橋正光 156
福田力松 156
藤原利男 156
福島定實 156
堀口武二郎 157
星清八 157
星野友一 157
本田功四郎 157
堀之園茂 157
堀口弘 157
堀江安雄 158
本庄一雄 158
星野英一 158
堀越進 158
堀井福太郎 158
堀澤善次郎 158
堀内文雄 158
細貝茂 158
本多榮治 159
保立隆 159
細田武芳 159
星野義男 159
堀内正年 159
堀川常則 159
星野信太郎 160
堀口武次 160
堀井金良 160
堀越明夫 160
堀川富美 160
細川作市 160
本戸易治 160
【マ行】
松尾梅雄 161
松本壽夫 161
馬淵昌市 161
間山哲男 161
松元重雄 161
松島富次 161
眞壁國雄 162
前田義晴 162
増田欣之助 162
松島隆治 162
松田規夫 162

槇田三郎 162
益田武夫 162
松坂虎之助 162
大村清吉 163
前田善男 163
松屋忠之助 163
間宮四郎 163
松井寛治 163
前原正雄 163
松岡清 164
丸茂義宥 164
松田眞一 164
松田健一 164
増田三男 164
増田福藏 164
松島富雄 164
松村清治 164
丸山八郎 165
政田清治 165
松本縁 165
柵木實 165
松田進 165
松田展 165
松葉與助 166
毎田明 166
前田正次 166
松本寅松 166
松澤武志 166
松本政雄 166
眞坂吉三 166
松尾兼雄 166
松本千里 167
升田彌三吉 167
松元弘子 167
宮元滿雄 168
宮川正明 168
宮下俊治 168
三木將男 168
宮崎長治 168
三留正八 168
宮崎佐市 169
水野●之助 169
宮崎秀太郎 169
水城勲 169
三ツ橋節義 169
三ヶ原郁明 169
宮川力 169
宮崎選 169
三浦宗一 170
三留芳雄 170
三浦勝晴 170
三田猛夫 170
南榮治 170
見上一雄 170
宮城はつゑ 171
宮本惠子 171
三船伍郎大 171
南方温平 171
宮澤富岳 172
宮本武 172
三代川正次 172
宮下源藏 172
宮田高吉 172
三島重成 172
緑川泰賢 173
三浦健藏 173
宮内庄司 173
宮下理一 173
宮咲省吾 173
宮澤幸 173
宮田宏 173
宮崎春芳 173
村田英太郎 174
村井博太郎 174
村田葆 174
村松義雄 174
村上幸彦 174
村山精知 174
向山孝文 175
宗田盛一郎 175
村田清 175
村野武彦 175
武藤信夫 175
村上角夫 175
村上功二 175
村田良二 175
宗方房夫 176
村上當子 176
武藤惣太 176
目黒芳美 177
森田義人 178
森岡正行 178
森岡清 178
森益雄 178
森田忠平 178
森川榮 178
諸星直吉 179
森嘉勝 179
森厚 179
森泉孝信 179
師岡正一 179
森澤秀雄 179
本澤博文 179
諸岡義雄 179
森延次 180
望月光 180
望月●一 180
森登 180
門間耕治 180

【ヤ行】

山野武夫 181
矢野眞澄 181
柳田純孝 181
矢尾板正典 181
山添三郎 181
山上貞 181
山本千鳥 182
山中芳松 182
山田衛 182
矢橋綏弘 182
山田正一 182
山谷義次 182
八木桂次郎 182
山田國雄 182
保永貞夫 183
山村直次 183
山下敏雄 183
山本正彦 183
山崎平司 183
山田宗平 183
矢崎金三 184
山下滿 184
柳福次 184
山邊泰弘 184
山本佳生 184
矢村豊也 184
安野平次 184
山田正治 184
山本兼佳 185
山本榮一 185
八巻善次 185
矢高新藏 185
山下遜 185
山口宗秋 185
山口高昇 186
安田環藏 186
山田政幸 186
山崎富太郎 186
山崎長太郎 186
山田正秋 186
山口精一郎 186
山澤明子 186
山住榮錫 187
山田政吉 187
安田鳳淳 187
矢吹英一 187
山下繁市 187
柳詰一太郎 187
安田國雄 188
油田愷生 189
湯淺● 189
結城健一 189
湯淺倭佐雄 189
吉見亨 190
吉村博 190
吉田長之 190
横山正松 190
依田良男 190
吉井正喜 190
吉田正雄 191
横田政男 191
横山直次郎 191
横田豊治 191
米山誠 191
吉田利男 191
吉田修平 191
吉田庫三 191
吉種繁次郎 192
吉野正富 192
横尾幸太郎 192
吉原正太郎 192
吉川重吉 192
吉岡勲 192
吉野六郎 193
吉野文雄 193
依田登 193
吉田榮子 193
吉田朝一 193

【ラ行】

笠不二夫 194

【ワ行】

渡部忠重 195
渡邊龍三 195
若杉茂次 195
渡邊良勝 195
渡邊● 195
若林啓介 195
渡部俊英 196
若生善作 196
渡邊千徳 196
渡邊昌住 196
若林克己 196
和田友二郎 196
渡邊一夫 196
渡邊貞男 196
渡邊● 197
若林光治 197
渡邊久雄 197
渡邊富夫 197
渡邊褜衛 197
若林重明 197
渡邊秋晴 198
渡邊信重 198

渡邊安二　198
渡邊豊助　198
若林禎二　198
綿貫久三郎　198

| 職務 | 通番 | 氏名 | 生年月日 | 役種兵種官等 | 編入年月日 | 前所属 | 本籍 | 留守担当者の続柄 | 徴集 | 任官 | 原簿頁 | 列 |
|---|---|---|---|---|---|---|---|---|---|---|---|---|
| 軍医将校 | 74 | 笠不二夫 | 1914/1/24 | 豫医大尉 | 1941/3/14 | 北京陸軍病院 | 愛媛 | 母 | — | 1940 | 194 | 1 |
| | 75 | 渡邉龍三 | 1911/9/19 | 豫医少尉 | 1944/2/16 | 大分 | 大分 | 妻 | 1931 | — | 195 | 2 |
| 技師 | 76 | 尾崎繁夫 | 1913/8/1 | 陸軍技師（高六） | 1943/7/16 | 鳥取 | 鳥取 | 妻 | — | 1943 | 28 | 3 |
| | 77 | 岡田和夫 | 1917/2/12 | 陸軍技師（高七） | 1940/7/16 | 関東軍部隊 | 兵庫 | 父 | — | 1944 | 28 | 4 |
| | 78 | 嘉陽宗永 | 1908/2/25 | 陸軍技師（高六） | 1940/3/23 | 池井部隊 | 沖縄 | 妻 | — | 1942 | 41 | 3 |
| | 79 | 篠田統 | 1899/9/21 | 陸軍技師（高三） | 1940/7/20 | 関東軍部隊 | 京都 | 妻 | — | 1938 | 84 | 1 |
| | 80 | 土居博 | 1916/2/23 | 陸軍技師（高七） | 1940/3/23 | 吉井部隊 | 東京 | 父 | — | 1940 | 120 | 3 |
| | 81 | 馬場貞義 | 1917/4/22 | 陸軍技師 | 1940/3/28 | 菊池部隊 | 福島 | 弟 | — | 1944 | 139 | 5 |
| 薬剤 | 82 | 上田正臣 | 1912/7/3 | 現薬少佐 | 1944/9/27 | 陸軍軍医學校 | 東京 | 妻 | — | 1937 | 22 | 1 |
| | 83 | 粕谷健一 | 1918/10/20 | 豫薬中尉 | 1941/3/16 | 大兄州陸軍病院 | 千葉 | 母 | 1939 | 1941 | 41 | 5 |
| | 84 | 河本一俊 | 1919/8/21 | 豫薬中尉 | 1943/8/11 | 金澤陸軍病院 | 富山 | 父 | 1940 | 1942 | 42 | 1 |
| | 85 | 勝谷達三 | 1916/9/10 | 豫薬少尉 | 1942/7/31 | 陸軍医学校 | 東京 | 父 | 1941 | 1943 | 42 | 2 |
| | 86 | 田中實 | 1918/12/4 | 豫薬中尉 | 1941/3/16 | 済南陸軍病院 | 東京 | 父 | 1939 | 1941 | 101 | 6 |
| | 87 | 髙橋要 | 1908/9/8 | 豫薬中尉 | 1943/8/10 | 氣球聯隊 | 千葉 | 妻 | 1929 | 1933 | 102 | 3 |
| | 88 | 武井経利 | 1920/1/4 | 特志少尉 | 1942/11/20 | 横須賀陸軍病院 | 東京 | 父 | 1941 | 1943 | 102 | 4 |
| | 89 | 髙木皓次 | 1922/7/29 | 豫薬少尉 | 1943/7/31 | 陸軍軍医學校 | 神奈川 | 父 | 1941 | 1944 | 102 | 6 |
| | 90 | 濱田直杉 | 1921/10/25 | 豫薬少尉 | 1942/11/20 | 柏崎陸軍病院 | 東京 | 祖父 | 1941 | 1943 | 139 | 3 |
| | 91 | 原憲吾 | 1919/2/11 | 豫薬少尉 | 1942/11/20 | 高田陸軍病院 | 長野 | 母 | 1941 | 1943 | 139 | 4 |
| 衛生 | 92 | 下村辰一 | — | 豫衛中尉 | 1940/3/23 | 菊池部隊 | 和歌山 | 父 | 1926 | 1942 | 84 | 2 |
| | 93 | 進藤鉄雄 | 1912/1/25 | 豫衛少尉 | 1940/3/23 | 菊池部隊 | 秋田 | 妻 | 1931 | 1944 | 84 | 3 |
| | 94 | 西頼夫 | 1908/11/21 | 豫衛中尉 | 1940/3/23 | 菊池部隊 | 岡山 | 母 | — | 1943 | 132 | 4 |
| | 95 | 松本壽夫 | 1907/10/23 | 豫衛中尉 | 1940/3/23 | 菊池部隊 | 石川 | 母 | 1927 | 1939 | 161 | 2 |
| | 96 | 松元重雄 | 1914/2/25 | 現衛少尉 | 1940/3/23 | 吉村部隊 | 鹿児島 | 父 | 1934 | 1945 | 161 | 5 |
| | 97 | 渡部忠重 | 1902/3/22 | 現衛少佐 | 1943/8/2 | 齊々哈爾陸軍病院 | 愛媛 | 兄 | — | 1923 | 195 | 1 |
| 主計 | 98 | 大内慶重郎 | 1918/7/29 | 主中尉 | 1945/1/30 | 北支那方面軍司令部 | 福島 | 父 | — | 1944 | 40 | 2 |
| | 99 | 藤田勝平 | 1917/6/18 | 豫主中尉 | 1942/10/12 | 捜索第5聯隊 | 山口 | 父 | 1940 | 1942 | 153 | 3 |
| | 100 | 山野武夫 | 1914/6/6 | 現主少佐 | 1942/9/19 | 山砲兵第27聯隊 | 和歌山 | 父 | — | 1939 | 181 | 1 |
| | 101 | 湯浅倭佐雄 | 1912/1/27 | 現主大尉 | 1945/6/22 | 独立歩第75大隊 | 島根 | 父 | — | 1942 | 189 | 4 |
| 看護 | 102 | 吉田榮子 | 1920/12/14 | 看護婦長 | 1944/6/9 | — | 熊本 | 兄 | — | — | 193 | 4 |

| 職務 | 通番 | 氏名 | 生年月日 | 役種兵種官等 | 編入年月日 | 前所属 | 本籍 | 留守担当者の続柄 | 徴集 | 任官 | 原簿頁 | 列 |
|---|---|---|---|---|---|---|---|---|---|---|---|---|
| 軍医将校 | 28 | 齋藤誠 | 1921/2/11 | 現医大尉 | 1942/4/13 | 歩兵第154聯隊 | 長野 | 父 | — | 1942 | 73 | 4 |
| | 29 | 三宮茂人 | 1921/11/24 | 豫医中尉 | 1943/3/19 | 北京陸軍病院 | 大阪 | 父 | — | 1942 | 73 | 5 |
| | 30 | 佐藤恒信 | 1907/6/7 | 豫医少尉 | 1944/2/29 | 歩兵第11聯隊補充隊 | 東京 | 妻 | — | 1935 | 73 | 6 |
| | 31 | 鈴木武夫 | 1911/2/20 | 豫医大尉 | 1940/3/23 | 菊池部隊 | 千葉 | 父 | 1938 | 1940 | 91 | 1 |
| | 32 | 関根健児 | 1916/1/8 | 豫医大尉 | 1940/3/23 | 菊池部隊 | 東京 | 父 | 1939 | 1939 | 97 | 1 |
| | 33 | 瀬戸豊 | 1915/12/8 | 豫医中尉 | 1941/12/20 | 歩101聯隊 | 東京 | 兄 | 1941 | 1941 | 97 | 2 |
| | 34 | 高橋傳 | 1903/10/16 | 現医少佐 | 1944/12/2 | 関東軍部隊 | 宮城 | 妻 | — | 1932 | 101 | 1 |
| | 35 | 田山吉政 | 1910/1/10 | 現医少佐 | 1941/12/22 | 陸軍兵器本部兼陸軍軍医学校 | 茨城 | 妻 | — | 1938 | 101 | 2 |
| | 36 | 立石五郎 | 1912/7/6 | 豫医大尉 | 1940/3/23 | 西村（正）部隊 | 福岡 | 母 | — | 1938 | 101 | 3 |
| | 37 | 高岡満 | 1915/6/23 | 豫医大尉 | 1942/8/24 | 騎兵第13聯隊 | 京都 | 父 | — | 1940 | 101 | 4 |
| | 38 | 隆文雄 | 1914/8/4 | 豫医大尉 | 1941/3/14 | 北京陸軍病院 | 東京 | 妻 | — | 1940 | 101 | 5 |
| | 39 | 高橋太七 | 1893/1/2 | 豫医中尉 | 1942/6/10 | 金澤 | 石川 | 妻 | — | 1939 | 102 | 1 |
| | 40 | 高橋袈裟太郎 | 1889/6/10 | 豫医中尉 | 1942/6/10 | 松本 | 長野 | 妻 | — | 1940 | 102 | 2 |
| | 41 | 田村節彦 | 1921/5/24 | 豫医少尉 | 1943/7/31 | 歩兵第11聯隊補充隊 | 広島 | 父 | 1941 | 1944 | 102 | 5 |
| | 42 | 高橋淑夫 | 1918/8/21 | 豫医少尉 | 1943/3/23 | 横濱 | 神奈川 | 父 | 1941 | — | 102 | 7 |
| | 43 | 長木大三 | 1914/3/12 | 豫医大尉 | 1940/3/23 | 吉村部隊 | 大分 | 妻 | — | 1938 | 122 | 1 |
| | 44 | 並河靖 | 1913/11/27 | 豫医大尉 | 1940/3/23 | 西村（正）部隊 | 京都 | 妻 | 1937 | 1938 | 122 | 2 |
| | 45 | 那須毅 | 1915/3/9 | 豫医大尉 | 1943/3/19 | 山砲兵第27聯隊 | 岡山 | 父 | — | 1940 | 122 | 3 |
| | 46 | 中溝保三 | 1915/3/19 | 豫医大尉 | 1940/3/23 | 菊池部隊 | 東京 | 母 | 1938 | 1940 | 122 | 4 |
| | 47 | 中西陽一 | 1917/9/23 | 豫医少尉 | 1942/2/5 | 北支那方面軍司令部 | 京都 | 母 | 1941 | 1944 | 122 | 5 |
| | 48 | 中田重保 | 1920/2/28 | 予医少尉 | 1944/4/12 | 北支那特別警備隊司令部 | 富山 | 父 | 1942 | 1945 | 122 | 6 |
| | 49 | 西村英二 | 1891/11/20 | 現医大佐 | 1939/3/9 | 中支那派遣軍司令部 | 兵庫 | 妻 | — | 1919 | 132 | 1 |
| | 50 | 西村祥三 | 1918/3/23 | 現医大尉 | 1941/12/20 | 歩兵第112聯隊 | 兵庫 | 妻 | — | 1941 | 132 | 2 |
| | 51 | 西原不二雄 | 1918/6/3 | 豫医中尉 | 1943/3/19 | 北京陸軍病院 | 福岡 | 父 | — | 1942 | 132 | 3 |
| | 52 | 野口龍雄 | 1916/8/1 | 豫医中尉 | 1941/12/20 | 歩79聯 | 東京 | 母 | — | 1941 | 137 | 1 |
| | 53 | 橋本泰男 | 1909/10/23 | 現医少佐 | 1944/3/20 | 宇都宮陸軍飛行学校 | 埼玉 | 父 | — | 1935 | 139 | 1 |
| | 54 | 幡省三 | 1918/2/10 | 豫医中尉 | 1941/12/20 | 歩兵第52聯隊補充隊 | 北海道 | 母 | — | 1941 | 139 | 2 |
| | 55 | 平野晟 | 1911/5/8 | 現医少佐 | 1941/12/22 | 陸軍兵器本部兼陸軍軍医学校 | 千葉 | 父 | — | 1938 | 147 | 1 |
| | 56 | 廣瀬一郎 | 1913/2/26 | 豫医大尉 | 1940/7/22 | 歩兵第8聯隊補充隊 | 京都 | 父 | — | 1940 | 147 | 2 |
| | 57 | 福田武夫 | 1915/9/24 | 豫医大尉 | 1939/7/20 | 歩兵第13聯隊 | 福岡 | 妻 | — | 1939 | 153 | 1 |
| | 58 | 福井利三 | 1909/10/8 | 現医大尉 | 1943/8/2 | 第8師団部隊 | 愛媛 | 妻 | — | 1939 | 153 | 2 |
| | 59 | 堀口武二郎 | 1911/1/20 | 豫医少尉 | 1943/3/18 | 金澤陸軍病院 | 長野 | 養父 | 1931 | — | 157 | 1 |
| | 60 | 松尾梅雄 | 1912/3/11 | 現医少佐 | 1943/11/20 | 歩兵第39聯隊 | 兵庫 | 父 | — | 1939 | 161 | 1 |
| | 61 | 馬淵昌市 | 1913/8/3 | 豫医少尉 | 1943/8/10 | 氣球聯隊 | 東京 | 父 | 1933 | — | 161 | 3 |
| | 62 | 間山哲男 | 1915/2/8 | 豫医少尉 | 1943/8/10 | 氣球聯隊 | 宮城 | 妻 | 1938 | — | 161 | 4 |
| | 63 | 村田英太郎 | 1917/1/2 | 現医少佐 | 1941/12/22 | 歩兵第79聯隊 | 岡山 | 父 | 1936 | 1941 | 174 | 1 |
| | 64 | 矢野眞澄 | 1915/5/27 | 豫医中尉 | 1941/12/20 | 歩兵第78聯隊 | 福岡 | 妻 | — | 1941 | 181 | 2 |
| | 65 | 柳田純孝 | 1917/11/13 | 豫医中尉 | 1943/8/25 | 第36師団野戦病院 | 富山 | 父 | — | 1939 | 181 | 3 |
| | 66 | 矢屋板正典 | 1912/11/13 | 豫医少尉 | 1943/11/30 | 独立歩兵第8大隊 | 新潟 | 妻 | 1936 | 1944 | 181 | 4 |
| | 67 | 山添三郎 | 1908/11/20 | 豫医少尉 | 1944/4/12 | 独立歩兵第9旅団患者収客隊 | 新潟 | 妻 | 1932 | — | 181 | 5 |
| | 68 | 油田愷生 | 1918/7/8 | 現医大尉 | 1942/8/18 | 電信第7聯隊 | 三重 | 兄 | — | 1941 | 189 | 1 |
| | 69 | 吉見亨 | 1902/10/31 | 現医中佐 | 1941/3/1 | 第21師団軍進部 | 広島 | 妻 | — | 1930 | 190 | 1 |
| | 70 | 吉村博 | 1912/6/29 | 豫医中尉 | 1940/11/1 | 歩兵第149聯隊 | 岐阜 | 父 | 1938 | 1940 | 190 | 2 |
| | 71 | 吉田長之 | 1910/11/19 | 豫医少尉 | 1944/2/10 | 東京 | 東京 | 父 | 1937 | — | 190 | 3 |
| | 72 | 横山正松 | 1913/11/19 | 豫医少尉 | 1944/2/10 | 新潟 | 新潟 | 妻 | 1933 | — | 190 | 4 |
| | 73 | 依田良男 | 1912/1/20 | 豫医少尉 | 1940/3/23 | 菊池部隊 | 京都 | 母 | 1932 | 1934 | 190 | 5 |

# 将校らの兵種別氏名別兵歴

西山勝夫

国立公文書館により公開された『留守名簿 北支那防疫給水部』の名簿主体の様式は、縦書きの表で、袋綴じ便箋の最右列に「留守名簿」の表題があり以降左列に記入項目名、続いて記入欄という様式である。所定の記入項目は、編入年月日、前所属及其編入年月日、本籍、留守担当者の住所・続柄・氏名、徴集年、任官年、役種兵種官等並ニ等給級俸月給額・発令年月日、氏名、生年月日、留守宅渡ノ有無、補修年月日の順となっており、そのほかに上下の欄外に記入された事項からなっている。

国立公文書館により公開された『留守名簿 北支那防疫給水部』の主な活動を担ったと考えられる軍医将校、技師、薬剤将校、衛生将校、主計将校、看護婦の兵種別に氏名ごとに、兵種詳細、生年月日、編入年月日、前所属、本籍（都道府県名のみ）、留守担当者の続柄、徴集年、任官年のみを抽出して、空白は「—」で示した。生年月日、編入年月日、徴集年、任官年は全て西暦に変換した。

注１：本表へのコメント、問い合わせは、https://war-medicine.jimdo.com/問い合わせ/まで。

表. 将校らの職務別所属部隊別留守名簿本簿頁別列別氏名・兵歴など

| 職務 | 通番 | 氏名 | 生年月日 | 役種兵種官等 | 編入年月日 | 前所属 | 本籍 都道府県 | 留守担当者の続柄 | 徴集 | 任官 | 原簿頁 | 列 |
|---|---|---|---|---|---|---|---|---|---|---|---|---|
| 軍医将校 | 1 | 荒木乾 | 1915/8/13 | 豫医中尉 | 1942/4/13 | 歩兵第42軍隊補充隊 | 岡山 | 妻 | — | 1942 | 1 | 1 |
| | 2 | 岩瀬滋 | 1914/5/18 | 豫医大尉 | 1940/3/23 | 菊池部隊 | 東京 | 母 | 1939 | 1939 | 7 | 1 |
| | 3 | 石塚儀一 | 1903/7/20 | 豫医大尉 | 1941/6/9 | 関東軍部隊 | 秋田 | 妻 | — | 1925 | 7 | 2 |
| | 4 | 池山宮三郎 | — | 豫医中尉 | 1940/3/29 | 西村（正）部隊 | 三重 | 妻 | — | 1942 | 7 | 3 |
| | 5 | 飯森勤 | 1917/3/31 | 豫衛見士 医少尉 | 1943/8/10 | 氣球聯隊 | 長野 | 父 | 1941 | — | 7 | 4 |
| | 6 | 上村秀勝 | 1913/8/28 | 現医少佐 | 1939/6/14 | 歩兵第5聯隊 | 岩手 | 妻 | — | 1937 | 22 | 2 |
| | 7 | 内田文雄 | 1912/1/8 | 豫医大尉 | 1940/3/23 | 菊池部隊 | 神奈川 | 父 | — | 1940 | 22 | 3 |
| | 8 | 上田博章 | 1914/10/6 | 豫医少尉 | 1943/10/31 | 歩兵第13聯隊補充隊 | 熊本 | 妻 | 1942 | 1944 | 22 | 4 |
| | 9 | 鵜澤榮一 | 1910/2/3 | 豫医少尉 | 1943/8/10 | 千葉 | 千葉 | 母 | 1940 | — | 22 | 5 |
| | 10 | 遠藤吉雄 | — | 現医少佐 | 1943/8/2 | 仙台第2陸軍病院 | 宮城 | 妻 | — | 1930 | 26 | 1 |
| | 11 | 大橋義臣 | 1914/12/15 | 豫医大尉 | 1940/3/23 | 菊池部隊 | 新潟 | 父 | 1939 | 1939 | 28 | 1 |
| | 12 | 大森玄洞 | 1916/1/1 | 豫医大尉 | 1940/7/22 | 歩兵第12聯隊畄守隊 | 岡山 | 父 | — | 1940 | 28 | 2 |
| | 13 | 小川正巳 | 1909/7/19 | 豫軍医少尉 | 1943/3/18 | 千葉 | 千葉 | 妻 | 1933 | 1944 | 28 | 5 |
| | 14 | 門多魁 | 1913/4/1 | 豫医大尉 | 1940/3/23 | 池井部隊 | 愛媛 | 妻 | — | 1938 | 41 | 1 |
| | 15 | 川鍋軍吉 | 1913/6/20 | 豫医大尉 | 1940/3/23 | 菊池部隊 | 埼玉 | 父 | 1939 | 1939 | 41 | 2 |
| | 16 | 角田武夫 | 1913/3/2 | 豫医少尉 | 1943/10/31 | 歩兵第13聯隊 | 熊本 | 父 | 1941 | 1944 | 42 | 3 |
| | 17 | 清原龍 | 1913/9/18 | 豫医大尉 | 1940/7/22 | 歩兵第12聯隊留守隊 | 兵庫 | 母 | — | 1940 | 55 | 1 |
| | 18 | 北川清男 | 1910/4/15 | 豫医少尉 | 1943/3/18 | 金澤陸軍病院 | 石川 | 妻 | 1931 | — | 55 | 2 |
| | 19 | 北川清治 | 1909/3/6 | 豫医少尉 | 1944/2/10 | 福井 | 福井 | 妻 | 1935 | — | 55 | 3 |
| | 20 | 黒川正治 | 1913/1/30 | 豫医大尉 | 1940/3/23 | 菊池部隊 | 栃木 | 父 | 1938 | 1939 | 59 | 3 |
| | 21 | 小森源一 | 1909/9/12 | 現医少佐 | 1940/3/23 | 菊池部隊 | 岐阜 | 妻 | — | 1935 | 64 | 1 |
| | 22 | 後藤正彦 | 1912/9/17 | 現医少佐 | 1940/3/23 | 菊池部隊 | 宮崎 | 妻 | — | 1938 | 64 | 2 |
| | 23 | 近藤信一 | 1914/1/10 | 豫医大尉 | 1940/3/23 | 菊池部隊 | 東京 | 妻 | 1939 | 1939 | 64 | 3 |
| | 24 | 兒玉寛 | 1921/1/23 | 豫医少尉 | 1943/3/10 | 村松陸軍病院 | 富山 | 父 | 1941 | 1943 | 64 | 4 |
| | 25 | 酒井英之 | 1914/3/6 | 豫医大尉 | 1940/2/22 | 歩兵第6聯隊補充隊 | 兵庫 | 父 | 1940 | 1940 | 73 | 1 |
| | 26 | 定豊治 | 1915/9/1 | 豫医大尉 | 1941/3/14 | 北京陸軍病院 | 福井 | 父 | — | 1940 | 73 | 2 |
| | 27 | 澤渡岩夫 | 1916/2/11 | 豫医大尉 | 1940/7/22 | 歩兵第11聯隊補充隊 | 山形 | 妻 | — | 1940 | 73 | 3 |

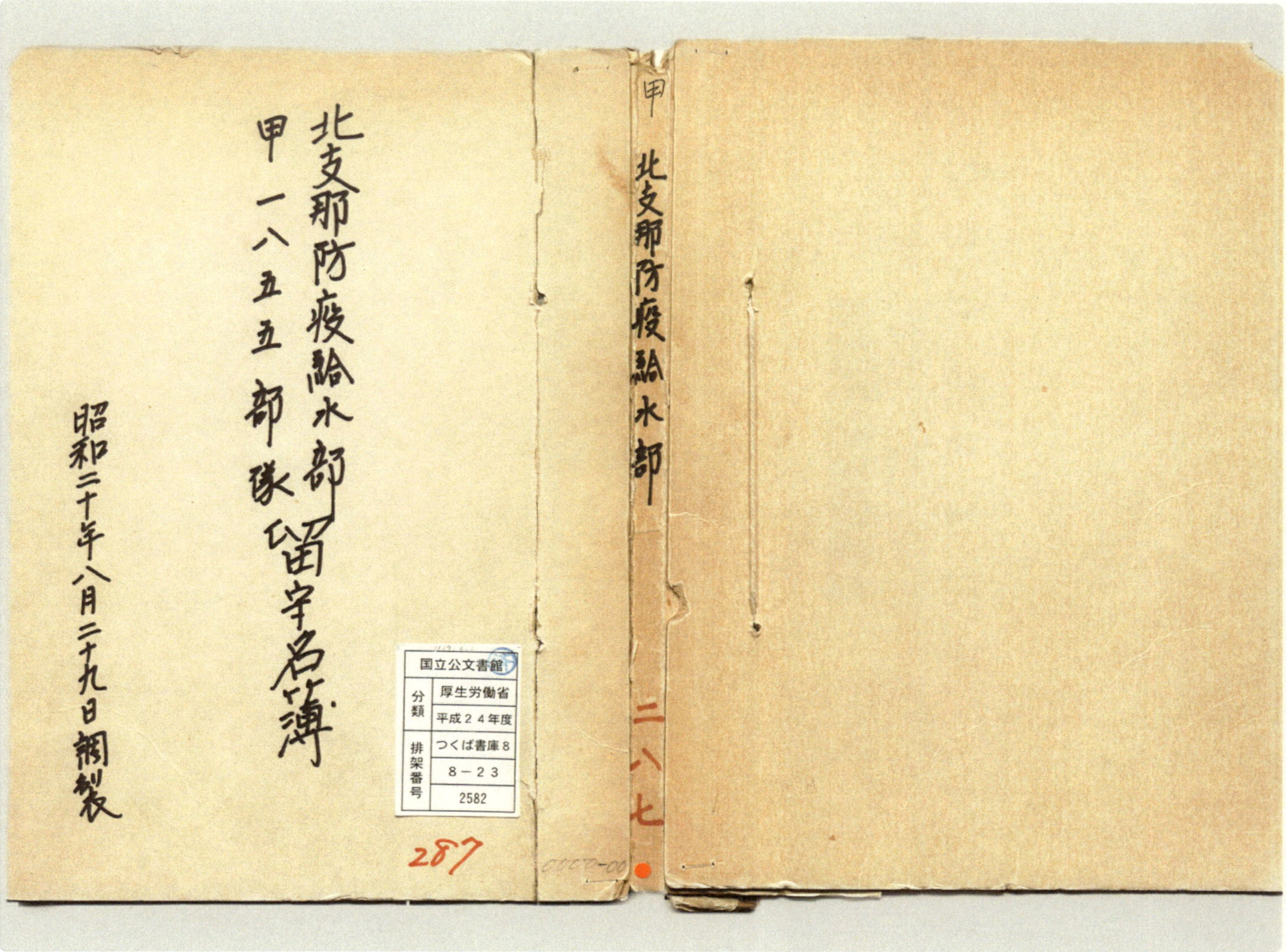

＊画像一枚目　45％縮小して収録

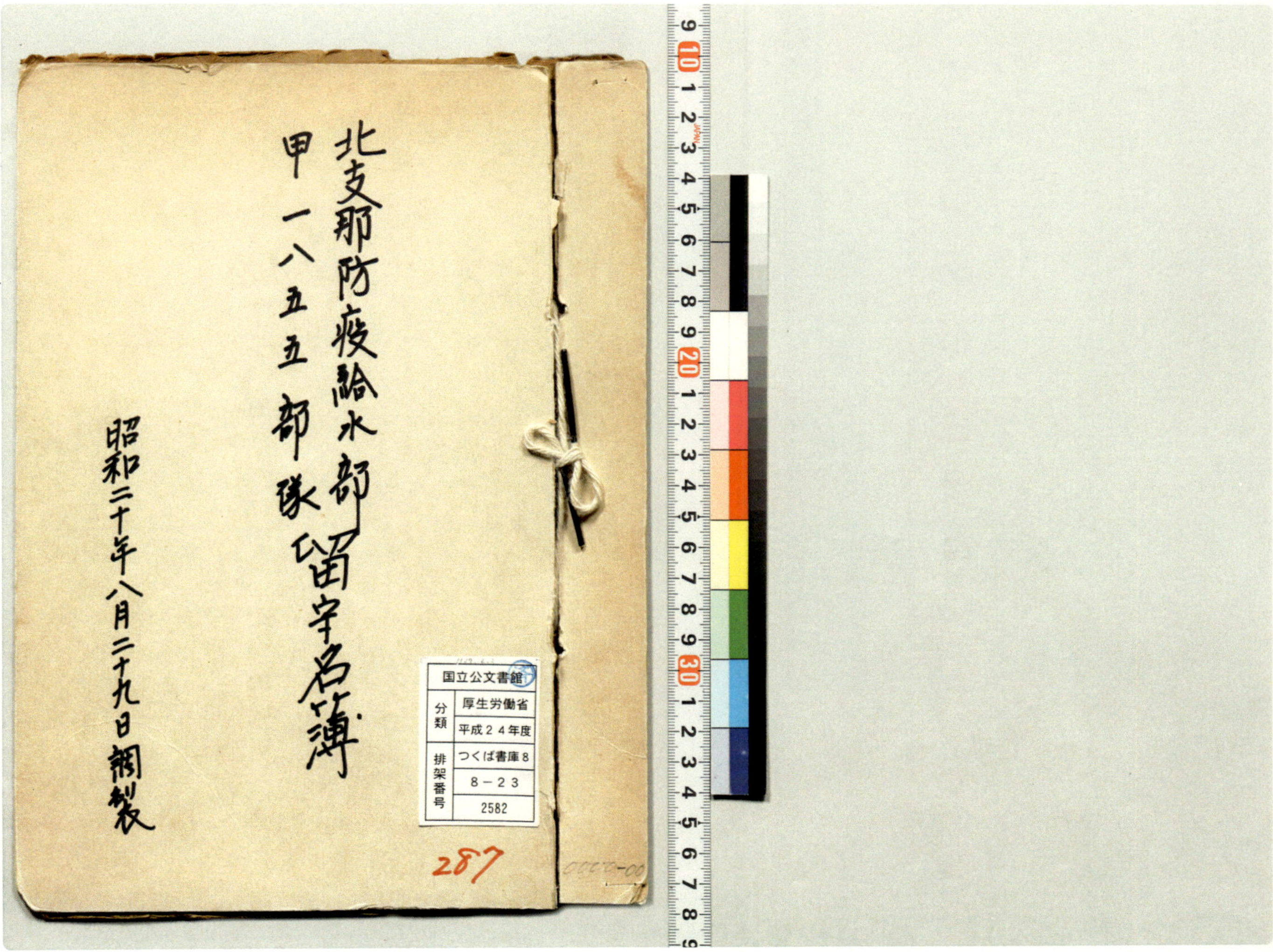

＊画像二枚目　45％縮小して収録

＊画像三枚目　物差しと色見本は二枚目の画像から貼付

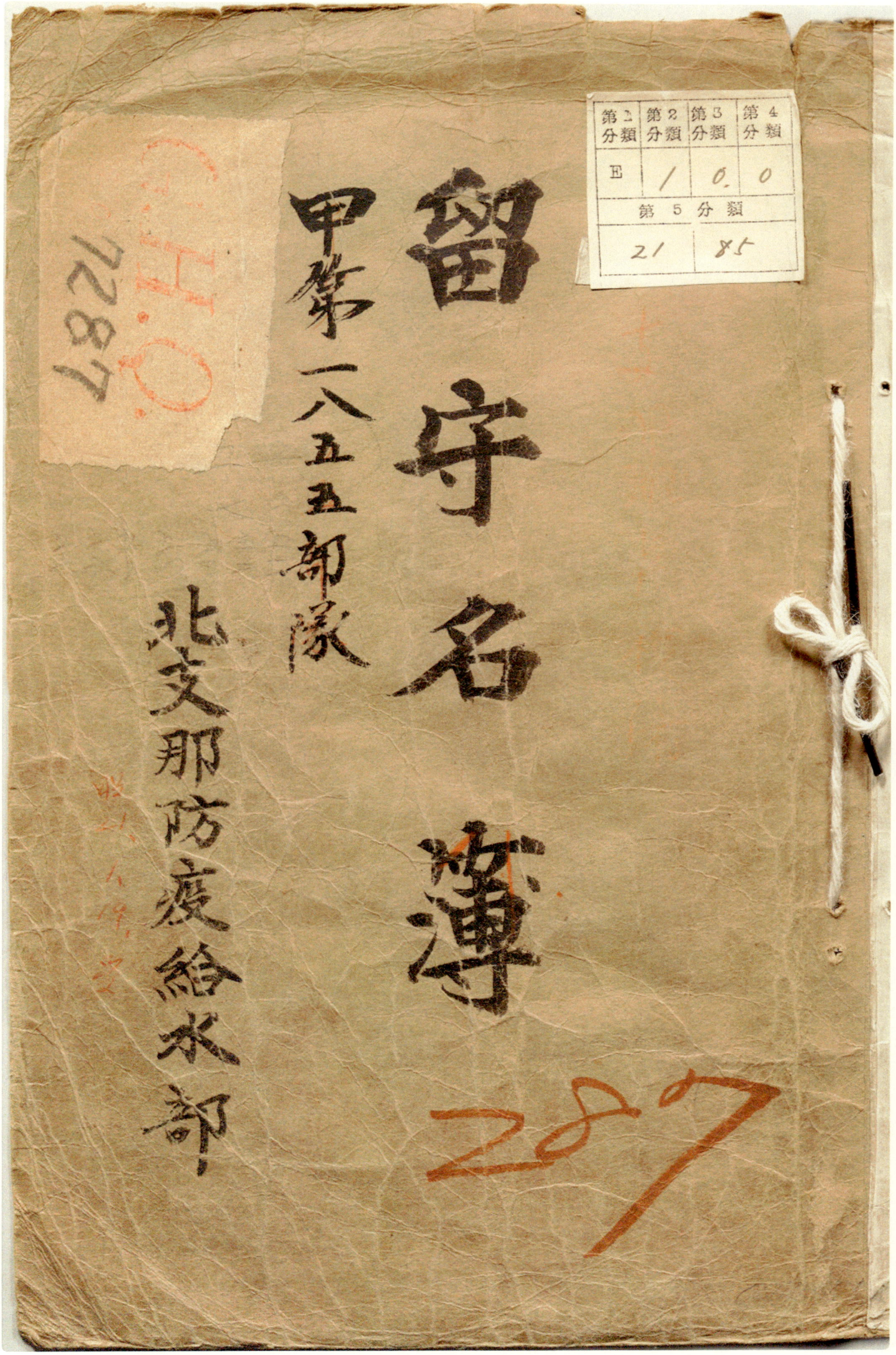

| 第1分類 | 第2分類 | 第3分類 | 第4分類 |
|---|---|---|---|
| E | 1 | 0. | 0 |
| 第5分類 | | | |
| 21 | 85 | | |

留守名簿
甲第一八五五部隊
北支那防疫給水部
昭21、八、14、受
G.H.Q.
7287
287

第十二軍司令官の定むる兵站病院に転属と
有るものは一応第百六十九兵站病院留守名簿
を調査されたい。

留名
番号
492

0000-02

# 留守名簿

昭和廿年八月廿九日調

| 欄外記入 | 編入年月日 | 前所屬及其編入年月日 | 本籍（在留地） | 留守擔當者住所 | 續柄 | 留守擔當者氏名 | 徴集年 | 任官年 | 役種兵種官等二等給級俸月給額發令年月日 | 氏名 | 生年月日 | 留守宅渡ノ有無 | 補修年月日 |
|---|---|---|---|---|---|---|---|---|---|---|---|---|---|
| 20.8.29第一五二兵站病院転属 | 17.4.13 | 歩兵第四二聯隊補充隊 一七、一、二六 | 岡山縣吉備郡高松町大字平山二二六番地 | 同上 | 妻 | 荒木久子 | | 昭17 | 豫医中尉 一、18.4.30 | 荒木乾 | 大四、八、一三 | 有 | |
| 20.8.29第十二軍ノ定位兵站病院ニ轉属 | 15.12.27 | 東京第二陸軍病院 一二、二、一〇 | 埼玉縣北葛飾郡栗橋町大字高柳一三六番地 | 同上 | 父 | 新井久藏 | 昭12 | 昭14 | 現衛~~曹~~准尉 四、20.8.20（~~17.12.31~~） | 新井秀吉 | 大六、一、一八 | 有 | |
| 20.8.29第一五一兵站病院転属 | 16.1.6 | 歩兵第一四九聯隊 一五、一二、九 | 神奈川縣高座郡茅ヶ崎町赤羽根一一三番地 | 同上 | 父 | 安齋喜壽 | 昭15 | 昭17 | 現衛~~軍~~曹 四、20.8.20（~~17.12.31~~） | 安齋勇 | 大九、九、二二 | 無 | |
| 20.8.29第一五一兵站病院転属 | 16.1.6 | 歩兵第一四九聯隊 一五、一二、九 | 東京都中野区宮里町四一番地 | 同上 | 父 | 秋葉光吉 | 昭15 | 昭18 | 豫衛軍 二、19.12.31 | 秋葉光雄 | 大九、五、一二 | 無 | |
| 20.8.29第一五四兵站病院転属 | 17.2.27 | 國府台陸軍病院 一七、一、一九 | 東京都世田ヶ谷区太子堂町三八九番地 | 同上 | 父 | 阿藤榮太郎 | 昭12 | 昭19 | 豫衛~~伍~~軍 三、20.8.1（~~19.3.1~~） | 阿藤傳吉 | 大六、八、二九 | 無 | 20.8.1進級 |
| 20.6.4 東海軍管區軍醫部轉屬 ア | 15.9.6 | 野戦重砲兵第一八聯隊 一五、八、一 | 神奈川縣横濱市中区蓬來町三丁目六八番地 | 同上 | 母 | 淺井りう | 昭14 | 昭19 | 豫衛伍 19.8.1 | 淺井安男 | 大八、一一、二三 | 無 | |



1

| | | | | | | | | | | | | | |
|---|---|---|---|---|---|---|---|---|---|---|---|---|---|
| 20.8.29.第一九八兵站病院転属 | 17.2.27 | 國府台陸軍病院 | 一七、一、一八 | 群馬縣高崎市連雀町五八番地 | 群馬縣群馬郡東村大字古市六四番地 | | 妻 | 浅井ヲトシ | 昭12 昭19 | 三 豫衛伴軍 | 20.8.1 | 浅井愿一 | 大六、八、一六 | 無 | 20.6.1.現役 20.8.1.進級 |
| 20.6.4.第東海軍管区転属 | 15.9.6 | 歩兵第一四九聯隊 | 一五、八、一 | 山梨縣東山梨郡松里村三日市場三六八二番地 | 同 | 上 | 父 | 青木乙作 | 昭9 昭18 | 三 豫衛伴軍 | 20.3.1 | 青木作助 | 大三、二、三 | 無 | 20.4.4 進級 |
| 20.8.29.第一五三兵站病院転属 | 15.9.6 | 歩兵第五七聯隊 | 一五、八、一 | 千葉縣夷隅郡浪花村小澤二七〇番地 | 同 | 上 | 父 | 安藤久七 | 昭11 昭19 | 豫衛伍 | 19.3.1 | 安藤淺次 | 大五、二、二五 | 無 | |
| 20.8.29 第一六五兵站病院転属 | 18.10.1 | 野戰重砲第八聯隊 | 一八、九、五 | 新潟縣長岡市四郎丸本町三丁目一八一〇番地 | 同 | 上 | 弟 | 荒木傳一郎 | 昭16 | 豫衛伍 補衛長 | 20.8.20 | 荒木喜久八 | 大一〇、八、二三 | 無 | |
| 20.8.29 第一五一兵站病院転属 | 17.2.27 | 國府台陸軍病院 | 一六、一〇、二〇 | 東京都世田ヶ谷區玉川瀬田町六九五番地 | 同 | 上 | 父 | 浅川銀造 | 昭12 | 一補衛長 | 19.12.1 | 浅川喜榮 | 大六、二、一三 | 無 | |
| 20.8.6 陸軍軍医学校出張内地滞留中ニ付滞留地所管区司令官ノ定ムル部隊ニ転属 | 17.2.27 | 國府台陸軍病院 | 一六、一〇、二〇 | 東京都神田區神保町一丁目二四番地 | 東京都浅草区田町一丁目七八番地 | | 兄 | 鮎川阿久利 | 昭12 | 一補衛長 | 20.8.20 | 鮎川徳選 | 大六、五、一四 | 無 | |
| 20.8.29 第一六五兵站病院転属 | 16.1.6 | 歩兵第一四九聯隊 | 一五、一二、九 | 千葉縣市原郡富山村古敷谷二七七二番地 | 同 | 上 | 叔父 | 鎌滝勇治 | 昭15 | 豫衛伍 補衛長 | 20.8.20 | 天和太郎 | 大九、九、六 | 無 | |
| 20.8.29 第一五一兵站病院転属 | 18.10.1 | 氣球聯隊 | 一八、九、二〇 | 宮城縣玉造郡一栗村池月字上宮根岸前一一五番地 | 同 | 上 | 父 | 阿部好 | 昭10 | 二國衛 上 | 20.8.20 | 阿部磨 | 大四、一〇、七 | 無 | |

3 2

# 留守名簿

ア

| 編入年月日 | 前所属及其編入年月日 | 本籍（在留地） | 留守擔當者 住所 | 留守擔當者 續柄 | 留守擔當者 氏名 | 徴集年 | 任官年 | 役種兵種官等級等ニ等級俸給額發令年月日 | 氏名 | 生年月日 | 留守宅渡ノ有無 | 留守補修年月日 | （欄外） |
|---|---|---|---|---|---|---|---|---|---|---|---|---|---|
| 16、1、6 | 歩兵第一四九聯隊 一五、一二、九 | 東京都淀橋區戸塚町一丁目五一七番地 | 同上 | 兄 | 荒井長次郎 | 昭15 | | 一補衛長 20、8、20 | 荒井貞集 | 大九、七、三〇、 | 無 | | 20、8、29 第一五二兵站病院転属 |
| 20、1、31 | 独歩第八一大隊 一九、一一、一八 | 千葉縣市原郡平三村平藏一八九八番地 | 同上 | 父 | 愛信義 | 昭19 | | 現衛一 20、5、18 | 愛正榮 | 大一三、一二、七 | 無 | 20.6.1進級 | 20、8、29 第一六五兵站病院転属 |
| 20、1、31 | 独歩第八一大隊 一九、二、一八 | 山梨縣甲府市櫻町二七番地 | 同上 | 父 | 雨宮猛 | 昭19 | | 現衛一 20、5、18、 | 雨宮一郎 | 大一四、一、一五、 | 無 | 20.6.1進級 | 20、8、29 第一九四兵站病院転属 |
| 18、10、1 | 野戰重砲第八聯隊 一八、九、五 | 新潟縣柏崎市本町一丁目九九七番地 | 同上 | 母 | 相田タミ | 昭16 | | 豫 一補衛伍 20、8、20 | 相田司郎 | 大一〇、一〇、九 | 無 | | 20、8、29 第一五三兵站病院転属 |
| 18、10、1 | 氣球聯隊 一八、九、二〇 | 宮城縣桃生郡矢本町小松字下砂利田一五二番地ノ一 | 同上 | 姉 | 高田ときよ | 昭12 | | 二國衛長 20、8、20 | 安積東助 | 大六、五、一 | 無 | | 20、8、29 第一五三兵站病院転属 |
| 15、9、6 | 野戰重砲第一八聯隊 一五、八、一、 | 山梨縣北都留郡上野原四五八二番地 | 同上 | 父 | 安藤清平 | 昭14 | | 豫 一補衛伍 20、8、20 | 安藤旭 | 大八、九、一一、 | 無 | 20.4.4進級 | 20、8、29 第一五三兵站病院転属 |

| 異動 | 入隊年月日 | 部隊・年月日 | 本籍 | 留守宅 | 続柄 | 留守担当者 | 昭 | 任官年月日・官等級 | 氏名・生年月日 | 賞罰 | 備考 |
|---|---|---|---|---|---|---|---|---|---|---|---|
| 20、8、29、第一五六兵站病院転属 | 17、6、24、 | 歩兵第一五七聯隊 一七、五、二五、 | 千葉縣印旛郡公津村臺方五三五番地 | 同上 | 父 | 青柳太平 | 昭16 | 20、2、1、一補衛長 | 青柳（青木）一郎 大一〇、二、一五 | 無 | |
| 20、8、29第一六六兵站病院轉属 | 16、1、6 | 歩兵第一四九聯隊 一五、一二、九、 | 東京都城東區北砂町五丁目二九五番地 | 同上 埼玉縣児玉郡北泉町字四方田 | 父 | 新井定吉 | 昭15 | 17、12、1 20、3、1 一補衛長 廿 | 新井岩藏 大、九、二、一九 | 無 | 20.4.4 進級 20.3.1 現任 |
| 同右 | 16、1、6 | 歩兵第一四九聯隊 一五、一二、九 | 埼玉縣秩父郡上吉田村大字太田部五六七番地 | 同上 | 父 | 新井榮 | 昭15 | 17、12、9、20 20、8、 一補衛 廿長 | 新井博幸 大、九、一一、三〇 | 無 | |
| 20、8、29第一五五兵站病院転属 | 17、2、27 | 國府台陸軍病院 一六、一〇、二〇 | 東京都麻布区新廣尾町三丁目八三番地 | 東京都世田ヶ谷區太子堂町二六二番地 | 父 | 青本角太郎 | 昭13 | 17、12、20、20 20、8、 二補衛 上長 | 青木耕 大、六、一二、一 | 無 | |
| 20、8、29、第一九四兵站病院転属 | 16、1、6 | 歩兵第一四九聯隊 一五、一二、九 | 千葉縣安房郡神戸村佐野八五六番地 | 同上 | 父 | 安藤浩 | 昭15 | 17、12、9、20 20、8、 一補衛 上長 | 安藤十三代 大、九、七、一四、 | 無 | |
| 20、5、30、鉄道第一八聯隊転属 | 17、2、27 | 國府台陸軍病院 二六、一〇、二〇 | 東京都世田ヶ谷區大藏町八九五番地 | 同上 | 父 | 安藤梅太郎 | 昭12 | 18、10、20、一補衛上 | 安藤孝二 大六、一〇、一四 | 無 | |
| 20、8、29第十三軍ノ定山兵站病院ニ轉属 | 18、10、1 | 氣球聯隊 一八、九、二〇 | 長野縣更級郡西寺尾村大字西寺尾二七三四番地 | 同上 | 兄 | 相澤迅 | 昭15 | 19、3、20 20、8、20 二補衛 上廿 | 相澤健 大九、七、四 | 無 | |
| 20、5、30、鉄道第一八聯隊転属 | 18、10、1 | 氣球聯隊 一八、九、二〇 | 宮城縣牡鹿郡大原村大字泊濱二五番地ノ二 | 宮城縣志田郡三本木町南町一六番地 渡辺源三郎方 | 妻 | 阿部さくみ | 昭10 | 19、3、20、二國衛一 | 阿部善治 大四、一二、一、 | 無 | |

4

3/15

# 留守名簿

| 項目 | 1 | 2 | 3 | 4 | 5 | 6 |
|---|---|---|---|---|---|---|
| （欄外記事） | 20.8.29 第十二軍定[illegible]兵站病院転属 | 同右 | 同右 | 20.8.29 第一五一兵站病院転属 | 20.[illegible].14 戰死 廣西省[illegible]林縣（[illegible]） | 20.8.29 第一五一兵站病院転属 ア |
| 編入年月日 | 18.1.6 | 18.10.1 | 18.10.1 | 15.9.6 | 17.6.24 | 17.6.24 |
| 前所属及其編入年月日 | 歩兵第一四九聯隊 一五、一二、九、 | 野戰重砲第八聯隊 一八、九、五、 | 氣球聯隊 一八、九、二〇 | 横須賀重砲聯隊 一五、八、一 | 歩兵第一五七聯隊 一七、五、二五 | 歩兵第一五七聯隊 一七、五、二五 |
| 本籍（在留地） | 埼玉縣南埼玉郡潮止村大字二ノ七〇四番地 | 神奈川縣横濱市中區元濱町四丁目三五番地 | 宮城縣刈田郡円田村平澤内屋敷三九番地 | 東京都本郷區駒込千駄木町五八番地 | 埼玉縣入間郡入西村大字堀込五三番地 | 千葉縣香取郡佐原町仲川岸六四六番地 |
| 留守擔當者 住所 | 同上 | 神奈川縣横濱市中區海岸通四丁目二〇番地 | 同上 | 東京都荒川區日暮里町三丁目一四三七番地 | 同上 | 茨城縣行方郡潮来町五三四番地 |
| 留守擔當者 續柄 | 父 | 母 | 父 | 母 | 父 | 父 |
| 留守擔當者 氏名 | 秋元次郎吉 | 青柳くま | 浅沼浅次郎 | 浅岡ミエ | 芦澤七四松 | 青柳重恭 |
| 徴集年 任官年 | 昭15 | 昭15 | 昭8 | 昭14 | 昭16 | 昭16 |
| 役種 兵種 官等級 等ニ等級 俸月給額 發令年月日 | 一補 衛 兵長 20.3.1 | 一補 衛 兵長 20.8.20 | 二國 衛 上等兵 20.8.20 | 豫 衛 伍長 20.8.20 | 豫 衛 伍長 20.4.14 | 一補 衛 兵長 20.8.20 |
| 氏名 生年月日 | 秋元清松 大九、九、一〇 | 青柳正春 大九、一〇、一〇、 | 浅沼藤一 大二、四、二 | 浅岡作次 大七、二、三〇 | 芦澤豊 大一〇、八、一五 | 青柳恭造 大一〇、九、八、 |
| 留守宅渡ノ有無 | 無 | 無 | 無 | 無 | 無 | 無 |
| 補修年月日 | 20.4.4進級 | | | | 20.2.1任官 | |

5

| | | | | |
|---|---|---|---|---|
| 20、8、29 鉄道第一八聯隊転属 | 20、8、27 第一五五兵站病院転属 | 20、8、29 第二六兵站病院転傷 | 20、8、29 第一九四兵站病院転属 | |
| 18、3、1 | 18、2、28 | 18、10、1 | 19、3、1 | |
| 独歩第二一九聯隊 一七、一、一〇 | 工兵第三二聯隊 一七、二、一、 | 気球聯隊 一八、九、二〇 | 独歩第五大隊 一八、一三、二一 | |
| 東京都杉並區高円寺七丁目九六四番地 | 千葉縣夷隅郡大原町七、六五〇番地 | 東京都京橋區湊町二丁目一〇番地ノ三 | 山梨縣東山梨郡塩山町上於曽一七六三番地 | |
| 同 | 同 | 同 | 同 | |
| 上 | 上 | 上 | 上 | |
| 父 | 父 | 母 | 父 | |
| 綾部留次郎 | 秋葉常五郎 | 新井あさ | 雨宮章吉 | |
| 昭 16 | 昭 16 | 昭 11 | 昭 18 | |
| 現 衛 上 19、2、1 | 現 衛 長 伍 19、3、1 20、3、1 | 二 補 衛 上 19、8、1 20、8、20 井上 | 現 衛 上 19、8、1 20、8、20 井上 | |
| 綾部進 大一〇、七、二七 | 秋葉久雄 大一〇、六、八 | 新井正一 大五、一、一 | 雨宮楮一郎 大一二、一〇、一〇 | |
| 無 | 無 20、4、1 進級 | 無 | 無 | |

76

# 留守名簿

| 異動 | 編入年月日 | 編入前所屬及其編入年月日 | 本籍（在留地） | 留守擔當者 住所 | 續柄 | 氏名 | 徴集年 | 任官年 | 役種兵種官等級俸月給額等ニ發令年月日 | 氏名 生年月日 | 留守宅渡ノ有無 | 補修年月日 |
|---|---|---|---|---|---|---|---|---|---|---|---|---|
| 20.8.29 第一五一兵站病院転属 | 15.3.23 | [redacted] 菊池部隊 [redacted] 一五、三、二 | 東京都王子區中十條三丁目一七番地ノ五 | 東京都王子區上十條五丁目三二番地 | 母（父） | 岩瀬慶子（岩瀬儀十） | 昭14 | 昭14 | 豫医大尉 二、19、9、30 | 岩瀬 滋 大三、五、一八、 | 有 | 20.6.1担当者 |
| 20.8.29 第一五一兵站病院転属 | 16.6.? | [redacted] 関東軍 [redacted] 部隊 一四、六、三〇 | 秋田縣河辺郡岩見三内村岩見字杉澤台二五番地 | 秋田縣秋田市川尻町總社前二〇六番地 | 妻 | 石塚トミエ | | 大14 | 豫衛大尉 三、19、9、15 | 石塚儀一 明三六、七、二〇 | 有 | |
| 20.1.10 現地召集解除 | 15.3.23 | [redacted] 西村(正)部隊 一三、九、二四 | 三重縣渡會郡下外城田村大字岩出一〇一三番地 | 同上 | 妻 | 池山えい | | 昭17 | 豫衛中尉 二、19、4、15 | 池山官三郎 | | |
| 20.8.29 第五一兵站病院転属 | 18.8.10 | 氣球聯隊 一八、八、五 | 長野縣東筑摩郡日向村七七八番地 | 長野縣東筑摩郡日向村上井堀 | 父 | 飯森喜方 | 昭16 | | 豫衛見士（18、8、5） 医少尉 20、3、22 | 飯森 勤 大六、三、三一、 | 無 | 20.4.4進級 |
| 20.8.29 第一五一兵站病院転属 | 15.3.23 | [redacted] 西村(正)部隊 一三、九、二四 | 愛知縣碧海郡安城町大字今字東海道一三〇番地 | 同上 | 父 | 伊吹周治 | 昭8 | 昭10 | 現衛准 三、18、12、31 | 伊吹 正 大二、一、二五、 | 有 | |
| 20.8.29 第一五一兵站病院転属 イ | 15.3.23 | [redacted] 池井部隊 一三、九、二四 | 宮崎縣延岡市大字出北一〇九五番地 | 同上 | 父 | 伊東常太郎 | 昭11 | 昭13 | 現衛准 四、19、3、1 | 伊東邦男 大、五、七、五、 | 有 | |

| | | | | | | | | | | | | |
|---|---|---|---|---|---|---|---|---|---|---|---|---|
| 20、8、29 第一九四兵站病院転属 | 15、3、23、 | [redacted] 一三、一〇、一 | 長崎縣西彼杵郡矢上村平間名三一五〇番地 | 同 | 上 父 | 池田敬市 | 昭10 昭13 | 現 衛曹 准 四、20、3、1 下19、9、30 | 池田武重 | 大四、二、八 | 有 | 20.4.4進級 |
| 20、8、29 第一六五兵站病院転属 | 18、3、17 | 國府台陸軍病院 一七、七、一 | 神奈川縣三浦郡浦賀町芝生二番地 | 山梨縣甲府市塩部町一六六番地 | 妻 | 石渡千代子 | 昭10 昭13 | 現 衛曹 准 四20、3、1 下19、6、30 | 石渡秀男 | 大四、五、一八 | 有 | 20.4.4進級 |
| 20、8、29 第一五一兵站病院転属 | 15、12、1 | 北京陸軍病院 一五、二、二九 | 岡山縣 東京都川上郡日里村大字黒忠二九七三番地 | 岡山縣岡山市大供本町二丁目五七番地 | 母 | 井上於藍 | 昭14 昭16 | 現 衛曹 三20、6、30 下19、12、30 | 井上二郎 | 大九、二、二四 | 無 | 20.6.30等給 |
| 20、8、29 第一五一兵站病院転属 | 16、1、6 | 歩兵第一四九聯隊 一五、一二、九 | 東京都荒川區尾久町三丁目二三五八番地 | 新潟縣東頸城郡菱里村字眞萩平 | 井 父 | 池田豊吉 | 昭15 昭18 | 豫 衛軍 二、19、12、31 | 池田弘 | 大八、一二、二八 | 無 | 20.6.1.現住 |
| 20、8、29、第一五二兵站病院転属 | 18、4、8 | 野戰重砲第八聯隊 一八、三、二〇 | 茨城縣新治郡石岡町大字石岡五三九八番地 | 同 | 上 父 | 磯部太郎平 | 昭9 昭14 | 豫 衛軍 二、20、3、31 下19、12、31 | 磯部佳幸 | 大三、四、二七 | 有 | 20.4.4進級 |
| 20、6、4 朝鮮軍管區司令部転属 | 16、12、1、 | 第三七師團歩兵第二二六聯隊 一四、三、一九 | 鹿児島縣鹿児島市平之町三七番地 | 鹿児島縣姶良郡加治木町反土二四八番地 | 母 | 岩下ハル | 昭13 昭16 | 現 主衛 曹 三、20、6、30 下19、12、31 | 岩下吉雄 | 大七、一一、二一、 | 有 | 20.4.4 進級 20.6.30 〃 |
| 20、8、29 第十二軍ノ定ムル兵站病院転属 | 17、6、24 | 歩兵第一五七聯隊 一七、五、二五 | 神奈川縣横濱市神奈川區反町三七番地 | 同 | 上 妻 | 石井千榮 | 昭3 昭14 | 豫 衛軍曹長 四20、8、20 下20、6、30 | 石井彌市 | 明四〇、三、八 | 有 | 20.7.1 官等 |
| 20、5、30 鉄道第一八聯隊転属 | 19、3、1 | 天津陸軍病院 一七、五、四 | 愛媛縣温泉郡正岡村大字八反地甲一八五番地 | 同 | 上 父 | 井上忠宣 | 昭16 昭19 | 豫 衛伍 19、3、1、 | 井上忠衛 | 大一〇、一一、一七 | 無 | |

8

# 留守名簿

| | | | | | | |
|---|---|---|---|---|---|---|
| （欄外） | 20、6、4 東北軍管区転属 | 20、8、29 第十二軍司令官ノ定ムル兵站病院転属 | 20、8、10 北支那野戦貨物廠転属 | 20、8、29 第十二軍司令官ノ定ムル兵站病院転属 | 20、8、29 第一八八兵站病院転属 | 20、8、29 第一八七兵站病院転属 イ |
| 編入年月日 | 19、9、6 | 17、9、6 | 19、3、1 | 16、1、6 | 16、1、6 | 19、6、24 |
| 前所属及其編入年月日 | 横須賀重砲兵聯隊 一五、八、一 | 國府台陸軍病院 一七、一、一八 | 独立工兵第三八聯隊 一八、六、二七 | 歩兵第一四九聯隊 一五、一二、九 | 歩兵第一四九聯隊 一五、一二、九 | 歩兵第一四九聯隊 一七、五、二五 |
| 本籍（在留地） | 東京都王子区王子町三丁目二三番地 | 千葉縣印旛郡酒井町上岩橋二六五番地 | 石川縣鹿島郡餘喜村字四柳ヨノ部三八 | 千葉縣東葛飾郡浦安町猫實二六番地 | 東京都王子区岸町二丁目八番地 | 東京都蒲田区東蒲田二丁目一三番地ノ六 |
| 留守擔當者 住所 | 同上 | 同上 | 同上 | 神奈川縣横濱市鶴見區濱町三七番地 | 同上 | 同上 |
| 留守擔當者 續柄 | 父 | 父 | 母 | 父 | 母 | 父 |
| 留守擔當者 氏名 | 岩城定藏 | 今井仲吉 | 今井佐和 | 泉澤三吉 | 石井きく | 伊嶌松之助 |
| 徴集年 | 昭14 | 昭15 | 昭16 | 昭15 | 昭15 | 昭15 |
| 任官年 | 昭18 | 昭19 | 昭19 | 昭14 | 昭19 | 昭19 |
| 役種兵種官等竝ニ等級俸給月額発令年月日 | 豫衛伍 軍 20、3、1 | 豫衛伍 軍 三 20、8、1 | 現衛伍 軍 三 20、8、1 | 豫衛伍 軍曹 三 20、8、20 | 豫衛伍 軍曹 三 20、8、20 | 豫衛伍 19、3、1 |
| 氏名 生年月日 | 岩城達也 大八、五、三一 | 今井善一 大九、九、二八 | 今井通夫 大一〇、一一、二三 | 泉澤勇 大九、一、一二 | 石井鐄次 大九、五、二二 | 伊嶌政太郎 大八、一二、二八 |
| 留守宅渡ノ有無 | 無 | 無 | 無 | 無 | 無 | 無 |
| 補修年月日 | 20.4.4 進級 | 20.8.1 進級 | 20.8.1 進級 | | | |

9

| | | | | | | | | | | | | |
|---|---|---|---|---|---|---|---|---|---|---|---|---|
| 20、8、29 第一六一兵站病院転属 | 19、3、1 | 北支野戦兵器廠 一七、五、七 | 大分縣速見郡南端村大字天門四六五番地 | 同 | 上 | 妻 | 伊南榮子 | 昭11 昭19 | 三、20、8、1、 豫衛伍 軍 | 大五、七、二六 | 伊南正毅 | 無 20.8.1進級 |
| 戦病死 20、6、24 | 17、5、24 | 歩兵第一五七聯隊 一七、五、二五 | 日立市助川町殿畑二六三二 東京都葛飾區堀ノ内町 廿二番地 | 同 | 上 | 父 | 稲垣與吉 | 昭16 昭19 | 20、6、24 豫衛伍 軍 | 大一〇、七、九 | 稲垣章夫 | 無 20.7.1進級 |
| 20、3、5 支那派遣野鉄病院転属 | 17、8、30 | 浦和 | 埼玉縣南埼玉郡黒濱村大字黒濱一七二四番地ノ一 | 栃木縣宇都宮市築瀬町三〇五 | | 妻 | 猪俣コヤ | 昭7 昭18 | 18、12、1 豫技伍 | 明四五、三、三 | 猪俣好造 | 無 |
| 20、5、30 鉄道第一八聯隊 | 18、3、1 | 歩兵第三二一聯隊 一七、一、二五 | 神奈川縣横濱市神奈川區神奈川通九丁目二六二番地 | 神奈川縣横濱市南區共進町二丁目九番地 | | 母 | 石塚タミ | 昭15 昭19 | 19、3、1 豫衛伍 | 大九、三、二一 | 石塚利吉 | 無 |
| 20、8、29 第一六一兵站病院転属 | 18、10、1 | 氣球聯隊 一八、九、三〇 | 富山縣上新川郡大久保町下大久保二、四三四番地 | 同 | 上 | 妻 | 井波トキ | 昭6 | 20、5、1 二補衛卅 上 | 明四四、一〇、一六 | 井波正信 | 無 20.6.1進級 |
| 20、8、29 第一五一兵站病院転属 | 17、2、27 | 國府台陸軍病院 一六、一〇、三〇 | 東京都杉並區上高井戸一丁目一六一番地 | 同 | 上 | 父 | 井上平太郎 | 昭12 | 20、8、20 一補衛卅長 | 大五、一二、一三 | 井上利平 | 無 |
| 20、8、29 第一六五兵站病院転属 | 16、1、6 | 歩兵第一四九聯隊 一五、一二、九 | 千葉縣山武郡公平村姫島九五二番地 | 同 | 上 | 父 | 岩崎誠一 | 昭15 | 20、8、20 卅補衛長 豫衛伍 | 大九、四、一二 | 岩崎幹 | 無 |
| 20、8、29 第一五一兵站病院転属 | 17、6、24 | 歩兵第一五七聯隊 一七、五、二五 | 東京都杉並區上高井戸町一丁目九番地 | 東京都澁谷區幡ヶ谷本町二ノ二二八 東京都澁谷區幡ヶ谷原町八九九番地 | | 父 | 猪股三次郎 | 昭15 | 20、8、20 一補衛卅長 | 大九、一〇、一三 | 猪股喜平郎 | 無 20.5.30現住 20.8.10 |

10

# 留守名簿

| 編入年月日 | 前所屬及其編入年月日 | 本籍（在留地） | 留守擔當者 住所 | 續柄 | 氏名 | 徵集年 任官年 | 役種兵種官等竝ニ等級俸月給額發令年月日 | 氏名 生年月日 | 留守宅渡ノ有無 | 補修年月日 | 附記 |
|---|---|---|---|---|---|---|---|---|---|---|---|
| 20.1.31 | 独歩第八一大隊 一九、一一、一八 | 埼玉縣川口市本町一丁目一四八番地 | 神奈川縣川崎市二子一〇五番地 | 父 | 飯田惣五郎 | 昭19 | 現衛井一 ~~仮仮仮~~ 20.5.18 | 飯田新之烝 大一三、四、一八 | 無 | 20.6.1 進級 | 20.8.29 第一六六兵站病院転属 |
| 20.1.31 | 独立歩兵第八一大隊 一九、一一、一八 | 山梨縣南巨摩郡増穂村舂米六、一二七番地 | 同上 | 父 | 井上恒平 | 昭19 | 現衛井一 ~~仮仮仮~~ 20.5.18 | 井上武男 大一四、六、一 | 無 | 20.6.1 進級 | 20.8.29 第一六五兵站病院転属 |
| 20.1.31 | 独歩第八一大隊 一九、一一、一八 | 東京都麻布區霞町六番地 | 同上 | 父 | 池上藤吉 | 昭19 | 現衛井一 ~~仮仮仮~~ 20.5.18 | 池上日出男 大一四、一、二八 | 無 | 20.6.1 進級 | 20.8.29 第一五五兵站病院転属 |
| 20.1.31 | 独歩第八一大隊 一九、一一、一八 | 千葉縣君津郡竹岡村竹岡三六四番地 | 同上 | 母 | 池田はる | 昭19 | 現衛井一 ~~仮仮仮~~ 20.5.18 | 池田直鏡 大一四、一、二八 | 無 | 20.6.1 進級 | 20.8.29 第一六一兵站病院転属 |
| 20.1.31 | 独歩第八一大隊 一九、一一、一八 | 東京都江戸川區平井四丁目一八三三番地 | 新潟縣南蒲原郡本成寺村 ~~[illegible]~~ 井 | 父 | 飯塚七藏 | 昭19 | 現衛井一 ~~仮仮仮~~ 20.5.18 | 飯塚敏男 大一四、三、一六 | 無 | 20.6.1 現任 20.6.1 進級 | 20.8.29 第一六六兵站病院転属 |
| 20.1.31 | 独歩第八一大隊 一九、一一、一八 | 千葉縣山武郡土氣町大木戸一〇八三番地 | 同上 | 父 | 伊藤源一 | 昭19 | 現衛井一 ~~仮仮仮~~ 20.5.18 | 伊藤明 大一四、一、三 | 無 | 20.6.1 進級 | 20.8.29 第一六五兵站病院転属 イ |

2/5 21

11

| | | | | | | | | | | | |
|---|---|---|---|---|---|---|---|---|---|---|---|
| 20.8.29第十二軍司令官ノ定ムル兵站病院ニ転属 | 20.1.31 | 独歩第八一大隊 一九、一一、一八 | 東京都豊島區池袋一丁目七五番地 | 神奈川縣横濱市神奈川區富家町五七番地 | 父 | 飯島政義 | 昭19 | 現衛卅一 20.5.18 | 飯島義次 大一四、三、一六 | 無 | 20.6.1進級 |
| 20.8.29第一五一兵站病院転属 | 20.1.31 | 独歩第八一大隊 一九、一一、一八 | 千葉縣山武郡千代田村小原子一一〇番地 | 埼玉縣大宮市上手町三二五番地 | 父 | 石井金治 | 昭19 | 現衛卅一 20.5.18 | 石井甲一 大一四、三、一五 | 無 | 20.6.1進級 |
| 20.8.29第一五一兵站病院転属 | 17.6.24 | 歩兵第一五七聯隊 一七、五、二五 | 神奈川縣横濱市磯子區洲崎町五三番地 | 同上 | 妻 | 石井ふ子 | 昭10 | 豫衛集 軍曹 20.8.8 | 石井伊助 大四、五、二四 | 無 | 20.4.4進級 |
| 20.8.29第一五一兵站病院転属 | 20.1.31 | 独歩第八一大隊 一九、一一、一八 | 千葉縣長生郡東郷村六ッ野六三九番地 | 同上 | 父 | 石川孝一 | 昭19 | 現衛卅一 20.5.18 | 石川和夫 大一四、一一、一七 | 無 | 20.6.1進級 |
| 20.8.29第一五一兵站病院転属 | 20.1.31 | 独歩第八一大隊 一九、一一、一八 | 千葉縣君津郡三島村辻森四八番地 | 同上 | 父 | 伊田重三 | 昭19 | 現衛卅一 20.5.18 | 伊田實 大一四、一一、三 | 無 | 20.6.1進級 |
| 20.8.29第十二軍司令官ノ定兵站病院転属 | 17.6.24 | 歩兵第一五七聯隊 一七、五、二五 | 東京都目黒區鷹番町一一二五番地 | 同上 | 父 | 市川保吉 | 昭15 | 一補衛卅 長 20.8.20 | 市川保 大九、一一、一五 | 無 | |
| 同右 | 18.6.14 | 氣球聯隊 一八、六、一 | 神奈川縣川崎市上丸子八七五番地 | 神奈川縣川崎市小杉町三丁目四一六番地 | 父 | 池田久衛門 | 昭17 | 一補衛十 上 20.6.1 | 池田芳一 大一一、三、二七 | 無 | 20.7.1進級 |
| 同右 | 18.10.1 | 氣球聯隊 一八、九、三〇 | 山梨縣中巨摩郡清川村安寺八八六番地 | 同上 | 父 | 飯窪義治 | 昭15 | 二補衛十 上 20.8.20 | 飯窪義徳 大九、三、二三 | 無 | |

12

# 留守名簿

| | 29.8.29 第十二軍司令官ノ定ムル兵站病院転属 | 同右 | 同右 | 同右 | 同右 | 同右 イ |
|---|---|---|---|---|---|---|
| 編入年月日 | 18.3.1 | 18.3.1 | 17.6.24 | 17.6.24 | 15.9.6 | 15.9.6 |
| 前所属及其編入年月日 | 歩兵第二一九聯隊 一七、一、二九 | 独歩第四五大隊 一七、四、八 | 歩兵第一五七聯隊 一七、五、二五 | 歩兵第一五七聯隊 一七、五、二五、 | 野戦重砲一八聯隊 一五、八、一 | 野戦重砲一七聯隊 一五、八、一、 |
| 本籍（在留地） | 東京都浅草區永住町一九番地 | 千葉縣香取郡中和村清和甲二七番地 | 東京都城東區大嶋町七丁目一四一番地 | 神奈川縣横濱市中區庚台四九番地 | 山梨縣西八代郡市川大門町二七三番地 | 埼玉縣南埼玉郡騎西町道地一三四七番地ノ一 |
| 留守擔當者 住所 | 東京都本所區菊川町三丁目一〇番地 | 同上 | 宮城縣仙台市北七番町八番地新間榮七方 | 同上 | 同上 | 同上 |
| 續柄 | 母 | 父 | 妻 | 父 | 父 | 父 |
| 氏名 | 石川との | 岩崎請松 | 伊藤咲子 | 伊澤五郎 | 一瀬嘉左門 | 石原榮作 |
| 徴集年 任官年 | 昭16 | 昭15 | 昭12 | 昭13 | 昭13 | 昭14 |
| 役種兵種官等級俸給額 發令年月日 | 現 衛上 20、2、1 | 一現 衛 伍 兵長 20.8.20 | 豫 衛 兵長 20、6、1 | 豫 衛 兵長 20.8.20 | 一補 衛 兵長 20、3、1 | 二補 衛上 長 20、8、20 |
| 氏名 生年月日 | 石川泰二 大一〇、三、二〇 | 岩崎孝二 大一一、一〇、二 | 伊藤敦《アツシ》 大五、一二、二九 | 伊澤勇作 大七、一一、三〇 | 一瀬宗一 大七、五、二九 | 石原真次 大八、一、七 |
| 留守宅渡ノ有無 | 無 | 無 | 無 | 無 | 無 | 無 |
| 補修年月日 | | | 20、7、1進級 | | 20.4.4進級 | |



13

| 備考（上欄） | 年月日 | 部隊・入隊年月日 | 本籍 | 住所 | 続柄・氏名 | 昭 | 官等 | 生年月日・氏名 | | 備考 |
|---|---|---|---|---|---|---|---|---|---|---|
| 20.8.29 第十二軍司令官ノ定ムル兵站病院転属 | 17.6.24. | 歩兵第一五七聯隊 一七、五、二五 | 埼玉縣南埼玉郡柏崎村大字真福寺 石垣栄次郎方 東京都浅草區田島町六十番地 | 同 上 | 母 石垣よし | 昭16 | 一補 衛生兵長 20.8.20 | 大一〇、二、七、 石垣正義 | 無 | 20.5.30.現住 |
| 同右 | 18.6.14 | 氣球聯隊 一八、六、一、 | 神奈川縣横濱市中區磨澤五二番地 | 横濱市笹下町一四三 山室条治方 横濱市南區[illegible]番地 飯島方 | 從姉 山室君江 | 昭17 | 二補 衛生伍長 20.6.1 | 大一一、五、六 飯島輝雄 | 無 | 20.7.1進級 7.15住 |
| 20.5.30. 鉄道第一八聯隊転属 | 17.6.14. | 氣球聯隊 一八、六、一、 | 東京都向島區吾嬬町西五丁目八番地 | 同 上 | 父 市村健二 | 昭16 | 一補 衛生一 18.12.1、 | 大一〇、二、一二 市村建藏 | 無 | |
| 20.8.29 第十三軍ノ定ムル兵站病院転属 | 18.10.1 | 氣球聯隊 一八、九、二〇 | 福島縣大沼郡西山村大字黒澤字前原三八番地 | 同 上 | 妻 伊藤トシイ | 昭10 | 二國 衛生兵長 20.6.1、 | 大四、六、二〇 伊藤一義 | 無 | 20.7.1進級 |
| 同右 | 18.2.28. | 野戦重砲三二聯隊 一七、二、一、 | 千葉縣山武郡上堺村屋形五二一〇番地 | 同 上 | 父 伊藤治三郎 | 昭16 | 現 衛生兵長 20.8.20 | 大一〇、三、一五 伊藤弘 | 無 | |
| 20.8.29 第一五三兵站病院転属 | 17.6.24 | 歩兵第一五七聯隊 一七、五、二五 | 埼玉縣北葛飾郡三輪野江村大字加藤九三九番地 | 同 上 | 父 飯島初次郎 | 昭16 | 一補 衛生兵長 20.8.20 | 大一〇、一一、九 飯島千年 | 無 | |
| 20.8.29 第一五三兵站病院転属 | 18.10.1 | 氣球聯隊 一八、九、二〇 | 富山縣婦負郡林津字四方町二〇七九番地 | 同 上 | 妻 井本みつい 母 井本ぬい | 昭6 | 二補 衛生兵上 20.8.20 | 明四四、四、二七 井本友吉 | 無 | 20.7.1担当 |
| 20.8.29 第一五三兵站病院転属 | 18.3.1 | 歩兵第二一〇聯隊 一七、二、一、 | 神奈川縣横須賀市大津字池田二八九二番地 | 同 上 | 父 石渡梅吉 | 昭16 | 現 衛生兵長 20.8.20 | 大九、一二、二〇 石渡正雄 | 無 | |

14

# 留守名簿

| 転属 | 20.6.4 轉屬 管區軍 | 20.8.29 轉屬 兵站病院 第一八八 | 20.8.29 轉屬 兵站病院 第一八八 | 20.8.29 轉屬 兵站病院 第一九四 | 20.8.29 轉屬 兵站病院 第一九四 | 20.8.29 轉屬 兵站病院 第九四 イ |
|---|---|---|---|---|---|---|
| 編入年月日 | 15.7.6 | 18.10.1 | 16.1.6 | 18.10.1 | 15.9.6 | 18.2.28 |
| 前所属及其編入年月日 | 歩兵第一五七 聯隊 一五、八、一 | 氣球聯隊 一八、九、二〇 | 歩兵第一四九 聯隊 一五、一二、九 | 氣球聯隊 一八、九、二〇 | 野戰重砲 第一七聯隊 一五、八、一 | 三二師團第一野戰病院 一七、九、一二 |
| 本籍(在留地) | 千葉縣香取郡香西村 福田一五三番地 | 東京都日本橋區濱花町 三丁目二番地 | 東京都下谷區谷中 初音町四丁目一三二番地 | 山梨縣西八代郡市川 大門町一、三四二番地 | 埼玉縣北足立郡指扇村 大字指扇三六一三番地 | 埼玉縣北足立郡北本宿 村下石戸上一一〇八七番地 |
| 留守擔當者 住所 | 同上 | 東京都澁谷區東町一二、武貫正人方 ~~東京都京橋區新川町三番地~~ | 同上 | 大阪市都島區 野田町一三番地 | 同上 | 同上 |
| 續柄 | 母 | 母 | 父 | 父 | 父 | 兄 |
| 氏名 | 伊能サク | 石見フサ | 今井常次郎 | 一瀬良平 | 石川劉之助 | 石井幸五郎 |
| 徴集任官年 | 昭11 | 昭10 | 昭15 | 昭15 | 昭14 | 昭13 |
| 役種兵種官等級 俸給額 發令年月日 | 十補 衛卒 發 衛伍 20.3.1 | 二補 衛卄上 20.5.1 | 一補 衛卄長 20.8.20 | 二補 衛卄上 20.8.20 | 二補 衛卄長 20.8.20 | 一補 衛卄上 20.8.20 |
| 氏名 | 伊藤武司 (伊能) | 石見章 | 今井正泰 | 一瀬良三 | 石川兵次 | 石井己之助 |
| 生年月日 | 大五、三、一五 | 大四、二、三 | 大八、一二、一五 | 大八、一二、二四 | 大八、五、一 | 大六、一二、五 |
| 留守宅渡ノ有無 | 無 | 無 | 無 | 無 | 無 | 無 |
| 補修年月日 | 20.4.4 進級 | 20.6.1 現任 20.6.1 進級 | | | | |



15

召集 21年2月 日

| | | | | | | | | | | | | |
|---|---|---|---|---|---|---|---|---|---|---|---|---|
| 20.8.29 第一九四兵站病院転属 | 17.3.24 | 歩兵第一五七聯隊 | 一七、五、二五 | 東京都深川区住吉町二丁目四番地ノ二 | 同 | 上 | 義兄 | 石川幸市郎 | 昭16 | 一補 20.8.20 衛廾長 | 飯田正雄 大一〇、六、一七 | 無 | |
| 20.8.29 第一九四兵站病院転属 | 16.1.6 | 歩兵第一四九聯隊 | 一五、一二、九 | 東京都大森区大森九丁目四、二五三番地 | 同 | 上 | 父 | 伊澤甚太郎 | 昭15 | 一補 20.8.20 衛廾長 | 伊澤常吉 大九、四、三、 | 無 | |
| 20.8.29 第一九四兵站病院転属 | 15.9.6 | 野戦重砲第一七聯隊 | 一五、八、一 | 東京都向島区吾嬬町東三丁目三三番地 | 同 | 上 | 父 | 井口秀作 | 昭14 | 二補 20.3.1 衛廾長 | 井口廣二 大八、五、七 | 無 | |
| 20.8.29 第一九四兵站病院転属 | 18.6.14 | 氣球聯隊 | 一八、六、一 | 東京都日本橋区蠣殻町三丁目一三番地ノ二 | 東京都神田区亀住町六 | | 養父 | 飯塚新次郎 | 昭14 | 一補 20.6.1 衛廾長 | 飯塚賢三 大八、五、一六 | 無 | 20.7.1 進級 |
| 20.8.29 第一六五兵站病院転属 | 18.5.19 | 独歩第七八大隊 | 一八、二、一 | 東京都豊島区雑司ヶ谷町五丁目六九七番地 | 東京都中野区新井町二四五番地 | | 義兄 | 須崎義幸 | 昭17 | 現 20.8.1 衛廾上 | 五十嵐通 大一一、一、一四 | 無 | 20.8.1 進級 |
| 20.8.29 第一六一兵站病院転属 | 17.2.27 | 國府台陸軍病院 | 一六、一〇、一〇 | 東京都小石川区小日向町一一番地 | 同 | 上 | 父 | 石合一郎 | 昭12 | 二補 20.8.20 衛廾長 | 石合賢三 大六、一、一二 | 無 | 22 1031 |
| 20.8.29 第一六六兵站病院転属 | 18.6.14 | 氣球聯隊 | 一八、六、一 | 東京都足立区本木町三丁目一、八七四番地 | 同 | 上 | 母 | 岩波エイ | 昭16 | 18.12.1 一補 20.6.1 衛廾上 | 岩波武宣 大一〇、二、二二 | 無 | 20.7.1 進級 |
| 20.8.29 第一五二兵站病院転属 | 16.1.6 | 歩兵第一四九聯隊 | 一五、一二、九 | 東京都品川区西大崎四丁目五六二番地 | 東京都淀橋区角筈三丁目一八九番地 | | 母 | 石田とみ | 昭15 | 一補 20.8.20 衛廾長 | 石田良一 大九、八、一 | 無 | |

16

# 留守名簿

イ

| | 1 | 2 | 3 | 4 | 5 | 6 |
|---|---|---|---|---|---|---|
| (欄外記入) | 20.8.29 第一九四兵站病院転属 | 20.8.29 第一九四兵站病院転属 | 20.8.29 第一五五兵站病院転属 | 20.8.29 第一五五兵站病院転属 | 20.8.29 第一五五兵站病院転属 | 20.8.29 第一六六兵站病院転属 |
| 編入年月日 | 18.10.1 | 18.10.1 | 16.1.6 | 17.8.24 | 17.5.1 | 16.1.6 |
| 前所属及其編入年月日 | 氣球聯隊 一八、九、二〇 | 氣球聯隊 一八、九、二〇 | 歩兵第一四九聯隊 一五、一二、九 | 歩兵第一五七聯隊 一七、五、二五 | 獨歩第五大隊 一八、一二、一二 | 歩兵第一四九聯隊 一五、一二、九 |
| 本籍(在留地) | 東京都本郷區眞砂町一六番地 | 東京都淀橋區角筈三丁目八二番地 | 東京都日本橋區富澤町七番地ノ三 | 埼玉縣川口市壽町五番地 | 山梨縣北巨摩郡安都那村箕輪二三六二番地 | 神奈川縣小田原市緑三丁目三三一番地 |
| 留守擔當者 住所 | 靜岡縣富士郡吉永村富士岡本花守渡辺房枝方 東京都本郷區眞砂町一六番地 | 東京都豊島區池袋三ノ一三八〇番地 | 埼玉縣秩父郡荒川村大字贄川町分 東京都荒川區日暮里九ノ一〇一七 | 同上 | 同上 | 同上 |
| 續柄 | 妻 | 妻 | 兄 | 父 | 父 | 養父 |
| 氏名 | 井上重子 | 池谷トメ子 | 今井保太郎 | 伊藤太郎吉 | 石原由守 | 石井梅吉 |
| 徴集年 任官年 | 昭10 | 昭11 | 昭15 | 昭16 | 昭18 | 昭15 |
| 役種兵種官等級俸給月額 発令年月日 | 二補衛 上 20.8.20 | 二補衛 上 20.8.20 | 一補衛 長 20.8.20 | 一補衛 長 20.8.20 | 現衛 長 20.6.12 | 一補衛 長 20.8.20 |
| 氏名 生年月日 | 井上芳郎 大四、二、二一 | 池谷一男 大五、九、二〇 | 今井泰雄 大九、三、一八 | 伊藤圭郎 大一〇、三、六 | 石原守貞 大一二、一、一〇 | 石井政雄 大九、七、一二 |
| 留守宅渡ノ有無 | 無 | 無 | 無 | 無 | 無 | 無 |
| 補修年月日 | 20.2.1現任 | | 20.7.1現任 | | 20.7.1進級 | |



17

| 上欄 | 年月日 | 部隊 | 本籍 | | | 続柄・氏名 | | 階級・年月日 | 生年月日・氏名 | | 備考 |
|---|---|---|---|---|---|---|---|---|---|---|---|
| 20.8.29 第一六六兵站病院転属 | 18.10.1 | 野戦重砲兵第八聯隊 一八、九、五 | 茨城縣北相馬郡川原代村一八一番地屋敷 | 同 | 上 | 兄 飯塚義弘 | 昭14 | 二補衛長 19.9.4. | 大八、一二、一三 飯塚政 | 無 | |
| 20.8.29 第十三軍司令官直轄兵站病院転属 | 18.8.14 | 氣球聯隊 一八、六、一 | 神奈川縣横濱市中區南太田町一丁目四六番地 | 同 | 上 | 母 伊藤ハツ代 | 昭17 | 一補衛卄 上 20.8.20 | 大一一、一〇、五 伊藤影明 | 無 | |
| 20.8.29 第一六六兵站病院転属 | 18.10.1 | 氣球聯隊 一八、九、二〇 | 山梨縣西山梨郡住吉村字上一五五番地 | 同 | 上 | 父 井出弥 | 昭15 | 二補衛卄 上 20.8.20 | 大九、七、七 井出文弥 | 無 | |
| 20.8.29 第一五五兵站病院転属 | 16.1.6 | 歩兵第一聯隊 一五、一二、九 | 東京都下谷區入谷町三八三番地 | 富山縣新川郡宮川村字石佛 | | 從兄 野田準二 | 昭15 | 一補衛卄長 20.3.1. | 大九、二、一〇 石黒正文 | 無 | 20.4.4 進級 |
| 20.8.29 第十三軍直轄兵站病院転属 | 17.2.27 | 國府台陸軍病院 一六、一〇、二〇 | 千葉縣印旛郡八街町 | 同 | 上 | 父 石渡源吉 | 昭15 | 一補衛卄長 20.8.20 | 大九、九、一 石渡富治 | 無 | |
| 同右 | 18.4.8 | 野戦重砲兵第八聯隊 一八、三、二一 | 東京都板橋區板橋町八丁目二〇〇二番地 | 同 | 上 | 父 伊藤金太郎 | 昭16 | 二補衛卄 上 20.6.1 | 大一〇、四、一四 伊藤正之助 | 無 | 20.7.1 進級 |
| 同右 | 17.6.24 | 歩兵第五七聯隊 一七、五、二五 | 東京都王子區王子二丁目二〇番地 | 同 | 上 | 母 岩田コハル | 昭12 | 一補衛卄長 20.8.20 | 大六、八、二八 岩田孝一 | 無 | |
| 20.8.29 第一五一兵站病院転属 | 18.8.24 | | 愛知縣渥美郡泉村大字石神字中瀬古六〇番地ノ一 | 同 | 上 | 父 岩田市松 | | [illegible] | 昭二、六、二五 岩田静夫 | 有 | 20.4.4 進給 昇給 |

18

# 留守名簿

| 欄 | 1 | 2 | 3 | 4 | 5 | 6 |
|---|---|---|---|---|---|---|
| 欄外記入 | 20.8.29 第一五一兵站病院転属 | 20.8.29 第一五一兵站病院転属 | 20.8.29 第一五一兵站病院転属 | 20.5.22 気象部隊転属 | 20.8.29 第一五一兵站病院転属 | 20.8.29 第一五一兵站病院転属 |
| 編入年月日 | 18.10.4 | 15.12.13 | 20.1.9 | 18.11.24 | 15.12.13 | 15.3.23 |
| 前所属及其編入年月日 | | | | | | 菊池部隊 一四、六、八 |
| 本籍（在留地） | 千葉縣海上郡船木村芦崎一三二番地 | 東京都神田區東松下町三三番地 | 京城府西大門區渼芹町四四番地 | 岐阜縣恵那郡落合村一〇四番地ノ二 | 大阪市南區御蔵跡町九番地 | 京都市中京區錦小路通堀川東入ル西大文字町五七六番地 |
| 留守擔當者 住所 | 北京市内三區東四大街六條胡同八四号 | 北京市内一區鶺鴒市胡同四號梅之莊一〇號 | 同上 | 岐阜縣恵那郡中津町中津川一九二四番地 | 北京市外五區天壇内農林厰跡 | 北京市内二區皮庫胡同一〇號 |
| 續柄 | 母 | 妻 | 父 | 父 | 妻 | 妻 |
| 氏名 | 石毛マツ | 今井チトセ | 池永文雄 | 糸井川徳 | 伊藤キヌ | 伊地知久榮 |
| 徴集年 任官年 | | | | | | |
| 役種兵種官等級俸給月額發令年月日 | 事務員 五二〇〇 20.8.20 | 技手 大 20.8.20 | 事務雇員 六六〇〇 20.8.20 | 事務雇員 五八〇〇 19.3.30 | 事務手 八二〇〇 20.8.20 | 5 20.7.31 |
| 氏名 生年月日 | 石毛靜枝 大一二、六、二五 | 今井喜美雄 明四三、一、一 | 池永純二 大一〇、九、一 | 糸井川克巳 大四、七、二六 | 伊藤謹治郎 明二八、九、八 | 伊地知幸三 明四三、八、二三 |
| 留守宅渡ノ有無 | 無 | 無 | 無 | 無 | 無 | 無 |
| 補修年月日 | 20.4.4 昇格 昇給 | 20.4.4 昇給 昇格 | 20.4.4 昇給 | | 20.4.4 昇給 | 20.4.4 昇格 昇給 |

イ

20.7.31 官等

19

| | | | | | | | | | | | | |
|---|---|---|---|---|---|---|---|---|---|---|---|---|
| 20.8.29 第十三軍司令官ノ定ムル兵站病院転属 | 15.3.23 | 吉村部隊 | 一三、九、二四 | 栃木縣那須郡小川町大字小川二五八三番地ノ四 | 中華民國河南省新鄉縣新鄉同慶里一三號 | 妻 | 池澤春江 | 業務手 自動車操縦者 八三〇〇 20.8.20 19.9.30 | 池澤佑 | 大三、九、二五 | 無 | |
| 同右 | 15.3.26 | | | 鹿児島縣大島郡西方村大字古志一一八四番地 | 同 | 父 | 池田權太郎 | 自動車操縦者 七五〇〇 20.8.20 20.3.31 19.9.30 | 池田国夫 | 大二、一〇、二〇 | 無 | 20.4.4昇給 |
| 20.3.5 依願解雇 | 15.4.25 | | | 高知縣幡多郡三原村大字下長谷五〇〇番地 | 同 | 兄 | 岩井利太郎 | 守衛 五五〇〇 19.9.30 | 岩井和之助 | 明三六、一二、九 | 無 | |
| 20.8.29 第一九四兵站病院転属 | 19.8.28 | | | 岩手縣東磐井郡興田村鳥海字西五石八三番地ノ一 | 中華民國山西省太原市新成東街一號 | 妻 | 伊東ツヤ子 | 自動車操縦者 六九〇〇 20.8.20 20.3.31 19.9.30 | 伊東千代吉 | 大七、五、一 | 有 | 20.4.4昇給 |
| 20.8.29 第十三軍司令官ノ定ムル兵站病院転属 | 15.12.21 | | | 熊本縣熊本市駕町四二番地 | 北支那河南省開封市在徳里一〇號 | 妻 | 到津恵美子 | 自動操縦者 七六〇〇 20.8.20 七一〇〇 20.3.31 六七〇〇 19.9.30 | 到津光 | 大三、八、二〇 | ~~20.4.4昇給~~ | 20.4.4昇給 |
| 同右 | 18.6.7 | | | 北海道北川郡風連村貳拾三線東一九番地 | 濟南市經三路緯三路通恵街宝來アパート | 義兄 | 矢萩民次郎 | 自動車操縦者 六三〇〇 20.8.20 20.3.31 19.9.30 | 稲生芳次郎 | 大九、九、一 | 無 | 20.4.4昇給 |
| 20.8.29 第一三兵站病院附転属 | 15.3.28 | 菊池部隊 | 一四、二、七 | 長崎縣長崎市飽ノ浦三丁目二〇八番地 | 天津特別市第三區月緯路四緯路三五路 | 妻 | 今村コミカ | 業務手 技術雇員 八三〇〇 20.8.20 19.9.30 | 今村庄太郎 | 明四一、一二、一 | 無 | |
| 同右 | 15.3.23 | 菊池部隊 | 一四、五、三一 | 岡山縣御津郡牧石村大字玉柏一〇八五番地 | 天津特別市第三區月緯路四緯路三五號 | 妻 | 池本保子 | 技術雇員 七六〇〇 20.8.20 20.3.31 19.9.30 | 池本龍登 | 明三九、一、二七 | 無 | 20.4.4昇給 |

20

1

# 留守名簿

| | | | | | |
|---|---|---|---|---|---|
| （欄外記入） | 20、8、29 第三一兵站病院転属 | 20、6、11 依願解雇 | 20、8、29 第十三軍司令官ノ定ムル兵站病院転属 | 20、8、20 解傭 | 20、3、5 依願解傭 |
| 編入年月日 | 19、5、27 | 18、5、27 | 19、2、20 | 20、3、2 | 15、8、25 |
| 前所属及其編入年月日 | | | | | |
| 本籍（在留地） | 京都市上京區六軒町通中立賣上ル西仲筋町一九番地 | 京都市中京區壬生下溝町二八番地 | 千葉縣印旛郡久住村成毛三四七番地 | 東京都豊島区要町一丁目六一ノ一 | 高知縣幡多郡三原村大字下長谷五〇〇 |
| 留守擔當者 住所 | 同上 | 同上 | 千葉縣印旛郡遠山村駒井野一、三二一番地 | 中華民國河北省北京市内一区東観音寺胡同一号 | 同上 |
| 留守擔當者 續柄 | 父 | 父 | 父 | 父 | 兄 |
| 留守擔當者 氏名 | 池田安太郎 | 市野瀬宗一 | 岩館作次 | 石井文吉 | 岩井利太郎 |
| 徴集年 任官年 | | | | | |
| 役種兵種官等並ニ等級給月給額發令年月日 | 技術傭人（雇員） 四九、〇〇 20、8、20 四四、〇〇 20、3、31 四一、四〇 19、9、30 | 事務員 傭人（雇員） 四〇、〇〇 20、3、1 | 自動車操縦者 大三、〇〇 20、8、20 | 筆生 三六、〇〇 20、3、2 | 女子雑仕 三四、五〇 19、9、30 |
| 氏名 生年月日 | 池田安之助 大一一、五、一 | 市野瀬梅子 大一五、六、一五 | 岩館政太郎 大九、一〇、一六 | 石井睦訓 昭六、一〇、三〇 | 岩井亀雄 明三八、四、一七 |
| 留守宅渡ノ有無 | 有 | 有 | 有 | 無 | 無 |
| 補修年月日 | 20.4.4 昇給 昇給 | 20.4.4 昇格 昇給 | 20.4.4 昇格 | | |

21

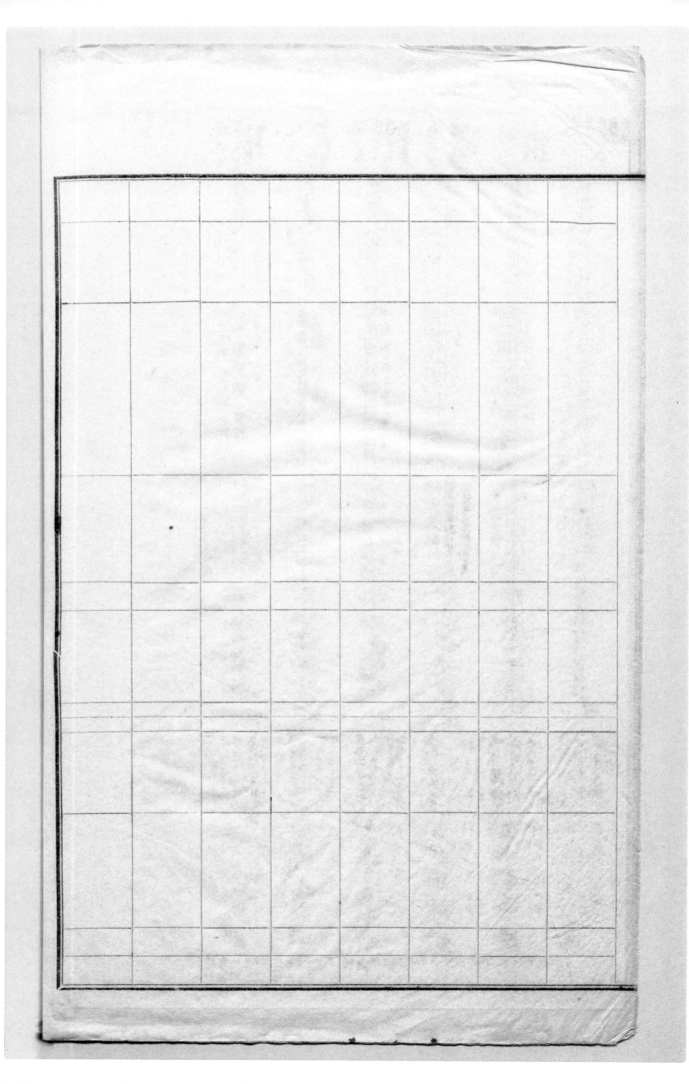

# 留守名簿

ウ

| 上部記入 | 編入年月日 | 前所属及其編入年月日 | 本籍（在留地） | 留守担当者住所 | 続柄 | 留守担当者氏名 | 徴集年 | 任官年 | 役種兵種官等級俸月給額発令年月日 | 氏名 | 生年月日 | 留守宅渡ノ有無 | 留守補修年月日 |
|---|---|---|---|---|---|---|---|---|---|---|---|---|---|
| 20、8、29 第一一五兵站病院転属 | 19、9、27 | 陸軍軍医学校 一九、七、七 | 東京都小石川区小日向台町一丁目五一番地 | 山梨県北巨摩郡[illegible]摩村中小倉 [illegible]水長雄方（東京都世田谷区北沢[illegible]番地） | 妻 | 上田豊子 | | 昭12 | 現 薬少佐 二、20、1、31（[illegible]31） | 上田正臣 | 明四五、七、三 | 有 | 20.5.30現任所 |
| 20、8、29済 十三師団司令官ノ定ムル兵站病院転属 | 14、6、14 | 歩兵第五聯隊 一三、一一、八 | 岩手県盛岡市上田第五十参地割字覚山脇五番地ノ五 | 岩手県盛岡市上田小路一七三番地 | 妻 | 上村春子 | | 昭12 | 現 医少佐 四、19、3、1 | 上村秀勝 | 大六、八、二八 | 有 | |
| 20、8、29 第一九四兵站病院転属 | 15、3、23 | 菊池部隊 一四、八、一五 | 神奈川県津久井郡牧野村二六〇七番地 | 同上 | 父 | 内田信種 | | 昭15 | 予 医中尉 大 三、20、4、22（[illegible]30） | 内田文雄 | 明四五、一、八 | 有 | 20.5.30進級 |
| 20、8、29 第一六六兵站病院転属 | 18、10、31 | 歩兵第一三聯隊補充隊 一八、一〇、一 | 熊本県熊本市内坪井町一六六番地 | 熊本県球磨郡渡村大島香久方（熊本県熊本市[illegible]番地） | 妻 | 上田京子 | 昭17 | 昭19 | 予 医少尉 19、7、1 | 上田博章 | 大三、一〇、六 | 有 | 20.7.1現任 |
| 20、8、29 第一六六兵站病院転属 | 18、8、10 | 千葉 | 千葉県山武郡公平村道庭三二九番地 | 千葉県市川町北方一四一番地 | 母 | 鵜澤弘子 | 昭15 | | 予 医少尉 20、3、22（衛[illegible] 18[illegible]） | 鵜澤栄一 | 明四三、二、三 | 無 | 20.4.4進級 |
| 20、8、29 第一一五兵站病院転属 | 18、10、1 | 気球聯隊 一八、九、二〇 | 東京都世田ヶ谷区松原町四丁目一八七番地 | 東京都目黒区上目黒八丁目六二六番地 | 妻 | 梅原美智江 | 昭11 | | 二 補衛 長 20、8、20（18[illegible]） | 梅原長次 | 大五、一、二三 | 無 | |

| | | | | | | | | | |
|---|---|---|---|---|---|---|---|---|---|
| 20、8、29 第一五一兵站病院転属 | 18、10、1 | 氣球聯隊 一八、九、二〇 | 山梨縣東山梨郡八幡村市川三〇一番地 | 同 上 | 兄 上野本春 | 昭 15 | 18、3、20 20、8、20 二補衛〒上 | 上野架淡男 大九、八、一 | 無 |
| 20、8、29 第一六二兵站病院転属 | 20、1、31 | 独歩第八一大隊 一九、二、一八 | 東京都赤坂区新町三丁目三番地 | 東京都世田谷区北澤四丁目五三〇番地 | 母 上原茂野 | 昭 19 | 18、11、18 20、5、18 現衛卅一 | 上原和夫 大一四、三、三一 | 無 |
| 20、8、29 第一九四兵站病院転属 | 20、1、31 | 独歩第八一大隊 一九、二、一八 | 東京都北多摩郡砂川村三八二九番地 | 同 上 | 父 内野為三郎 | 昭 19 | 18、11、18 20、5、18 現衛卅一 | 内野光行 大一五、二、二八 | 無 |
| 20、8、29 第一五一兵站病院転属 | 20、1、31 | 独歩第八一大隊 一九、二、一八 | 東京都本所区東駒形三丁目一八番地ノ三 | 栃木縣下都賀郡全井村細戸梅原孝一方 同上 | 父 梅原幸一 | 昭 19 | 18、11、18 20、5、18 現衛卅一 | 梅原良一 大一四、一、二三 | 無 |
| 20、8、29 第一五二兵站病院転属 | 20、1、31 | 独歩第八一大隊 一九、一、一八 | 東京都浅草区雷門二丁目一四番地 | 東京都八王子区追分町一八二 同上 | 兄 海田市之助 | 昭 19 | 18、11、18 20、5、18 現衛卅一 | 海田岩雄 大一三、一、一 | 無 |
| 20、8、29 第十三軍司令官ノ定ムル兵站病院転属 | 18、10、1 | 氣球聯隊 一八、九、二〇 | 福島縣雙葉郡久之濱町田之網字瞬八三番地 | 福島縣雙葉郡久之濱町字江之網一二番地 | 兄 宇山金太郎 | 昭 12 | 18、3、20 20、8、20 二国衛卅上 | 宇山源吉 大六、八、五 | 無 |
| 20、8、29 第一七六兵站病院転属 | 17、8、24 18、3、5 | 独歩第四歩兵大隊 一七、一、一〇 | 東京都王子区豊島町七丁目一五番地ノ三 | 同 上 | 父 宇佐見市造 | 昭 16 | 20、2、20 20、8、20 現衛卅上長 | 宇佐見深司 大九、一六、一五 | 無 |
| 20、8、29 第十三軍司令官ノ定ムル兵站病院転属 | 18、10、1 | 氣球聯隊 一八、九、二〇 | 宮城縣仙台市本櫓町一六番地ノ一 | 岩手縣釜石市中妻岩井町 | 妻 梅津サクエ | 昭 10 | 18、3、20 20、8、20 二国衛卅上 | 梅津健三 大四、八、二四 | 無 |

20、5、30現住 20、6、1進級　20、5、30現住 20、6、1進級　20、6、1進級　20、6、1進級

23

# 留守名簿

ウ

| 欄外記入 | 編入年月日 | 前所属及其編入年月日 | 本籍（在留地） | 留守擔當者 住所 | 續柄 | 氏名 | 徴集年 | 任官年 | 役種兵種官等級俸月給額發令年月日 | 氏名 | 生年月日 | 留守宅渡ノ有無 | 補修年月日 |
|---|---|---|---|---|---|---|---|---|---|---|---|---|---|
| 20、8、29 第十二軍司令官ノ定ムル兵站病院転属 | 18、6、14 | 氣球聯隊 一八、六、一 | 東京都荒川區尾久町五丁目一一四四番地 | 同上 | 父 | 梅澤熊次郎 | 昭15 | | 一、補衛十長 20、8、20 | 梅澤奈津雄 | 大九、七、二七 | 無 | |
| 同右 | 15、7、6 | 歩兵第一五七聯隊 一五、八、一五 | 千葉縣山武郡白里村今泉戸二〇四號 | 東京都世田ヶ谷區松原町一丁目七〇番地 | 父 | 内山昇一 | 昭11 | | 一、補衛長 19、8、1 | 内山秀男 | 大五、七、一九 | 無 | |
| 同右 | 18、9、20 | 氣球聯隊 一八、九、二〇 | 石川縣江沼郡大聖寺町字上福田ロノ四番六番地 | 同上 | 母 | 浦千代 | 昭16 | | 二、補衛廿上 20、5、1 | 浦武雄 | 大一〇、五、二、 | 無 | 20、6、1 進級 |
| 20、8、29 第一九四兵站病院転属 | 17、6、24 | 歩兵第一五七聯隊 一七、五、二五 | 東京都城東區大島町七丁目六〇番地 | 同上 | 父 | 上田巳之三郎 | 昭16 | | 一、補衛廿長 20、8、20 | 上田正二 | 大一〇、一、一五 | 無 | |
| 20、8、29 第一六五兵站病院転属 | 17、6、24 | 歩兵第一五七聯隊 一七、五、二五 | 千葉縣山武郡片貝町片貝三八四九番地 | 東京都下谷區上野櫻木町三六 ~~東京都淺草區千束町二丁目一四三番地~~ | 父 | 梅澤仙太郎 | 昭16 | | 一、補衛廿長 20、8、20 | 梅澤德司 | 大一〇、九、二九 | 無 | 20、5、30 現住 |
| 20、8、29 第一六五兵站病院転属 | 18、6、14 | 氣球聯隊 一八、六、一 | 埼玉縣浦和市大字三室四、六四九番地 | 同上 | 父 | 内田達之助 | 昭12 | | 一、補衛廿上 20、8、20 | 内田長松 | 大六、八、二五 | 無 | |

24

| | | | | | | | | | | | |
|---|---|---|---|---|---|---|---|---|---|---|---|
| 20、8、29 第十二軍司令部兵站病院轉屬 | 16、8、6 | 歩兵第一四九聯隊 一五、一六、九 | 東京都本所區石原町二丁目一七番地ノ三 | 同上 | 父 生方秋雄 | 昭15 | 一 補衛生長 20、8、20 | 生方治郎 | 大九、七、三一 | 無 | |
| 20、8、29 第一五三兵站病院轉屬 | 15、9、6 | 歩兵第一五七聯隊 一五、八、一 | 千葉縣印旛郡船穂村草深八五〇番地 | 同上 | 父 如澤留治郎 | 昭11 | 一 補衛生長 20、8、20 | 如澤保 | 大五、三、二四 | 無 | |
| 20、8、29 第一九四兵站病院轉屬 | 19、9、1 | 独歩第八一大隊 一八、一二、一二 | 山梨縣南巨摩郡萬澤村一、三七〇番地 | 同上 | 母 内田みち | 昭18 | 現 衛生上 20、5、1 | 内田環《トモ》惟《ヨシ》 | 大一二、一一、四 | 無 | 20、6、1 進級 |
| 20、8、29 解雇 | 19、2、5 | | 千葉縣千葉郡幕張町馬加三六ノ一 | 京城府城東區下往十里町山六番地六 | 父 内田鯤五郎 | | 技術雇員 五六〇〇 20、3、31 | 内田康資 | | 無 | 20、4、5 昇給 |
| 20、8、29 第一九四兵站病院轉屬 | 18、5、17 | | 福島縣糸島郡小富士村御床二二五〇 | 中華民國山西省太原市上馬街一号 | 妻 内野壽美子 | | 自動車操縦者 七四〇〇 20、8、20 | 内野要 | 大六、三、五 | 無 | 20、4、5 昇給 |

25

# 留守名簿

| | 1 | 2 | 3 | 4 | 5 | 6 |
|---|---|---|---|---|---|---|
| （上欄） | 20.8.1 陽泉陸軍病院転属 | 20.8.29 第一五一兵站病院転属 | 20.8.29迄 二軍司令官ノ定ムル兵站病院転属 | 20.8.29 第一六五兵站病院転属 | 20.8.29迄 一六五兵站病院転属 | 20.8.29 第一五三兵站病院転属 工（工） |
| 編入年月日 | 18.8.2 | 15.3.23 | 20.1.31 | 20.1.31 | 20.1.31 | 18.6.14 |
| 前所属及其編入年月日 | 仙台第二陸軍病院 | 菊池部隊 一四、九、一 | 獨歩第八一大隊 一九、二、一八 | 獨歩第八一大隊 一九、二、一八 | 独歩第八一大隊 一九、二、一八 | 氣球聯隊 一八、六、一 |
| 本籍（在留地） | 宮城縣東原郡志波村大字白幡字伊豆野城内前七七ノ一 | 東京都四谷區須賀町三ノ八 | 山梨縣西山梨郡大宮村字山宮七八 | 千葉縣君津郡平岡村永地一三九八番地 | 埼玉縣大宮市大字上小村田三九一番地 | 神奈川縣横濱市中區寺田町四ノ一〇七番地 |
| 留守擔當者 住所 | 宮城縣仙台市北五十人町三〇番地佐藤方 | 福岡縣飯塚市稲荷町九三番地 | 山梨縣甲府市深町二八一番地 | 同上 | 同上 | 同上 |
| 續柄 | 妻 | 妻 | 父 | 父 | 父 | 父 |
| 氏名 | 遠藤寧子 | 衣斐文美知枝 | 江上義久 | 榎澤肇 | 榎本常吉 | 江藤元次郎 |
| 徵集年 | | | 昭19 | 昭19 | 昭17 | 昭17 |
| 任官年 | 昭5 | 昭14 | | | | |
| 役種兵種官等級等ニ立ル給俸月額發令年月日 | 現医少佐 一、14、5、20 | 陸軍技手 一、20、3、31 | 現衛卅一 20、5、18 | 現衛卅一 20、5、18 | 現衛卅一 20、5、18 | |
| 氏名 | 遠藤吉雄 | 衣斐直彦 | 江上欽平 | 榎澤隆 | 榎本武次 | 江藤繁雄 |
| 生年月日 | | 明三〇、二、一二 | 大一四、一〇、三一 | 大一四、一〇、二八 | 大一三、九、一九 | 大一〇、一二、一四 |
| 留守宅渡ノ有無 | 有 | 有 | 無 | 無 | 無 | 無 |
| 補修年月日 | | 20.4.4進級 | 20.6.1進級 20.7.1現役 | 20.6.1進級 | 20.6.1進級 | 20.7.1進級 |

| | | | | | | | | | | | | | |
|---|---|---|---|---|---|---|---|---|---|---|---|---|---|
| 20、8、27 第一九四兵站病院転属 | 18、6、14 | 氣球聯隊 | 一八、六、一 | 神奈川縣横濱市神奈川區中郡秦野町曽谷二七一六 | 同 | 上 | 父 | 遠藤清八 | 昭17 | 20、8、20 補衛 上 | 遠藤菊雄 | 大一一、二、四、 | 無 |
| 20、8、29分 十二軍司令部 兵二二站 病院転属 | 16、1、6 | 歩兵第一四九聯隊 | 一五、一二、九 | 埼玉縣南埼玉郡蓮田町大字閏戸二七〇四ノ三 | 同 | 上 | 父 | 榎本春太郎 | 昭15 | 20、8、20 補衛 長 | 榎本隆二 | 大九、九、二二 | 無 |
| 20、8、27 第一五一兵站病院転属 | 15、3、23 | 菊池部隊 | 一四、七、一六 | 千葉縣長生郡茂原町高師九七〇ノ一 | 同 | 上 | 妻 | 江川千代 | | 自動車操縦者 八四〇〇 20、8、20 中部第七十六部隊 | 江川充 | 明四四、五、一 | 有 |
| 20、8、27 第一五一兵站病院転属 | 15、3、23 | 菊池部隊 | 一四、三、一 | 福岡縣大牟田市明治町三丁目五三番地 | 中華民國河北省北京市内東交民巷紫花監西村公館内 | | 叔父 | 西濱光藏 | | 打字員 九八〇〇 20、8、20 | 江川ミズエ | 大一一、一〇、九、 | 無 |
| | | | | | | | | | | | | | 20、4、4昇給 |

27

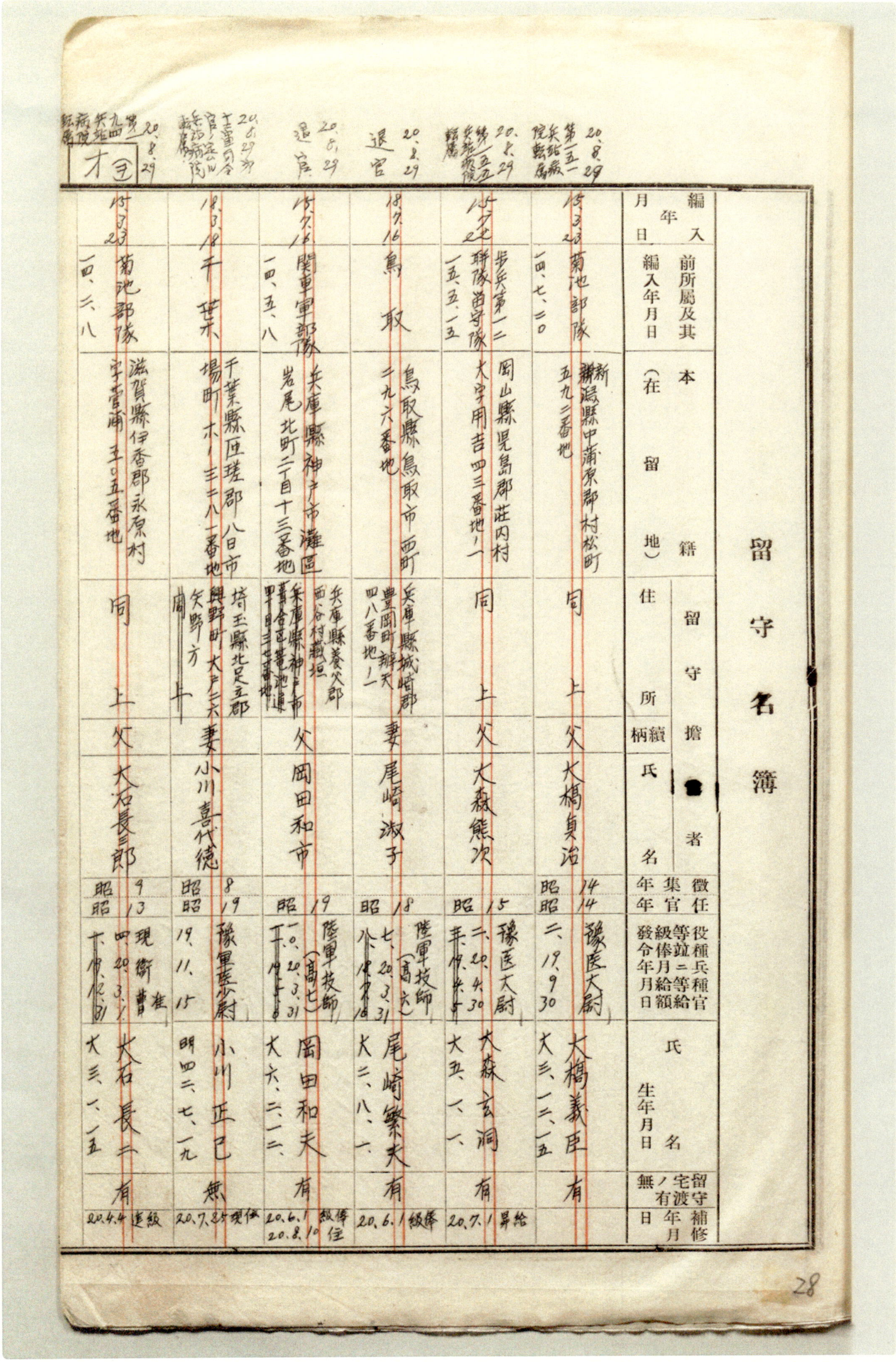

# 留守名簿

| 附記 | 編入年月日 | 前所属及其編入年月日 | 本籍（在留地） | 留守擔當者 住所 | 續柄 | 留守擔當者 氏名 | 徴集年 | 任官年 | 役種兵種官等級俸月額・等級給発令年月日 | 氏名 生年月日 | 留守宅ノ渡有無 | 補修年月日 |
|---|---|---|---|---|---|---|---|---|---|---|---|---|
| 20、8、29 第一五一兵站病院転属 | 15、3、23 | 菊池部隊 一四、七、二〇 | 新潟県中蒲原郡村松町五九二番地 | 同 | 上 父 | 大橋貞治 | 昭14 | 昭14 | 軍医大尉 二、19、9、30 | 大橋義臣 大三、一二、一五 | 有 | |
| 20、8、29 第一五五兵站病院転属 | 15、7、22 | 歩兵第一二聯隊留守隊 一五、五、一五 | 岡山県児島郡荘内村大字用吉四三番地ノ一 | 同 | 上 父 | 大森熊次 | | 昭15 | 軍医大尉 二、20、4、30 | 大森玄洞 大五、一、一 | 有 | 20、7、1 昇給 |
| 20、8、29 退官 | 18、7、16 | 鳥取 | 鳥取県鳥取市西町二九六番地 | 兵庫県城崎郡豊岡町辨天四八番地ノ一 | 妻 | 尾崎淑子 | | 昭18 | 陸軍技師（高六） 七、20、3、31 | 尾崎繁夫 大二、八、一 | 有 | 20、6、1 級俸 |
| 20、8、29 退官 | 15、7、16 | 関東軍部隊 一四、五、八 | 兵庫県神戸市灘区岩尾北町二丁目十三番地 | 兵庫県養父郡西谷村栽垣 兵庫県神戸市葺合区 | 父 | 岡田和市 | | 昭19 | 陸軍技師（高七） 一〇、20、3、31 | 岡田和夫 大六、二、一二 | 有 | 20、6、1 級俸 20、8、10 任 |
| 20、8、29 十二方面軍司令官ノ命ニ依ル兵站病院転属 | 18、3、18 | 千葉 | 千葉県匝瑳郡八日市場町ホノ一二一八番地 | 埼玉県北足立郡与野町大戸一六 矢野方 | 上 妻 | 小川喜代徳 | 昭8 | 昭19 | 軍医少尉 19、11、15 | 小川正巳 明四二、七、一九 | 無 | 20、7、25 現任 |
| 20、8、29 第九四兵站病院転属 才㋟ | 15、3、23 | 菊池部隊 一四、六、八 | 滋賀県伊香郡永原村字菅浦 二〇五番地 | 同 | 上 父 | 大石長三郎 | 昭9 | 昭13 | 現 衛生曹長 四、20、3、1 | 大石長二 大三、一、一五 | 有 | 20、4、4 進級 |

28

| | | | | | | | | | | | |
|---|---|---|---|---|---|---|---|---|---|---|---|
| 20、8、29第一五一兵站病院転属 | 17、12、30、 | 習志野陸軍病院 一六、一〇、一 | 東京都神田区須田町一丁目一弐番地 | 東京都神田区須田町一丁目八番地ノ四 | 兄 | 大野銀之助 | 昭14 昭16 | 現衛軍曹 三、20、3、31 | 大野伊三郎 大八、四、一〇 | 無 | 20、4、4進級 |
| 20、8、29第一五五兵站病院転属 | 15、8、21 | 野重砲兵第一八聯隊 一五、八、一 | 神奈川県横浜市中区西中町三丁目六六番地 | 同上 | ~~父~~ 母 | ~~小澤萬吉~~ 小澤むる | 昭14 昭17 | 豫衛軍曹長 四、20、8、20 | 小澤康富 大八、八、四 | 無 | 20、5、3留守担当者 |
| 20、5、30鉄道第一八聯隊転属 | 17、6、24 | 歩兵第一五七聯隊 一七、五、二五 | 神奈川県横浜市港北区恩田町一一七七番地 | 同上 | 父 | 岡部圓治 | 昭9 昭12 | 豫衛軍 二、19、6、30 | 岡部美好 大三、一、三 | 有 | |
| 20、8、4東北軍管区転属 | 15、9、6 | 野戦重砲兵第一八聯隊 一五、八、一 | 神奈川県横浜市中区元町一丁目三二番地 | 神奈川県横浜市中区本郷町三丁目八四番地 | 弟 | 大澤文雄 | 昭13 昭19 | 豫衛伍 19、3、1 | 大澤光雄 大七、一、一 | 無 | |
| 20、8、29第十二方面司令官ノ定ムル兵站病院転属 | 17、6、24 | 歩兵第一五七聯隊 一七、五、二五 | 埼玉県大里郡男衾村大字赤濱二二七四番地 | 埼玉県大里郡男衾村大字赤濱字塚田 | 父 | 大澤次郎八 | 昭16 昭19 | 豫衛伍軍 三、20、8、1 19、3、1 | 大澤角三 大一〇、六、二 | 無 | 20、8、1進級 |
| 20、8、29第一六五兵站病院転属 | 15、9、6 | 野戦重砲兵第一八聯隊 一五、八、一 | 神奈川県横須賀市汐留町五二番地 | 同上 | 父 | 小倉頼重 | 昭14 昭18 | 豫衛伍軍 四、20、3、1 18、8、1 | 小倉頼一 大八、一一、一〇 | 無 | 20、4、4進級 |
| 20、8、29第一六五兵站病院転属 | 16、1、16、 | 歩兵第一四九聯隊 一五、一二、九 | 山梨県東山梨郡松里村藤木二一三五番地 | 神奈川県横浜市磯子区磯子町山田谷六二二番地 | 父 | 奥山隆光 | 昭15 | 補衛兵長 一、20、8、20 | 奥山敏光 大九、三、八 | 無 | |
| 20、8、29第一五二兵站病院転属 | 19、3、1 | 独歩第五大隊 一八、一二、一二 | 山梨県南巨摩郡穂積村高下二一〇一番地 | 同上 | 兄 | 大森勝利 | 昭18 | 現衛兵長 20、6、12 | 大森清位 大一一、五、九 | 無 | 20、7、1進級 |

29

# 留守名簿

| 転属記事 | 編入年月日 | 前所属及其編入年月日 | 本籍（在留地） | 留守担当者 住所 | 続柄 | 留守担当者 氏名 | 徴集年 任官年 | 役種兵種官等級並ニ等給俸月額発令年月日 | 氏名 | 生年月日 | 留守宅渡ノ有無 | 留守補修年月日 |
|---|---|---|---|---|---|---|---|---|---|---|---|---|
| 20.8.29 第一八七兵站病院転属 | 19.3.1 | 独歩第五大隊 一八、一二、一二 | 山梨縣東山梨郡松里村小屋敷一五五二番地 | 同上 | 父 | 小澤重義 | 昭18 | 現衛長 20.8.20 | 小澤重幸 | 大一二、一〇、一 | 無 | |
| 20.8.29 第一五一兵站病院転属 | 18.10.1 | 氣球聯隊 一八、九、二〇 | 東京都澁谷區幡ヶ谷笹塚町一〇五九番地 | 同上 | 兄 | 大野庄三郎 | 昭11 | 二補衛上 20.8.20 | 大野辰吾 | 大五、一〇、二三 | 無 | |
| 20.8.29 第一八七兵站病院転属 | 18.10.1 | 氣球聯隊 一八、九、二〇 | 山梨縣東山梨郡諏訪町大字隼七三七番地 | 同上 | 父 | 岡源太郎 | 昭15 | 二補衛上 20.8.20 | 岡志津夫 | 大九、二、一 | 無 | |
| 20.5.30 鉄道第八聯隊転属 | 18.10.1 | 氣球聯隊 一八、九、二〇 | 山梨縣中巨摩郡池田村下飯田一四一六番地 | 同上 | 父 | 長田民恵 | 昭15 | 二補衛一 19.3.20 | 長田亀磨 | 大九、一一、二七 | 無 | |
| 20.8.29 第一五一兵站病院転属 | 18.10.1 | 氣球聯隊 一八、九、二〇 | 山梨縣中巨摩郡吉澤村吉澤六三二番地 | 同上 | 父 | 小田切唯夫 | 昭15 | 二補衛上 20.8.20 | 小田切正則 | 大九、一一、二二 | 無 | |
| 20.8.29 第一五一兵站病院転属 | 18.10.1 | 氣球聯隊 一八、九、二〇 | 長野縣松本市大字筑摩九四六番地 | 同上 | 父 | 岡田定次 | 昭7 | 二国衛上長 20.8.20 | 岡田清 | 明四五、一、一〇 | 無 | |

才 ㋵

30

| | | | | | | | | | | | | |
|---|---|---|---|---|---|---|---|---|---|---|---|---|
| 20、8、29 第一九四兵站病院転属 | 20、1、31 | 独歩第八一大隊 一九、一一、一八 | 埼玉縣入間郡所澤町大字所澤三一〇番地 | 埼玉縣入間郡所澤町旭町四四二番地 | 父 | 落合巳之吉 | 昭19 | 現衛廿一 20、5、18 仮、11、18 | 落合増治 | 大一三、三、一一 | 無 | 20.5.30 現任 20.6.1 進級 |
| 20、5、30 鉄道第一八聯隊転属 | 17、6、24 | 歩兵第一五七聯隊 一七、五、二五 | 東京都目黒區下目黒三丁目二六三番地 | 東京都荏原區中延一丁目三一番地 | 母 | 大野ハル | 昭15 | 一補衛上 20、2、1 | 大野高 | 大八、一〇、一六 | 無 | |
| 20、8、29 第一四七兵站病院転属 | 18、6、14 | 氣球聯隊 一八、六、一 | 神奈川縣横濱市中区西戸谷町七〇番地 神奈川区鶴屋町三丁目四五番地 | 同上 | 母 | 小川すみ | 昭17 | 一補衛上 20、8、20 廿 18、12 | 小川吉榮 | 大一一、六、一八 | 無 | |
| 20、8、29 第一八七兵站病院転属 | 18、6、14 | 氣球聯隊 一八、六、一 | 神奈川縣横濱市中区西戸谷町七〇番地 | 同上 | 父 | 大橋庄治 | 昭17 | 廿補衛長 豫衛伍 20、6、1 18、6 | 大橋保也 | 大一一、四、三〇 | 無 | 20.7.1 進級 |
| 20、8、29 第一五一兵站病院転属 | 18、6、14 | 氣球聯隊 一八、六、一 | 埼玉縣大宮市字大宮三七五番地 | 同上 | 妻 | 岡田ヤス | 昭11 | 二補衛上 20、8、20 廿 18、12 | 岡田周作 | 大五、一、二〇 | 無 | |
| 20、8、29 第一八八兵站病院転属 | 20、1、31 | 独歩第八一大隊 一九、一一、一八 | 千葉縣市原郡菊間村菊間二、四六七番地 | 東京都江戸川區小岩町三丁目一、九四六番地 | 父 | 大野博正 | 昭19 | 現衛廿一 20、5、18 19、11、18 | 大野智夫 | 大一四、九、七 | 無 | 20.6.1 進級 |
| 20、8、29 第一五二兵站病院転属 | 20、1、31 | 独歩第八一大隊 一九、一一、一八 | 山梨縣東八代郡境川村三椚九七番地 | 同上 | 母 | 岡ケさ | 昭19 | 現衛廿一 20、5、18 19、11、18 | 岡武矩 | 大一四、二、二四 | 無 | 20.6.1 進級 |
| 20、8、29 第一八七兵站病院転属 | 20、1、31 | 独歩第八一大隊 一九、一一、一八 | 千葉縣長生郡東郷村七渡二、〇八五番地 | 同上 | 父 | 岡澤米藏 | 昭19 | 現衛廿一 20、5、18 19、11、18 | 岡澤嘉市 | 大一四、一一、二五 | 無 | 20.6.1 進級 |

31

才 ㊂

# 留守名簿

| 編入年月日 | 前所属及其編入年月日 | 本籍（在留地） | 留守担当者 住所 | 続柄 | 留守担当者 氏名 | 徴集年 任官年 | 役種兵種官等級（等給）俸給月額 発令年月日 | 氏名 生年月日 | 留守宅渡ノ有無 | 補修年月日 | 欄外記入 |
|---|---|---|---|---|---|---|---|---|---|---|---|
| 19、3、1 | 独歩第五大隊 一九、一一、一二 | 山梨県北都留郡西原村六、六二一番地 | 同上 | 父 | 岡部定義 | 昭18 | 現 衛 #長 19、11、12 20、6、12 | 岡部利治 大一四、一〇、二九 | 無 | 20.7.1 進級 | 20、8、29 第一五一兵站病院転属 |
| 20、1、31 | 独立歩兵第八十九大隊 一九、一一、八 | 東京都中野区宮園通り一丁目七番地 | 同上 | 父 | 小幡金五郎 | 昭19 | 現 衛 #一 19、11、18 20、5、18 | 小幡慶五郎 大一三、六、五 | 無 | 20.6.1 進級 | 20、8、29 第一五一兵站病院転属 |
| 20、1、31 | 独立歩兵第八十九大隊 一九、一二、一八 | 山口県東八代郡右左口村上向山一九四番地 | 同上 | 父 | 長田光保 | 昭19 | 現 衛 #一 19、11、18 20、5、18 | 長田仲雄 大一四、一二、二七 | 無 | 20.6.1 進級 | 20、6、1 [illegible]野貨廠転属 |
| 20、1、31 | 独立歩兵第八十九大隊 一九、一一、一八 | 東京都淀橋区角筈一丁目七五四番地 | 同上 | 父 | 岡部鶴花 | 昭19 | 現 衛 #一 19、11、18 20、5、18 | 岡部勝治 大一四、五、四 | 無 | 20.6.1 進級 | 20、8、29 第一五三兵站病院転属 |
| 20、1、31 | 独立歩兵第八十九大隊 一九、一一、一八 | 山梨県甲府市八日町二五番地 | 同上 | 母 | 小澤ますよ | 昭19 | 現 衛 #一 19、11、18 20、5、18 | 小澤英雄 大一三、一二、一六 | 無 | 20.6.1 進級 | 20、8、29 第一五五兵站病院転属 |
| 20、1、31 | 独立歩兵第八十九大隊 一九、一一、一八 | 東京都南多摩郡町田町原町田一、二三二番地 | 同上 | 父 | 大塚為吉 | 昭19 | 現 衛 #一 19、11、18 20、5、18 | 大塚邦信 大一三、三、二七 | 無 | 20.6.1 進級 | 20、8、29 第十三軍司令官ノ定ムル兵站病院配属 |

| 上欄 | 年月日 | 生年月日・部隊 | 本籍 | 留守宅 | 関係 | 留守担当者 | 昭 | 官等 | 氏名・生年月日 | | 備考 |
|---|---|---|---|---|---|---|---|---|---|---|---|
| 20、8、29 第一五五兵站病院転属 | 20、1、31 | 一九、一一、一八 独立歩兵第八十一大隊 | 東京都浅草区清川町二丁目八番地ノ二 | 東京都浅草区日本堤三ノ一二 山岩崎平三郎方 | 父 | 大槁與吉 | 昭 19 | 19、11、18 20、5、18 現衛 廾一 | 大一三、八、二 大槁清 | 無 | 20、5、30 現役 20、6、1 進級 |
| 20、8、29 第一五一兵站病院転属 | 20、1、31 | 一九、一一、一八 独立歩兵第八十一大隊 | 東京都小石川区小日向台町二丁目二六番地 | 同 | 上 父 | 大関真三郎 | 昭 19 | 19、11、18 20、5、18 現衛 廾一 | 大一三、一二、一三 大関達夫 | 無 | 20、6、1 進級 |
| 20、8、29 第一五三兵站病院転属 | 20、1、31 | 一九、一一、一八 独立歩兵第八十一大隊 | 東京都江戸川区一之江三丁目二四番地ノ一 | 東京都江戸川区西一之江一丁目三四七番地 | 母 | 大見テツ | 昭 19 | 19、11、18 20、5、18 現衛 廾一 | 大一四、八、一五 大見茂三郎 | 無 | 20、6、1 進級 |
| 20、8、29 第一五二兵站病院転属 | 20、1、31 | 一九、一一、一八 独立歩兵第八十一大隊 | 千葉県安房郡勝山町竜島一五四番地 | 同 | 上 父 | 小川吉太郎 | 昭 19 | 19、11、18 20、5、18 現衛 廾一 | 大一五、三、七 小川治一 | 無 | 20、6、1 進級 |
| 20、8、6 陸軍通信学校出張内地滞留中ニ付滞留地所管区司令官ノ定ムル部隊ニ転属 | 18、10、1 | 一八、九、二〇 気球聯隊 | 長野県更級郡上山田村大字上山田三三八八番地ノ一号地 | 同 | 上 妻 | 大井すみ江 | 昭 8 | 1?、?、2 20、8、20 二補衛 廾長 | 大二、一、九 大井武重 | 無 | |
| 20、8、29 第一六五兵站病院転属 | 16、1、6 | 一五、一二、九 歩兵第一四九聯隊 | 東京都杉並区馬橋一丁目六三番地 | 同 | 上 母 | 落合光子 | 昭 15 | 1?、?、2 20、8、20 一補衛 廾長 | 大九、六、五 落合健男 | 無 | |
| 20、8、29 第一九四兵站病院転属 | 17、6、24 | 一七、五、二五 歩兵第一五七聯隊 | 山梨県東山梨郡中牧村倉科六七二三番地 | 同 | 上 父 | 奥山定常 | 昭 7 | 1?、?、2 20、8、20 豫衛 廾長 | 明治四五、一、四 奥山宗重 | 無 | |
| 20、8、29 第一九四兵站病院転属 | 18、10、1 | 一八、九、二〇 気球聯隊 | 山梨県東山梨郡山梨村上岩下二五五五番地 | 同 | 上 父 | 大村好八 | 昭 15 | 1?、?、2 20、8、20 二補衛 廾上 | 大九、三、一一 大村好文 | 無 | |

33

# 留守名簿

| 備考 | 編入年月日 | 前所属及其編入年月日 | 本籍（在留地） | 留守担当者住所 | 続柄 | 留守担当者氏名 | 徴集年・任官年 | 役種兵種官等級・等級俸給額・発令年月日 | 氏名 | 生年月日 | 留守宅渡ノ有無 | 補修年月日 |
|---|---|---|---|---|---|---|---|---|---|---|---|---|
| 20、8、29 第百九十四兵站 北鹿屋転属 | 18、10、1 | 気球聯隊 一八、九、二〇 | 山梨県北都留郡桐原村 一一八二番地 | 同上 | 母 | 大久保しげ | 昭15 | 二補衛 上 20、8、20（18、10、1） | 大久保友平 | 大九、六、一 | 無 | |
| 20、8、29 第百六十二兵站 北鹿屋転属 | 16、8、6 | 歩兵第四九聯隊 一五、一二、九 | 神奈川県愛甲郡荻野村 下荻野一一八五番地 | 同上 | 父 | 小野常吉 | 昭15 | 一補衛 長 20、8、20（16、8、6） | 小野喜作 | 大九、四、三〇 | 無 | |
| 20、8、29 第百六十二兵站 北鹿屋転属 | 18、6、24 | 歩兵第五七聯隊 一七、五、二五 | 東京都浅草区象潟町 三丁目十番地ノ一 | 同上 | 父 | 大川伊三郎 | 昭16 | 一補衛 長 20、2、1 | 大川伊助 | 大六、三、三 | 無 | |
| 20、8、29 第百六十二兵站 北鹿屋転属 | 18、10、1 | 気球聯隊 一八、九、二〇 | 長野県下伊那郡 高草村二七三番地 | 同上 | 妻 | 小沢きくゑ | 昭8 | 二補衛 長 20、8、20（18、10、1） | 小澤藤雄 | 大二、五、二〇 | 無 | |
| 20、8、29 第百六十二兵站 北鹿屋転属 | 18、10、1 | 気球聯隊 一八、九、二〇 | 長野県下高井郡瑞穂村 四番地 | 同上 | 妻 | 岡本みよし | 昭9 | 二補衛 上 20、8、20（18、10、1） | 岡本寅司 | 大三、六、一 | 無 | |
| 20、8、29 第十三軍司令部 [illegible] 陸軍病院 | 18、10、1 | 気球聯隊 一八、九、二〇 | 長野県北安曇郡池田町 四五四番イ号地 | 長野県北安曇郡池田町 会染町五二番地 | 祖父 | 帯刀啓一 | 昭17 | 二補衛 上 20、8、20（18、10、1） | 帯刀邑雄 | 大二、七、六 | 無 | |

才

34

| | | | | | | | |
|---|---|---|---|---|---|---|---|
| 河南省 19、5、24 生死不明 陸軍病院 大営 20、8、29 第一九〇兵站病院 転属 | 20、8、29 第百六十四兵站病院転属 | 20、8、29 第百六十四兵站病院転属 | 20、8、29 第一五五兵站病院 転属 | 20、8、29 第一五五兵站病院 転属 | 20、8、29 第百六十四兵站病院転属 | 20、8、25 第十二軍司令官ノ途 台兵站病院 転属 | 20、8、29 第一五五兵站病院 転属 |
| 15、9、6 | 15、9、6 | 18、10、1 | 15、8、29 | 15、6、24 | 18、4、8 | 18、10、1 | 18、10、1 |
| 野戦重砲兵第十七聯隊 | 野戦重砲兵第十七聯隊 | 気球聯隊 | 野戦重砲兵第十七聯隊 | 歩兵第五七聯隊 | 野戦重砲兵第八聯隊 | 気球聯隊 | 気球聯隊 |
| 一五、八、一 | 一五、八、一 | 一八、九、二〇 | 一五、八、一 | 一七、五、二〇 | 一八、三、三 | 一八、九、二〇 | 一八、九、二〇 |
| 埼玉県南埼玉郡八幡村大字大原九三五番地 | 東京都板橋区徳丸本町三五〇番地 | 福島県平市中町二一番地 | 東京都城東区南砂町六丁目一一五番地 | 埼玉県浦和市仲町二丁目一四〇番地ノ一 | 神奈川県横浜市西区東久保町一八番地 | 福島県北会津郡館之内村大字宮袋甲一五八〇番地 | 山梨県中巨摩郡宮本村字猪狩 番地 |
| 同 | 東京都板橋区板橋町九丁目三一〇番地 | 同 | 同 | 同 | 同 | 同 | 同 |
| 上 | | 上 | 上 | 上 | 上 | 上 | 上 |
| 父 小倉長吉 | 父 追川芳五郎 | 妻 小野アキ | 妻 室井シマ | 父 大熊慶助 | 父 大渕音松 | 兄 長田寅治 | 母 長田よし |
| 昭14 | 昭14 | 昭9 | 昭14 | 昭12 | 昭16 | 昭8 | 昭15 |
| 一補衛上 18、12、1 | 二補衛長 20、2、1 | 二国衛 19、12、1 20、2、20上 | 二補衛 19、12、1 20、2、20兵長 | 一補衛 19、12、1 20、2、20兵長 | 二補衛 19、8、1 20、3、1 兵長 | 二国衛 19、9、20 20、2、20上長 | 二補衛 19、8、1 20、2、20上 |
| 小倉昇 大八、五、一〇 | 追川平八 大八、一〇、一六 | 小野豊 大三、一〇、一五 | 園栄治 大八、八、四 | 大熊秀雄 大六、五、四 | 大渕忠夫 大六、一〇、一五 | 長田正光 大二、七、一六 | 長田栄 大九、六、二九 |
| 無 | 無 | 無 | 無 | 無 | 無 20.4.4進級 | 無 | 無 |

35

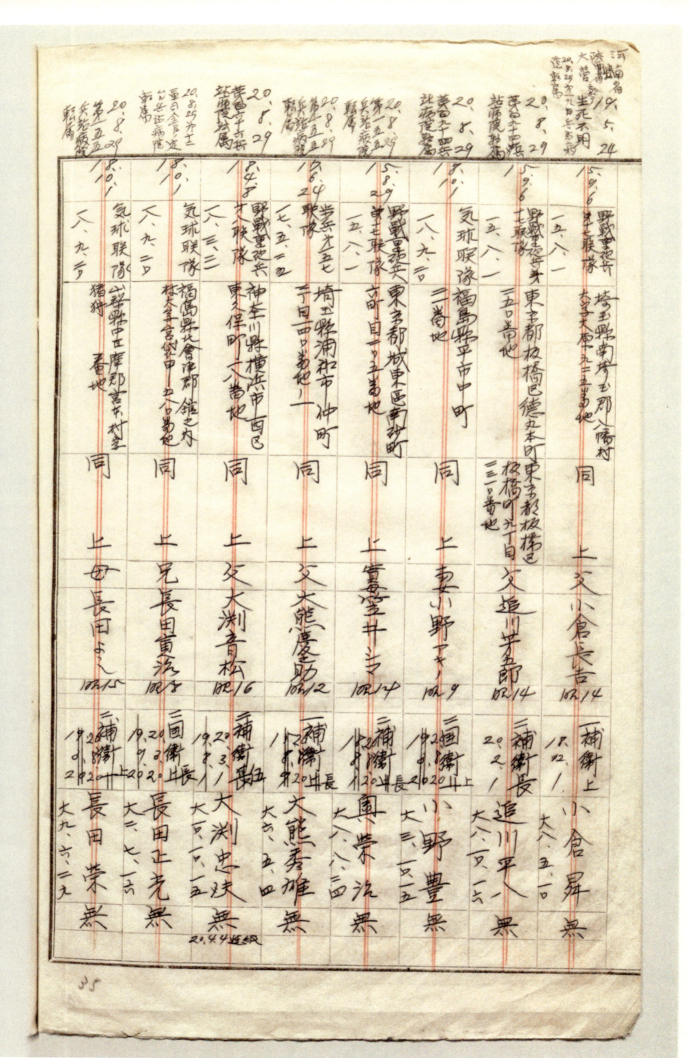

# 留守名簿

才

| 欄外記事 | 編入年月日 | 前所属及其編入年月日 | 本籍（在留地） | 留守担当者住所 | 続柄 | 氏名 | 徴集年 | 任官年 | 役種兵種官等兵種等級俸給月額発令年月日 | 氏名 生年月日 | 留守宅渡ノ有無 | 補修年月日 |
|---|---|---|---|---|---|---|---|---|---|---|---|---|
| 20、8、29第十二軍司令官ノ定ムル兵站病院転属 | 18、10、1 | 気球聯隊 一八、九、二〇 | 山梨県南都留郡下吉田町下吉田五〇二番地ノ三 | 同上 | 妻 | 小川豊子 | 昭15 | | 二補衛 卅上 19、20、8、20 | 小川貞雄 大九、七、二 | 無 | |
| 20、8、29第百九十四兵站病院転属 | 18、4、8 | 野戦重砲兵第八聯隊 一八、三、三 | 千葉県香取郡佐原町佐原イ三五七一番地 | 同上 | 父 | 與主太郎 | 昭15 | | 二補衛 卅一 18、20、8、20 | 與主剛 大九、二、二九 | 無 | |
| 20、6、4東海軍管区司令部転属 | 15、9、6 | 野戦重砲兵第六聯隊 一五、八、一 | 神奈川県横浜市神奈川区白幡町九七四番地 | 同上 | 父 | 太田道太郎 | 昭13 | | 一補衛 伍長 18、20、3、1 | 太田正孝 大七、一、二八 | 無 | 20、4、14進級 |
| 20、8、29第十二軍司令官ノ定ムル兵站病院ニ転属 | 18、10、1 | 気球聯隊 一八、五、一〇 | 長野県上伊那郡宮田村一〇八一番地 | 同上 | 妻 | 太田仲恵 | 昭9 | | 二補衛 卅長 19、20、9、8、20 | 太田正男 大二、一二、一〇 | 無 | |
| 20、8、29第百八十兵站病院転属 | 15、9、6 | 横須賀重砲兵聯隊 一五、八、一 | 東京都下谷区御徒町一丁目七番地 | 千葉県千葉郡大和田町勝田四三〇 相川方 東京都葛飾区亀有町四丁目七五〇 | 母 | 小川きみ | 昭14 | | 二補衛 卅長 19、20、8、20 | 小川兼一雄 大八、十、五 | 無 | |
| 20、8、29第百八十兵站病院転属 | 18、4、8 | 野戦重砲兵第八聯隊 一八、三、三 | 東京都日本橋区横山町七番地ノ一 | 同 東京都中野区鷺宮一丁目一一九四 上 | 父 | 大内田勇蔵 | 昭16 | | 二補衛 卅長 19、20、8、20 | 大内田精一郎 大六、六、二八 | 無 | 20、6、1現住 |

36

| | | | | | | | | | |
|---|---|---|---|---|---|---|---|---|---|
| 20.8.29 第十二軍司令官指定 台北兵站病院転属 | 18.3.1 | 第三十二師団衛生隊 八、二、二三 | 千葉県長生郡土睦村幸崎一八三八番地 | 同 | 上 | 父 荻野耕一 明16 | 現 衛 20.8.20 卄長 | 荻野正敏 大八、一、二九 | 無 |
| 同右 | 18.5.20 | 独歩第十七大隊 八、二、一 | 東京都本所区東両国三丁目二番地ノ一六 | 同 | 上 | 父 沖田安太郎 明17 | 現 衛 20.8.20 上 | 沖田勝太郎 大二、五、三 | 無 |
| 20.8.29 第百六十八兵站病院転属 | 19.3.1 | 独歩第五大隊 八、一二、一三 | 山梨県東山梨郡日川村歌田七二八番地 | 同 | 上 | 父 奥平九七 明18 | 現 衛 20.8.20 上 | 奥平元夫 大三、六、二九 | 無 |
| 20.8.29 第百八十七兵站病院転属 | 18.10.1 | 気球联隊 八、九、一 | 東京都中野区本町通六丁目二番地 | 同 | 上 | 父 小野田絲之助 明11 | 二補 衛 20.8.20 卄長 | 小野田辰男 大五、三、一〇 | 無 |
| 20.8.29 第百九十四兵站病院転属 | 19.6.24 | 歩兵第一五七联隊 七、五、二五 | 埼玉県川越市新宿町二一番地 | 同 | 上 | 父 大野喜太郎 明12 | 一補 衛 20.8.20 卄長 | 大野達男 大六、四、一三 | 無 |
| 20.8.29 第十二軍司令官指定 台北兵站病院転属 | 16.1.6 | 歩兵第四九联隊 一五、一二、九 | 埼玉県北埼玉郡忍町大字忍一四六番地 | 同 | 上 | 父 岡英雄 明15 | 一補 衛 20.8.20 卄長 | 岡英蔵 大九、九、一七 | 無 |
| 同右 | 18.2.28 | 第三十五師団第三野戦病院 一七、六、一三 | 東京都江戸川区小松川二丁目六六番地 | 同 | 上 | 兄 小笠原五郎 明16 | 一補 衛 20.8.20 卄長 | 小笠原五郎吉 | 無 |
| 同右 | 20.1.31 | 独歩第八十大隊 一九、一一、一八 | 山梨県東山梨郡中牧村倉科三六三六番地 | 同 | 上 | 父 大村邦伸 明19 | 現 衛 19.11.18 20.5.18 卄一 | 大村秋一 大五、九、二三 | 無  20.6.1進級 |

37

# 留守名簿

| 編入年月日 | 前所属及其編入年月日 | 本籍（在留地） | 留守担当者 住所 | 続柄 | 氏名 | 徴集年 任官年 | 役種兵種官等級 等級ニ俸給 発令年月日 | 氏名 | 生年月日 | 留守宅渡有無 | 補修年月日 | 欄外 |
|---|---|---|---|---|---|---|---|---|---|---|---|---|
| 19、3、1 | 独立歩兵第五大隊 一八、一二、一二 | 山梨県東山梨郡勝沼町勝沼 二〇〇八番地 | 同上 | 父 | 小川華重 | 昭19 | 現衛 20、8、20 | 小川正雄 | 大一三、一〇、三 | 岩 | | 20、8、29 第百五十二兵站 帝陸籍属 |
| 16、9、9 | | 三重県阿山郡明村大字林 一〇二九番地 | 京城府龍山漢江通三丁目四番地 交通局官舎十三号 | 長男 | 小田原薫 | | 女子雑仕 | 小田原ヒサ | 明二二、一、一 | 有 | 20.4.4 昇給 20.8.20 | 20、8、29 第百五十二兵站 帝陸籍属 |
| 18、5、15 | | 滋賀県甲賀郡大原村大字大原中 一一一五番地 | 同上 | 父 | 大塚與一 | | 打字手 | 大塚キク子 | 昭三、三、一〇 | 有 | 20.4.4 昇給 20.8.20 | 20、8、29 第百五十二兵站 帝陸籍属 |
| 18、7、6 | | 朝鮮慶尚南道蔚山郡斗西面西河里 一六五番地 | 同上 | 父 | 大村錫台 | | 調理手 19、9、20 四九 | 大村晋鎬 | 大八、一、二〇 | 有 | | 解傭 20、8、3 |
| 18、5、18 | | 滋賀県甲賀郡大原村大字大原中 一一一五番地 | 同上 | 父 | 大塚與一 | | 電話手 | 大塚せんの | 大一三、一〇、二三 | 有 | 20.4.4 昇給 20.8.20 | 20、8、29 第百五十二兵站 帝陸籍属 |
| 18、12、15 | | 朝鮮慶尚南道蔚山郡下廂面南外里 三三〇番地 | 同上 | 兄 | 大原根義 | | 技術雇員 20、3、31 | 大原根舟 | 大二、八、二五 | 有 | 20.4.4 昇給 | 解雇 20、8、20 |

才

38

| | | | | | | | | | | | |
|---|---|---|---|---|---|---|---|---|---|---|---|
| 20、8、29 第一三三兵站病院転属 | 15、5、16 | | 宮城県仙台市長町字七北町一三七番地 | 同 | 上 | 父 | 大友多利吉 | 技術雇員 | 大友新平 | | 無　20.4.4昇給 20.8.20昇給 |
| 20、8、29 第一五一兵站病院転属 | 15、6、12 | | 千葉県安房郡鴨川町横渚二二六七番地 | 千葉県安房郡鴨川町横渚五三一番地 | | 父 | 小野清吉 | 自操縦者 | 小野清治 | 大五、八、七 | 無　20.4.4昇給 20.8.20昇給 |
| 20、6、23 庶務休務 | 15、3、23 | 菊地部隊 一四、二、七 | 山口県吉敷郡小郡町字下御堀三二〇番地 (天津特別市第三区月緯路四経路三五号) | 同本籍地 | | 兄 | 織田村信一 | 技術雇員 | 織田村正治 | 大四、一、一 | 無 |
| 20、8、29 第一六九兵站病院転属 | 15、3、23 | 西村(正)部隊 一三、九、二七 | 静岡県志太郡大刈村善左ヱ門一三三番地 | 静岡県志太郡大刈村弥左ヱ門 | | 父 | 大石陽太郎 | 業務手 自操縦者 | 大石良一 | 昭四、八、五 | 無　20.4.4昇給 20.8.20昇給 |
| 20、8、29 第一九四兵站病院転属 | 15、6、24 | | 熊本県飽託郡藻田村一七二七番地 | 中華民国山西省太原市寧化府入號 | | 妻 | 奥村シズエ | 調理指導員 | 奥村又喜 | 昭五、七、一六 | 無　20.4.4昇給 20.8.20昇給 |
| 20、8、29 第一五五兵站病院転属 | 15、3、23 | 池井部隊 一三、九、二七 | 島根県邇摩郡水上村大字三久須六三七番地 | 済南市三大馬路緯九路仁昇宿舎 | | 妻 | 小田シズエ | 陸軍技手 自操縦者 | 小田辰五郎 | 明三七、五、二一 | 無　20.4.4昇給 20.7.31官弁 |
| 20、8、29 第一五五兵站病院転属 | 15、8、3 | | 愛知県名古屋市昭和区元宮町四丁目二番地 | 同 | 上 | 父 | 大矢金左ヱ門 | 自操縦者 | 大矢清一 | 大二、八、一 | 無　20.4.4昇給 |
| 鹿児島休療中 20、8、29 第十二野戦兵站病院転属 | 18、2、23 | | 石川県羽咋郡西海村字千浦八丁目一番地 | 同 | 上 | 母 | 尾谷志く | 技術雇員 | 尾谷春雄 | 大三、四、一 | 無 |

39

＊本簿39頁と40頁の間に挿入されているメモ用紙（表）

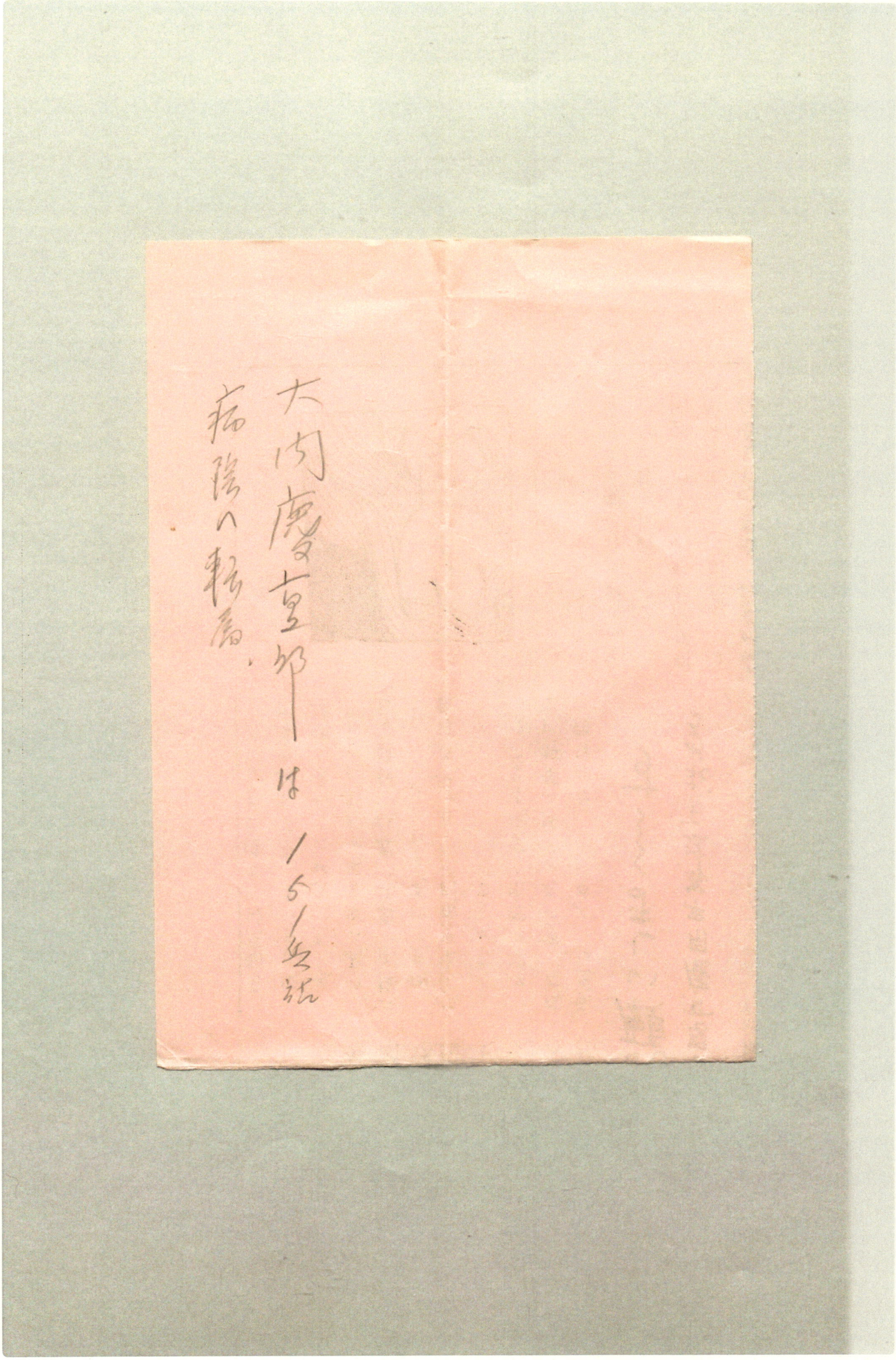

総の公大しは用動内し

「男女雇用平等法」を求める

願いしま〜〜す

私達は、人事院が、母性保護の拡充、真の男女平等の精神に立って次の要求を実現するようつよく求めます。

一、人事院規則一〇一七の女子保護規定の改悪をおこなわないこと。

二、採用、昇格、昇任、研修などのあらゆる男女差別はやめさせ、国公法第二十七条が明確にしている「平等取扱の原則」を制度的にも確立すること。

」

成の業務に従事させる場合には、一週間について六時間の制限にかかわらず、二週間について十二時間を超えない範囲内で時間外労働をさせることができる。

＊本簿39頁と40頁の間に挿入されているメモ用紙（裏）

才

# 留守名簿

| 編入年月日 | 前所属及其編入年月日 | 本籍（在留地） | 留守担当者 住所 | 続柄 | 氏名 | 徴集年 任官年 | 役種兵種官等級俸給月額 発令年月日 | 氏名 生年月日 | 留守宅渡ノ有無 | 補修年月日 |
|---|---|---|---|---|---|---|---|---|---|---|
| 20.5.14（20.8.19 解傭） | 甲第一八五五五部隊 一八、七、三 | 朝鮮慶尚南道蔚山郡斗西面西竹里一六五 | 同上 | 父 | 大村錫台 | | 調理手 九二五〇 20.5.14 | 大村晋鎬 大八、一〇、二〇 | 有 | |
| 20.6.15（20.8.29 第百五十一兵站病院転属） | 北支那方面軍司令部 二〇、一、三〇 | 福島県田村郡三春町字八幡町一六六番地 | 同上 | 父 | 大内末吉 | 昭19 | 主中尉 二、19、8、15 | 大内慶重郎 大七、七、二九 | 有 | |
| | | 山梨県中巨摩郡吉澤一七六六 | 同上 | 妻 | 五十嵐ク | | 予衛官 | （豊）[illegible]九 大元、八、二五 | 無 | 21.1.25 |

比人義務免 開封陸済（陽チラス）

40

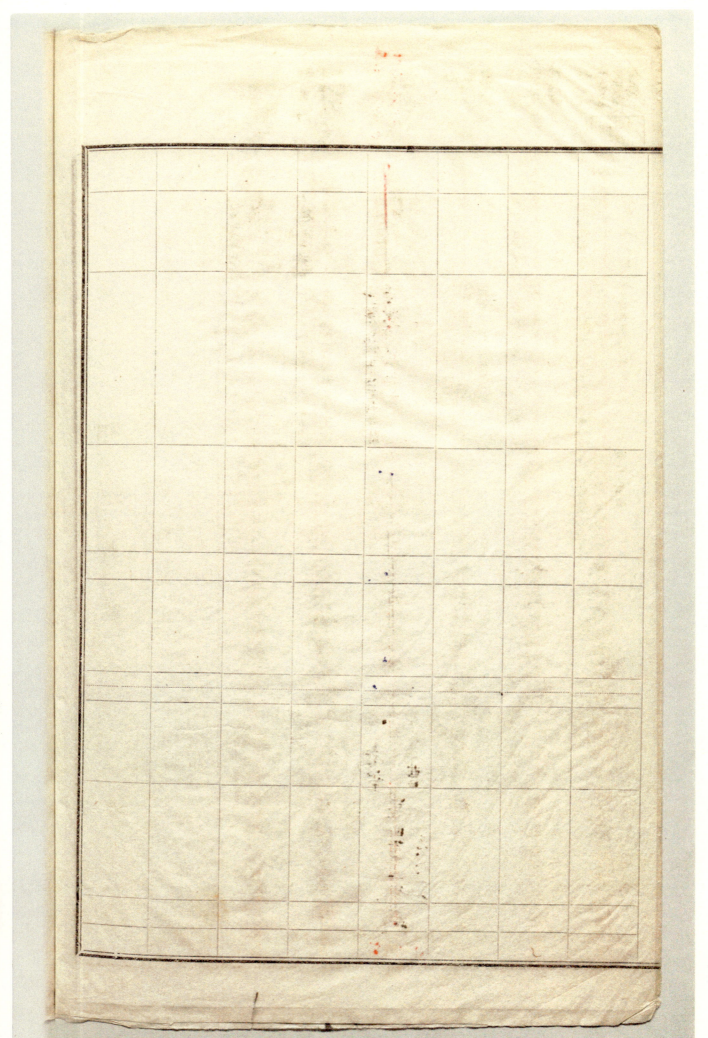

| 異動 | 編入年月日 | 前所属及其編入年月日 | 本籍（在留地） | 留守担当者住所 | 続柄 | 留守担当者氏名 | 徴集年／任官年 | 役種兵種官等級俸月給額等級発令年月日 | 氏名・生年月日 | 留守宅渡ノ有無 | 補修年月日 |
|---|---|---|---|---|---|---|---|---|---|---|---|
| 昭20、8、29、第百八十八兵站病院転属 | 15、3、23 | [redacted] 池[redacted]井部隊 一三、九、二七 | 愛媛県宇和島市笹町七七番地 | 兵庫県武庫郡鳴尾村西畑西部六ノ二 | 妻 | 門多富喜枝 | ／昭13 | 予医大尉 一、19、4、30 | 門多魁 大三、四、一 | 有 | |
| 20、8、29 第百三十六兵站病院転属 | 15、3、23 | [redacted] 菊池部隊 一四、二、二〇 | [redacted]埼玉県大宮市仲町三丁目 三八ノ二九ノ二番地 | 同上 | 父 | 川鍋智三 | 昭14／昭14 | 予医大尉 ~~十、19、4、1~~ 六、20、4、30 | 川鍋呈吉 大二、六、三〇 | 有 | 20.7.1号級 |
| 20、8、29 第百五十五兵站病院転属 | 15、3、23 | [redacted] 池井部隊 一三、九、三〇 | 沖縄県中頭郡美里村字西原六五番地 | 千葉県安房郡保田町本郷二三四番地川名ヨシ方 | 妻 | 嘉陽初子 | ／昭17 | 陸軍技師（高六） ~~九、19、8、31~~ 八、20、3、31 | 嘉陽宗永 明四一、二、二五 | 有 | 20.6.1級俸 |
| 20、8、29 第百八十八兵站病院転属 | 16、11、1 | 歩兵第三八聯隊 一四、一二、一 | 香川県仲多度郡善通寺町有薗在所四二番地 | 同上 | 父 | 香川民介 | 昭6／昭16 | 現衛大尉 ~~現衛中尉~~ ~~十、19、4、30~~ 三、20、6、10 | 香川正留 大元、八、一 | 有 | 20.7.1官等 |
| 20、6、1 北支那野戦貨物廠転属 | 16、8、16 | 兗州陸軍病院 一六、三、一〇 | 千葉県安房郡和田町和田六三一番地 | 同上 | 母 | 粕谷シズ | 昭14／昭16 | 予薬中尉 一、19、9、30 | 粕谷健一 大七、一〇、二〇 | 有 | |
| 20、8、29 第百五十三兵站病院転属 | 17、4、10 | 第一軍軍医部 一三、八、二五 | 愛知県南設楽郡作手村大字白鳥札ノ上八七番地合併地 | 愛知県豊橋市和合町若松一二三番地 | 妻 | 加藤ハル子 | 大15／昭17 | 特志 ~~現~~衛中尉 ~~十、19、4、1~~ 一、20、4、30 | 加藤一 明三九、一一、三 | 有 | 20.4.4役種 20.7.1等級 |

力

# 留守名簿

41

| | | | | | | | | |
|---|---|---|---|---|---|---|---|---|
| 20、8、29 第百八十六兵站病院轉属 | 20、8、29 第百六十五兵站病院属 | 20、8、29 第百五十五兵站病院属 | 20、8、29 第百五十一兵站病院轉属 | 20、6、4 内地鉄道輸送司令部轉属 | 20、8、29 第百五十一兵站病院轉属 | 20、6、4 東北軍轉属 | 20、8、29 第百六十六兵站病院轉属 |
| 18、8、11 | 17、7、31 | 18、10、31 | 15、3、23 | 17、6、22 | 15、3、23 | 15、3、23 | 16、1、6 |
| 金澤陸軍病院 一七、二、一〇 | 陸軍七醫學校 一七、五、一〇 | 歩兵第十三聯隊 一八、一〇、一三 | 吉村[redacted]部隊 | 東京 | 菊池部隊[redacted] | 西村(近)部隊[redacted] | 歩兵第四九聯隊 一五、一二、九 |
| 富山縣東礪波郡出町杉ノ木新三一五番地 | 東京都大森区市野倉町二九三番地 | 熊本縣天草郡中田村下五二一番地 | 愛媛縣温泉郡余土村大字余土下一一九七番地 | 東京都王子区上十條町五丁目六番地三 | 奈良縣添上郡田原村大字矢田原乙一九〇番地 | 宮城縣登米郡登米町日野渡軍場六九ノ二 | 東京都本郷区駒込追分町三〇番地 |
| 同 上 | 兵庫縣西宮市高木字樽田九番地ノ五二 東京都世田谷区玉川奥沢町三丁目一一〇番地 | 同 上 | 同 上 | 栃木縣河内郡本郷村西汗 片柳松三郎方 | 同 上 | 同 上 | 同 上 |
| 父 | 父 | 父 | 父 | 妻 | 父 | 兄 | 養母 |
| 河本喜作 | 勝谷善作 | 角田銭太 | 井上豊次郎 | 川畑キヨ | 金山安一 | 堅岡正夫 | 角石スズ |
| 昭15 昭17 | 昭16 昭18 | 昭16 昭19 | 昭11 昭13 | 大7 大12 | 昭11 昭14 | 昭10 昭13 | 昭15 昭18 |
| 豫薬中尉 二、19、9、15 | 豫薬少尉 18、12、1 | 豫醫少尉 19、7、1 | 現主准 四、19、8、1 | 豫衛准 大、18、6、30 | 現衛曹准 四、20、3、1 十、19、12、31 | 現衛曹准 四、20、3、1 十、19、9、30 | 豫衛軍 二、19、12、31 |
| 河本一俊 大八、八、二一 | 勝谷達三 大五、九、一〇 | 角田武夫 大二、三、二 | 河合浩 大五、八、八 | 川畑豊 明三一、四、二七 | 金山賢逸 大五、二、七 | 堅岡守夫 大四、三、四 | 角石精次 大八、一二、一二 |
| 有 | 有 | 有 | 有 | 有 | 有 | 有 | 無 |
| | 20.6.1現住 | | | | 20.4.15進級 | 20.4.4進級 | |

42

# 留守名簿

| 欄 | 1 | 2 | 3 | 4 | 5 | 6 |
|---|---|---|---|---|---|---|
| （欄外記入） | 20、6、4 北部軍転属 | 20、8、29 第百五十五兵站病院転属 | 20、6、4 北部軍転属 | 20、8、29 第一九四兵站病院転 | 20、8、29 駐蒙軍司令部転属 第百九十八兵站病院転属 | 20、5、30 鉄道第八聯隊転属 |
| 編入年月日 | 18、4、5 | 15、3、23 | 18、4、5 | 15、9、6 | 17、6、24 | 19、3、1 |
| 前所属及其編入年月日 | 野戦重砲第八聯隊 一八、三、二〇 | [redacted] 池井部隊 一三、二、一〇 | 野戦重砲第八聯隊 一八、三、二〇 | 野戦重砲兵第八聯隊 一五、八、一 | 歩兵第一五七聯隊 一七、五、二五 | 北部野戦兵器廠 一七、五、七 |
| 本籍（在留地） | 茨城県那珂郡玉川村大字大田一〇六七三番地 | 埼玉県比企郡高坂村大字毛塚八五五ノ一番地 | 東京都日本橋区両国三番地 | 神奈川県小田原市早川四六番地 | 神奈川県足柄上郡曽我村上大井九六九番地 | 長崎県北松浦郡中津良村上中津良免五三七番地ノ二 |
| 留守担当者 住所 | 同上 | 北支済南市三大馬路緯九路二號宿舎 | 東京都足立区千住本町二丁目三二番地 | 東京都王子区王子町四丁目三〇番地ノ六 | 同上 | 長崎県北松浦郡江迎町高岩八番地ノ二 |
| 留守担当者 続柄 | 養母 | 妻 | 義兄 | 母 | 母 | 父 |
| 留守担当者 氏名 | 梶山のぶ | 亀山サキ | 米田千代吉 | 加藤チヨ | 加藤タケ | 川口彌作 |
| 徴集年 | 昭7 | 昭18 | 昭13 | 昭14 | 昭8 | 昭15 |
| 任官年 | 昭13 | | 昭19 | 昭17 | 昭19 | 昭19 |
| 役種兵種官等級俸給額 発令年月日 | 豫備 軍曹 二〇、三、一 十七、三、一 | 陸軍技手 四、20、8、20 18、9、30 | 豫備 伍 17、4、1 | 豫備 伍長 三、20、8、1 17、8、1 | 豫備 伍長 三、20、8、1 19、3、1 | 豫備 伍 19、3、1 |
| 氏名 | 梶山重雄 | 亀山利助 | 加藤忠一 | 加藤貞治 | 加藤雄三 | 川口清美 |
| 生年月日 | 明四五、一、一四 | 明二一、九、二四 | 大七、一、一七 | 大八、三、一 | 大元、一二、五 | 大九、二、一 |
| 留守宅渡ノ有無 | 有 | 無 | 無 | 無 | 有 | 無 |
| 補修年月日 | 20.4.4進級 | 19.9.30進級 20.8.20〃 | | 20.8.1進級 | 20.8.1進級 | |

力

43

| | | | | | | | | |
|---|---|---|---|---|---|---|---|---|
| 20.5.30 西部軍轉属 | 20.8.29 第百五十一兵站病院轉属 | 20.8.29 第百五十五兵站病院轉属 | 20.8.29 第百五十六兵站病院轉属 | 20.8.29 第百八十七兵站病院轉属 | 20.8.29 第百五十七兵站病院轉属 | 20.8.29 第百八十七兵站病院轉属 | 20.8.29 第百五十一兵站病院轉属 |
| 15.9.6 | 19.3.1 | 18.4.8 | 18.5.20 | 18.6.14 | 15.9.6 | 18.5.20 | 18.5.20 |
| 野戰重砲兵第八聯隊 一五、八、一 | 北部陸軍病院 一七、四、二八 | 野戰重砲兵第八聯隊 一八、三、二 | 独立第七八大隊 一八、二、一 | 気球聯隊 一八、六、一 | 野戰重砲兵第七聯隊 一五、八、一 | 歩兵第七八大隊 一八、二、一 | 歩兵第七八大隊 一八、二、一 |
| 神奈川縣横濱市戸塚区矢部町一〇六七番地 | 静岡縣濱松市揚子町一〇二七番地 | 千葉縣君津郡中郷村曽根九番地 | 埼玉縣比企郡野本村大字下野本六九六番地 | 神奈川縣横濱市鶴見区平安町一丁目二二五番地 | 東京都向島区吾嬬町東三丁目三一番地 | 東京都向島区吾嬬町東四丁目一一六番地 | 埼玉縣比企郡南吉見村大字前河内四六一番地 |
| 同上 | 同上 | 同上 | 同上 | 香川縣香川郡 中多度郡十郷村字追上 森近隣太郎方 同上 | 同上 | 同上 | 同上 |
| 父 | 兄 | 母 | 母 | 父 | 父 | 父 | 父 |
| 川島德次郎 | 加藤壬子郎 | 輕米ちか | 加藤たま | 川崎秀次 | 金子由藏 | 加藤酉藏 | 神田福次 |
| 昭14 昭19 | 昭16 昭19 | 昭16 | 昭17 昭20 | 昭17 | 昭14 昭20 | 昭17 昭20 | 昭17 |
| 19.8.1 豫衛伍 | 19.3.1 20.3.1 現衛伍單 | 19.8.1 二補衛長 | 19.8.1 20.3.1 現衛長伍 | 19.12.1 20.6.1 補衛長 豫衛伍 | 19.8.1 20.3.1 二補衛長伍 | 19.8.1 20.3.1 20.8.20 現衛伍長軍曹 | 19.8.1 20.8.1 現衛伍長 |
| 川島實 大八、二、一二 | 加藤八郎 大六、五、三 | 輕米忠雄 大六、二、九 | 加藤市三 大二、二、二五 | 川崎日出男 大二、二、三 | 金子芳雄 大八、五、二 | 加藤德三郎 大二、一、一五 | 神田重信 大二、三、二 |
| 無 | 無 | 無 | 無 | 無 | 無 | 無 | 無 |
| | 20.4.4進級 | | 20.4.4進級 | 20.7.1進級 20.8.7住 | 20.4.4進級 | 20.4.4進級 | 20.8.1進級 |

44

# 留守名簿

| 記事 | 編入年月日 | 前所属及其編入年月日 | 本籍（在留地） | 留守担当者住所 | 続柄 | 留守担当者氏名 | 徴集年・任官年 | 役種兵種官等級俸月給額発令年月日 | 氏名・生年月日 | 留守宅渡ノ有無 | 補修年月日 |
| --- | --- | --- | --- | --- | --- | --- | --- | --- | --- | --- | --- |
| 20、8、29 第百五十五兵站病院転属 | 18、5、20 | 歩兵第七八大隊 一八、二、一 | 東京都本所区東両国三丁目五番地ノ一 | 東京都杉並区高円寺三丁目三三番地 | 父 | 金子亀蔵 | 昭17 | 現 衛 20、8、 20、4、1 | 金子一 大二、一、一 | 無 | |
| 20、8、29 第百五十五兵站病院転属 | 18、5、20 | 歩兵第七八大隊 一八、十二、一 | 神奈川県足柄上郡岡本村塚原二、三七六番地 | 同上 | 義父 | 太田八郎 | 昭17 | 現 衛 十上 19、8、1 20、8、1 | 神戸操 大二、二、一五 | 無 | 20.8.1進級 |
| 20、8、29 第百五十四兵站病院転属 | 20、1、31 | 独歩第八一大隊 一九、二、一八 | 埼玉県北足立郡箕田村大字川面三〇五番地 | 同上 | 父 | 河嵜紋之助 | 昭19 | 現 衛 十一 19、11、18 20、5、18 | 河嵜清志 大一三、一、一三 | 無 | 20.6.1進級 |
| 20、8、29 第百五十一兵站病院転属 | 20、1、31 | 獨歩第八一大隊 一九、二、一八 | 埼玉県南埼玉郡柏崎村大字谷下六五番地 | 同上 | 父 | 加藤子之助 | 昭19 | 現 衛 十一 19、11、18 20、5、18 | 加藤正好 大一三、七、元 | 無 | 20.6.1進級 |
| 20、8、24 第百五十五兵站病院転属 | 20、1、31 | 独歩第八一大隊 一九、二、一八 | 東京都世田谷区世田ケ谷五丁目二九八四番地 | 同上 | 父 | 川北信義 | 昭19 | 現 衛 十一 19、11、18 20、5、18 | 川北忠匡 大一四、五、一三 | 無 | 20.6.1進級 |
| 力 20、8、29 第百五十五兵站病院転属 | 20、1、31 | 独歩第八一大隊 一九、二、一八 | 東京都渋谷区千駄谷二丁目四七八番地 | 同上 | 父 | 片野清次 | 昭19 | 現 衛 十一 19、11、18 20、5、18 | 片野鉄雄 大一四、八、一八 | 無 | 20.6.1進級 |

45

| | | | | | | | | | | | | | |
|---|---|---|---|---|---|---|---|---|---|---|---|---|---|
| 20、8、29 第百五十三兵站病院転属 | 20、1、31 | 独歩第八一大隊 | 一九、二、一八 | 東京都本郷区本郷四丁目四三番地 | 同 | 上 | 父 刈部善郎 | 昭19 | 現衛キ一 | 19、11、18 20、5、18 | 刈部光雄 大四、一、三 | 無 | 20.6.1進級 |
| 20、5、30 鉄道第六聯隊転属 | 20、1、31 | 独歩第八一大隊 | 一九、二、一八 | 東京都澁谷区伊達町四四番地 | 同 | 上 | 甥 金子吉太郎 | 昭19 | 現衛キ一 | 19、11、18 20、5、18 | 金子一郎 大四、七、一 | 無 | 20.6.1進級 |
| 20、8、29 第百八十七兵站病院転属 | 20、1、31 | 独歩第八一大隊 | 一九、二、一八 | 東京都足立区本木町二丁目一三二一番地 | 同 | 上 | 父 桂次郎 | 昭19 | 現衛キ一 | 19、11、18 20、5、18 | 桂圭治 大一四、一、一六 | 無 | 20.6.1進級 |
| 20、8、29 第百五十一兵站病院転属 | 20、1、31 | 独歩第八一大隊 | 一九、二、一八 | 東京都目黒区上目黒一丁目一五三番地 | 東京都目黒区上目黒一丁目一四三番地 | 上 | 父 河野次郎吉 | 昭19 | 現衛キ一 | 19、11、18 20、5、18 | 河野廣治 大一四、七、八 | 無 | 20.6.1進級 |
| 20、8、29 第百五十一兵站病院転属 | 20、1、31 | 独歩第八一大隊 | 一九、二、一八 | 山梨県西八代郡岩間村三一三一番地 | 同 | 上 | 父 河口元藏 | 昭19 | 現衛キ一 | 19、11、18 20、5、18 | 河口進 大一三、一、二 | 無 | 20.6.1進級 |
| 20、8、29 第百八十三兵站病院転属 | 20、1、31 | 独歩第八一大隊 | 一九、二、一八 | 埼玉県北足立郡馬宮村大字西遊馬一九一番地 | 同 | 上 | 父 金子孝作 | 昭19 | 現衛キ一 | 19、11、18 20、5、18 | 金子武男 大一三、一、二五 | 無 | 20.6.1進級 |
| 20、8、29 第百八十七兵站病院転属 | 20、1、31 | 独歩第八一大隊 | 一九、二、一八 | 埼玉県熊谷市大字平戸一六九一番地 | 同 | 上 | 父 加藤芳治 | 昭19 | 現衛キ一 | 19、11、18 20、5、18 | 加藤昌利 大一三、九、一四 | 無 | 20.6.1進級 |
| 20、8、29 第百五十三兵站病院転属 | 18、6、23 | 歩兵第一五七聯隊 | 一七、五、二五 | 山梨県北巨摩郡穂足村大豆生田五三七番地 | 同 | 上 | 妻 上村貴子 | 昭8 | 豫衛長 | 19、12、1 | 上村一雄 大二、一一、一五 | 無 | |

46

# 留守名簿

20、8、29 第四五十三兵站病院附属
20、5、30 鉄道第八聯隊轉属
20、8、29 第四五十三兵站病院轉属
20、8、29 カナ 二軍司令官ノ定ム兵站病院転属
20、8、29 第四五十三兵站病院轉属
20、8、29 第百八六兵站病院転属
力

| 編入年月日 | 前所属及其編入年月日 | 本籍(在留地) | 留守擔當者 住所 | 留守擔當者 續柄 | 留守擔當者 氏名 | 徴集年 | 任官年 | 役種兵種官等級俸給月額 等級俸給月額發令年月日 | 氏名 生年月日 | 留守宅渡ノ有無 | 補修年月日 |
|---|---|---|---|---|---|---|---|---|---|---|---|
| 20、1、31 | 独第八一大隊 一九、二、一八 | 東京都小石川區表町四三番地 | 東京都大森區調布嶺町三丁目六九番地 | 父 | 栗林多津治 | 昭19 | | 現 衛 一 1920、11、5、1818 | 川又誠二 大四、三、三 | 無 | 20.6.1進級 |
| 17、6、24 | 歩兵第一五七聯隊 一七、五、二五 | 千葉縣長生郡新治村大字大澤一〇九番地 | 千葉縣長生郡本納町本納三〇五二番地ノ一 | 父 | 金坂廣太 | 昭16 | | 二補 衛 上 19、8、1 | 金坂信義 大六、八、一〇 | 無 | |
| 18、3、1 | 独歩第四三大隊 一七、一、一〇 | 埼玉縣兒玉郡長幡村大字五明六一〇番地 | 群馬縣多野郡新町川業町今井次雄方 東京都荏原區西戸越町三丁目八一〇番地 | 母 | 川浦だい | 昭16 | | 現 衛 長 1920、8、1920 | 川浦十一 大六、一、二 | 無 | 20.7.1現任 |
| 18、6、14 | 氣球聯隊 一八、六、一 | 埼玉縣北足立郡大久保村大字五關八〇番地 | 同上 | 妻 | 神田ちよ | 昭11 | | 一補 衛 上 1820、12、8、1、20 | 神田次郎 大五、一〇、一 | 無 | |
| 16、1、16 | 歩兵第四九聯隊 一五、一二、九 | 山梨縣中巨摩郡榊村平岡一六七二番地 | 同上 | 父 | 河野國作 | 昭15 | | 一補 衛 長 1820、6、8、1920 | 河野光重 大九、一一、一二 | 無 | |
| 18、10、1 | 氣球聯隊 一八、九、一〇 | 石川縣金澤市柳町二七番地ノ三 | 同上 | 母 | 鍛治とみ | 昭12 | | 二國 衛 上 1920、3、8、1920 | 鍛治多一 大六、三、二二 | 無 | |



47

| 転属 | 入営 | 所属 | 本籍 | 留守宅 | 続柄 | 家族氏名 | 年 | 階級 | 氏名・生年月日 | 備考 | 付記 |
|---|---|---|---|---|---|---|---|---|---|---|---|
| 20、8、29 第百五十一兵站病院転属 | 17、6、24 | 歩兵第一五七聯隊 一七、五、二五 | 埼玉縣秩父郡秩父町大字大宮一二九八番地イ號 | 同上 | 父 | 片山要次 | 昭13 | 一補衛上 18.8.1 20.8.20 卅長 | 片山忠利 大七、四、二二 | 無 | |
| 20、8、29 第百五十一兵站病院転属 | 17、6、24 | 歩兵第一五七聯隊 一七、五、二五 | 埼玉縣入間郡所澤町大字北岩岡五八三番地 | 同上 | 父 | 粕谷秀義 | 昭16 | 一補衛上 20.8.20 卅長 | 粕谷豊治 大六、四、五 | 無 | |
| 20、7、29 第百五十一兵站病院転属 | 18、10、1 | 野戰重砲兵第八聯隊 一八、九、五 | 東京都淺草区番門一丁目二七番地ノ二 | 横浜市港北区元石川町六八七二村田方 東京都淺草区猿若町三八番地 | 父 | 金井房吉 | 昭15 | 二補衛上 20.8.20 卅長 | 金井光國 大九、二、一七 | 無 | 20.6.1現住 |
| 20、7、27 第百五十五兵站病院転属 | 18、6、14 | 気球聯隊 一八、六、一 | 神奈川縣横濱市中区千代町四丁目九八番地 | 同上 | 父 | 上村藤吉 | 昭17 | 一補衛上 18.12. 20 卅上 | 上村芳意 大二、一、一九 | 無 | |
| 20、8、29 第百九十四兵站病院転属 | 16、1、6 | 歩兵第一四九聯隊 一五、一二、九 | 埼玉縣南埼玉郡新方村大字大杉一〇三番地 | 同上 | 父 | 川上太郎右衛門 | 昭15 | 一補衛長 二補衛上 18.6.6 20.6.1 | 川上源一 大九、二、一二 | 無 | 20.7.1進級 |
| 20、5、30 鉄道第八聯隊転属 | 18、1、5 | 独歩第四四大隊 一五、一二、三 | 千葉縣香取郡府馬町四、八二〇番地 | 同上 | 父 | 金親吉平 | 昭15 | 現衛上 18、12、9 | 金親直 大九、六、七 | 無 | |
| 20、5、30 鉄道第八聯隊転属 | 16、1、6 | 歩兵第一四九聯隊 一五、一二、九 | 東京都荒川区南千住町六丁目二〇五番地 | 同上 | 父 | 加瀬利助 | 昭15 | 一補衛上 18、12、9 | 加瀬芳太郎 大九、一一、二〇 | 無 | |
| 20、5、29 第百五十一兵站病院転属 | 17、6、24 | 歩兵第一五七聯隊 一七、五、二五 | 東京都神田区司町二丁目四番地 | 東京都神田区西神田町三丁目二七番地 | 母 | 河村みさ | 昭15 | 二補衛上 20.8.20 卅長 | 河村秀男 大九、一一、二二 | 無 | |

# 留守名簿

| 欄外 | 編入年月日 | 前所属及其編入年月日 | 本籍（在留地） | 留守担当者 住所 | 留守担当者 続柄 氏名 | 徴集年 任官年 | 役種 兵種 官等 等級並ニ俸給月給額 発令年月日 | 氏名 生年月日 | 留守宅渡ノ有無 | 補修年月日 |
|---|---|---|---|---|---|---|---|---|---|---|
| 20、5、30 鉄道第十六聯隊転属 | 18、10、1 | 気球聯隊 一八、九、二〇 | 宮城県仙台市成田町一〇七番地 | 宮城県仙台市三百人町八七番地 | 兄 勝又勇 | 昭10 | 二国衛一 19、3、20 | 勝又清吉 大四、二、一 | 無 | |
| 20、8、29 第十二方面軍司令官ノ指定兵站病院転属 | 18、3、1 | 歩兵第一〇一聯隊 一七、一、三 | 神奈川県平塚市平塚新宿一四九番地 | 同 | 上 父 片野好吉 | 昭16 | 現衛 兵長 20、8、20 | 片野清 大六、五、一五 | 無 | |
| 同右 | 18、3、1 | 15、9、6 野戦重砲兵第七聯隊 一五、八、一 | 埼玉県南埼玉郡江面村大字江面一五四二番地 | 同 | 上 父 柏浦惣次郎 | 昭14 | 一補衛 上長 20、8、20 | 柏浦金五郎 大八、一、一八 | 無 | |
| 20、8、29 第六兵站病院転属 | 16、1、6 | 歩兵第一四九聯隊 一五、一二、九 | 東京都牛込区市ヶ谷谷町一〇八番地 | 同 | 上 母 柏田トキ | 昭15 | 一補衛 兵長 20、8、20 | 柏田武彦 大九、六、六 | 無 | |
| 同右 | 18、3、1 | 歩兵第一〇一聯隊 一七、二、一 | 東京都麻布区東町三四番地 | 東京都豊島区西巣鴨一丁目二六七番地 | 父 川島倉次郎 | 昭16 | 現衛 兵長 20、8、20 | 川島秀雄 大六、九、九 | 無 | |
| 20、8、29 第四兵站病院転属 力 | 16、1、6 | 歩兵第一四九聯隊 一五、一二、九 | 埼玉県北足立郡馬宮村大字西遊馬九四〇番地 | 同 | 上 父 金子仁三郎 | 昭15 | 一補衛 兵長 20、8、20 | 金子竹蔵 大九、二、一三 | 無 | |

49

| | | | | | | | | | | | | |
|---|---|---|---|---|---|---|---|---|---|---|---|---|
| 20、7、29 第百九十四兵站病院転属 | 18、3、1 | 独歩第四大隊 | 一七、一、一〇 | 千葉県安房郡吉尾村大川面五三六番地 | 同 | 上 | 父 | 粕谷貞治 昭16 | 現衛 中18 20 兵長 | 粕谷作治 | 大六、三、一四 | 無 |
| 20、8、29 第十二軍司令官ノ定ムル兵站病院転属 | 15、9、6 | 野戦重砲第十七聯隊 | 一五、八、一 | 神奈川県横浜市南区高根町三丁目一七番地 | 同 | 上 | 父 | 河野寅 昭14 | 一補衛 中18 20 兵長 | 河野廣 | 大八、一、二五 | 無 |
| 20、6、4 朝鮮軍管区司令部転属 | 15、9、6 | 歩兵第一五七聯隊 | 一五、八、一 | 千葉県匝瑳郡白濱村木戸七三〇番地 | 同 | 上 | 父 | 海保静一 昭11 | 予衛 19、2、1 20、3、1 伍長 | 海保豊 | 大四、三、一五 | 無 20.4.4進級 |
| 20、8、29 第十二軍司令官ノ定ムル兵站病院転属 | 15、9、6 | 野戦重砲兵第八聯隊 | 一五、八、一 | 山梨県東八代郡石和町市部一、一五三番地 | 山梨県西山梨郡甲運村字川田九四四番地 | | 父 | 笠井清吉 昭13 | 一補衛 中18 20 兵長 | 笠井清次 | 大七、二、一〇 | 無 |
| 同右 | 18、10、1 | 気球聯隊 | 一八、九、二〇 | 山梨県東山梨郡西保村牧原七八七番地 | 同 | 上 | 兄 | 加々美壽一 昭15 | 二補衛 中18 20 上 | 加々美良行 | 大九、一、一 | 無 |
| 20、8、29 第百五十二兵站病院転属 | 18、3、1 | 独歩第四三大隊 | 一七、一、二〇 | 東京都江戸川区逆井二丁目一七七番地 | 長野県南佐久郡小海村 [illegible] | | 母 | 金子ぬゐ 昭16 | 現衛 中18 20 兵長 伍 | 金子芳之助 | 大六、二、二七 | 無 29.7.1任 |
| 20、8、29 第十六兵站病院転属 | 18、10、1 | 気球聯隊 | 一八、九、二〇 | 宮城県本吉郡唐桑村大字唐桑字崎濱一二〇番地ノ二 | 同 | 上 | 父 | 片桐留三郎 昭9 | 二國衛 中18 20 上 | 片桐幸喜 | 大二、三、二五 | 無 |
| 20、8、29 第十二軍司令官ノ定ムル兵站病院転属 | 18、5、1 | 独歩七〇大隊 | 一八、三、三 | 千葉県印旛郡白井村神々廻三三三番地 | 同 | 上 | 父 | 笠井清太郎 昭17 | 現衛 中18 20 兵長 | 笠井魁 | 大六、一二、一八 | 無 |

30

# 留守名簿

カ

| 転属記事 | 編入年月日 | 前所属及其編入年月日 | 本籍（在留地） | 留守擔當者 住所 | 續柄 | 氏名 | 徴集年 任官年 | 役種兵種官等級 等級ニ等給 俸給額 發令年月日 | 氏名 生年月日 | 留守宅ノ渡有無 | 補修年月日 |
|---|---|---|---|---|---|---|---|---|---|---|---|
| 20、7、29 第百八十六兵站病院転属 | 18、10、1 | 野戦重砲兵第八聯隊 一九、九、一〇 | 長野縣下伊那郡上郷村大字黒田二〇五〇番地 | 同 | 父 | 金森清 | 昭15 | 二補衛 伍長 19、1、15 20、3、15 | 金森政雄 大八、二、一三 | 無 | 20.7.1進級 |
| 20、8、29 第百五十五兵站病院転属 | 18、10、1 | 野戦重砲兵第八聯隊 一八、九、五 | 埼玉縣入間郡東吾野村虎秀五番地ノ五 | 同 | 妻 | 加藤てい | 昭11 | 二補衛 上等兵 18、8、1 20、8、20 | 加藤大助 大五、八、二三 | 無 | |
| 20、6、4 朝鮮軍管区転属 | 15、9、6 | 歩兵第一五七聯隊 一八、八、一 | 千葉縣長生郡一松村甲一六〇三番地 | 同 | 妻 | 貝塚ゆき | 昭11 | 後補衛 伍長 18、8、1 20、3、1 | 貝塚要 大五、二、二 | 無 | 20.4.4進級 |
| 20、8、29 第百二十六兵站病院転属 | 16、1、6 | 歩兵第一四九聯隊 一五、一二、九 | 神奈川縣横濱市戸塚區由谷町一四五四番地 | 同 | 父 | 金高一 | 昭15 | 後補衛 伍長 18、12、9 20、3、1 | 金高幹夫 大九、二、一九 | 無 | 20.4.4進級 |
| 20、8、29 第百五十五兵站病院転属 | 19、3、1 | 独歩第五大隊 一八、一二、一三 | 山梨縣南都留郡下吉田町下吉田六五番地 | 同 | 母 | 菅沼げん | 昭18 | 現衛 上等兵 19、6、1 20、8、20 | 菅沼満 大一二、三、一四 | 無 | |
| 20、8、29 第百五九兵站病院転属 | 15、9、6 | 歩兵第一五七聯隊 一五、八、一 | 千葉縣印旛郡元吾村大竹一八二六番地 | 同 | 父 | 海方五郎 | 昭11 | 二補衛 伍長 19、6、1 20、8、20 | 海方芳雄 大九、七、二七 | 無 | |

51

| 異動 | 年月日 | 部隊 | 本籍 | 留守宅 | 続柄 | 留守担当者 | 職・給与 | 氏名 | 生年月日 | 有無 | 昇給 |
|---|---|---|---|---|---|---|---|---|---|---|---|
| 20.8.29 第百五十六兵站病院転属 | 16.4.2 | | 佐賀県小城郡南多久村大字長尾三五四三番地ノ二 | 佐賀県杵島郡大町町二二〇番地 | 父 | 梶原萬吾 昭12 | 技術雇員 20.8.20 一六〇円 20.3.31 一二〇円 19.9.30 五八円 | 梶原清 | 大六、二、廿二 | 有 | 20.4.4昇給 20.8.20昇給 |
| 20.6.2 解傭 | 19.9.19 | | 朝鮮平安北道新義州府水門洞一〇一番地 | 朝鮮平安北道新義州府南敏浦洞八〇番地 | 父 | 金島用彬 | 通訳傭人 20.3.31 四二円 19.9.19 三九円 | 金島炯燁 | 大五、六、七 | 無 | 20.4.4昇給 |
| 20.8.20 解傭 | 19.10.1 | | 宮城県仙台市坊主町二一番地 | 北京市内一区興量大人胡同一四號 | 父 | 加藤孝 | 技術傭人 20.3.31 三九円 19.11.15 三六円 | 加藤節子 | 大四、二、三 | 無 | 20.4.4昇給 |
| 20.8.29 第百五十一兵站病院転属 | 16.6.26 | | 熊本県飽託郡高橋町二〇八番地 | 北京市内一区南夾道五四 | 父 | 甲斐末蔵 | 女子給仕 20.8.20 四二円 20.3.31 三五円 19.9.30 三四円 | 甲斐春江 | 明四四、一、五 | 無 | 20.4.4昇給 20.8.20昇給 |
| 20.8.29 第百五十一兵站病院転属 | 15.3.23 | [redacted]池部隊 二四二八 | 福岡県直方市大字山部一〇五番地 | 同上 | 母 | 鐘江松乃 | 技術雇員 18.9.30 七八円 | 鐘江哲夫 | 大元、九、二 | 無 | |
| 20.8.29 第百五十一兵站病院転属 | 15.3.23 | [redacted]池部隊 四八二七 | 富山県東礪波郡山野村安室四五四番地 | 北京市外五区天橋公平市場一〇四 | 妻 | 河原鈴 | 事務雇員 20.8.20 七五円 20.3.31 七〇円 19.9.30 六七円 | 河原久光 | 明三三、二、六 | 無 | 20.4.4昇給 20.8.20昇給 |
| 20.8.29 第[illegible]陸[illegible]転属 | 16.3.18 | | 朝鮮平安北道新義州府南敏洞一八番地 | 中華民国山東省青島市朝城路二〇號 | 妻 | 金森妙子 | 自標縦着 20.8.20 五四円 20.3.31 四九円 19.9.30 三〇円 | 金森英一 | 大九、七、二四 | 無 | 20.4.4昇給 20.8.20昇給 |
| 20.8.29 第百九十四兵站病院転属 | 16.1.19 | | 千葉県山武郡成東町成東二〇六二番地 | 中華民国山西省太原市治平市街五四號 | 妻 | 金田ゲン | 自標縦着 20.8.20 七四円 20.3.31 六九円 19.9.30 六五円 | 金田寛 | 明四四、一、一七 | 無 | 20.4.4昇給 20.8.29昇給 |

52

力

# 留守名簿

| 轉屬記事 | 編入年月日 | 前所屬及其編入年月日 | 本籍（在留地） | 留守擔當者 住所 | 續柄 | 留守擔當者 氏名 | 徴集年 任官年 | 役種兵種官等級 俸給月額 發令年月日 | 氏名 生年月日 | 留守宅渡ノ有無 | 補修年月日 |
|---|---|---|---|---|---|---|---|---|---|---|---|
| 20、8、29 第百六十一兵站病院轉屬 | 15、7、22 | | 岩手縣下閉伊郡小本村中里第八地割岸四四番地 | 中華民國河北省石門市自強路陸軍宿舍 | 妻 | 加藤コウ | | 自操縦者 20.8.20 六〇〇円 20.3.31 五四〇円 19.9.30 五〇〇円 | 加藤忍 大三、八、五 | 無 | 20.4.4昇給 20.8.20昇給 |
| 20、8、29 第百六十一兵站病院轉屬 | 15、3、26 | | 埼玉縣入間郡三ヶ島村大字三ヶ島堀内一〇番地 | 中華民國河北省石門市自強路陸軍宿舍 | 妻 | 粕谷勝枝 | | 自操縦者 20.8.20 七二〇円 20.3.31 六六〇円 19.3.31 六〇〇円 | 粕谷靜一 大四、一、一 | 無 | 20.4.4昇給 20.8.20昇給 |
| 20、8、29 第十二軍司令官ノ定ル兵站病院轉屬 | 16、4、2 | 第一五野戰防疫給水部 一三、九、二〇 | 山形縣最上郡金山町大字中田二三八番地 | 山形縣最上郡金山町大字下野明字片貝 | 義父 | 大場次郎吉 | | 自操縦者 20.8.20 七二〇円 20.3.31 六六〇円 19.9.10 六〇〇円 | 柿崎榮 大六、九、一 | 無 | 20.4.4昇給 20.8.20昇給 |
| 同右 | 18、3、25 | | 朝鮮平安北道新義州府初音町六番地ノ一 | 朝鮮平安北道義州府西麻田洞三九四ノ一番地 | 兄 | 金村春得 | | 通譯傭人 20.8.20 三六〇円 20.3.31 三〇〇円 19.10.1 二四〇円 | 金村英得 明三九、六、二 | 無 | 20.4.4昇給 20.8.20昇給 |
| 20、8、29 第百五十三兵站病院轉屬 | 15、6、17 | | 神奈川縣愛甲郡荻野村上荻野七六四番地 | 和歌山縣東牟婁郡三尾川村 | 妻 | 神崎榮子 | | 業務手 技術雇員 20.8.20 七九〇円 20.3.31 七二〇円 14.9.30 七〇〇円 | 神崎武雄 明四四、六、一七 | 無 | 20.4.4昇給 20.8.20昇給 |
| 20、8、29 第百五十四兵站病院轉屬 | 19、12、4 | | 沖繩縣那覇市松下町一丁目一五番地 | 同上 | 養父 / 義兄 | 神山丕顕 / 神山克明 | | 女子雑仕 20.8.20 三六〇円 20.3.31 三二〇円 19.10.1 二八〇円 | 神山トシ 大四、二、一七 | 無 | 20.4.4昇給 20.8.20昇給 |

83

| | |
|---|---|
| 20.8.29 歩十三 軍司令官決定 公兵站病院 戦傷 | 20、6 18 免筆生 （解傭） |
| 19.6.21 | 20.3.2 |
| 朝鮮慶尚南道居昌郡熊陽面東湖里三八二番地 | 熊本県阿蘇郡一の宮町大字下城四二一四番地 |
| 朝鮮忠清南道太田府儒城面九岩里一一五番地 | 中華民国河北省北京市内三区船板胡同羅車坑二 |
| 父 金山鉉日 | 母 河津タツ |
| 自棟継者（貫首） 20.8.20 … 19.3.9 … | 筆生 20、3 2三三 |
| 金山秉浩 | 河津寛数 |
| 大九、二、二 | 昭四、二、八 |
| 無 | 無 |
| 20.4.4 昇給 20.8.20 昇級 | |

六四

# 留守名簿

キ

| 欄外記事 | 編入年月日 | 前所属及其編入年月日 | 本籍（在留地） | 留守擔當者 住所 | 續柄 | 氏名 | 徴集年 | 任官年 | 役種兵種官等竝ニ等級俸月給額 發令年月日 | 氏名 | 生年月日 | 留守宅渡ノ有無 | 補修年月日 |
|---|---|---|---|---|---|---|---|---|---|---|---|---|---|
| 20、8、29 第一六五兵站病院転属 | 15、7、22 | 歩兵第十三聯隊留守隊 一五、五、一五 | 兵庫縣美嚢郡淡河村北僧尾九七〇番地 | 大阪府大阪市南区松屋町四三番地 | 母 | 清原久枝 | | 昭15 | 豫 醫大尉 三、19、9、15 | 清原龍 | 大六、九、一八 | 有 | |
| 20、8、29 第百六十一兵站病院轉属 | 18、3、18 | 金澤陸軍病院 一八、三、一 | 石川縣金澤市古府町ホ二〇二番地 | 同 | 妻 | 北川花子 | 昭6 | | 豫 衛生 医少尉 18、8、2 20、3、22 | 北川清男 | 明四三、四、一五 | 無 | 20.4.4進級 |
| 20、6、1 20、8、19 現地召集解除 北支那[illegible]貨物廠 | 19、2、10 | 福井 | 福井縣坂井郡東十郷村上新庄才四〇號 | 北京市外二区八角琉璃井八號 | 妻 | 北川喜美 | 昭10 | | 豫 衛生 医少尉 19、2、10 20、2、22 | 北川清治 | 明四二、三、六 | 無 | 20.4.4進級 |
| 20、6、4 西部軍管区転属 | 15、3、23 | 吉村部隊 [redacted] 一三、九、二七 | 熊本縣飽託郡三和町字薬師町五九五番地 | 同 | 母 | 清田タキ | 昭10 | 昭12 | 現 衛 准 四 18、8、1 | 清田茂雄 | 大四、九、七 | 有 | |
| 20、8、29 第百五十一兵站病院転属 | 15、3、23 | 菊池部隊 [redacted] 一四、二、八 | 廣島縣御調郡菅野村大字平木一五六番地 | 同 | 父 | 北浦静一 | 昭10 | 昭13 | 現 衛 准 四、20、3、1 十、19、12、31 | 北浦亀作 | 大三、二、一九 | 有 | 20.4.4進級 |
| 20、8、29 第十三軍兵站病院転属 | 15、3、23 | 吉村部隊 [redacted] 一三、九、二 | 熊本縣鹿本郡千田村大字廣二三二番地 | 同 | 妻 | 木本キミエ | 昭11 | 昭13 | 現 衛 准 四、20、9、1 十、19、6、10 | 木本勇 | 大五、八、一五 | 有 | 20.4.4進級 |

55

| | | | | | | | | | | | | |
|---|---|---|---|---|---|---|---|---|---|---|---|---|
| 20、8、29 第百九十四兵站病院転属 | 15、3、2? | [redacted]一五聯隊 | 東京都麹町区飯田町二丁目一四番地ノ一 | 中華民国山西省大原市上肅街一號 | 妻 | 木村米 | 昭19 | 昭19 三.19.5.30 20.8.20 陸軍技手 | 木村源藏 | 明四四、五、一三 | 無 | 20.8.20昇級 |
| 20、8、29 第百八十七兵站病院転属 | 18、4、8 | 野戦重砲兵第六聯隊 八、三、二 | 埼玉県浦和市仲町一ノ一九番地 | 台湾基隆市寿町二丁目二番地 | 母 | 木村タキエ | 昭15 | 19.7.1 20.3.1 衛生兵長 衛生伍長 | 木村正紀 | 大四、二、二四 | 無 | 20.4.4進級 |
| 20、8、21 第百九十四兵站病院転属 | 15、7、6 | 野戦重砲兵第八聯隊 一五、八、一 | 神奈川県横浜市南区唐沢八一番地 | 東京都北多摩郡三鷹町下連雀二七番地 | 母 | 北折さだ | 昭14 | 昭19 三.19.3.1 20.8.1 衛生伍長 陸軍 | 北折利雄 | 大八、二、八 | 無 | 20.8.1進級 |
| 20、8、29 第十二軍司令官ノ定ムル兵站病院転属 | 20、1、31 | 独歩第八一大隊 五、一一、一八 | 山梨県甲府市千塚町一九二二番地 | 山梨県甲府市千塚町八四番地 | 父 | 橋田賢隆 | 昭19 | 19.11.18 20.5.18 現 衛キ一 | 橋田賢一 | 大四、九、一〇 | 無 | 20.6.1進級 |
| 20、8、29 第百五十二兵站病院転属 | 20、1、31 | 独歩第八一大隊 一九、一一、一八 | 東京都日本橋区小舟町一丁目二ノ六 | 同上 | 父 | 木下善次郎 | 昭19 | 19.11.18 20.5.18 現 衛キ一 | 木下東一 | 大四、三、二八 | 無 | 20.6.1進級 |
| 20、8、29 第百五十二兵站病院転属 | 20、1、31 | 独歩第八一大隊 一九、二、一八 | 東京都豊島区池袋四丁目一七四七番地 | 同上 | 父 | 木下久男 | 昭19 | 19.11.18 20.5.18 現 衛キ一 | 木下哲夫 | 大四、一、一二 | 無 | 20.6.1進級 |
| 20、8、29 第一六六兵站病院転属 | 17、6、24 | 歩兵第一五七聯隊 一七、五、二五 | 東京都葛飾区本田渋江町九番地 | 同上 | 妻 | 木村よし子 | 昭12 | 19.12.1 衛生兵長 | 木村儀三郎 | 大八、七、二〇 | 無 | |
| 20、8、29 第十二軍司令官ノ定ムル兵站病院転属 | 16、1、6 | 歩兵第一四九聯隊 一五、一一、九 | 千葉県香取郡瑞穂村寺内四七四ノ二 | 同上 | 父 | 木内金次郎 | 昭15 | 19.12.9 20.3.1 衛生兵長 衛生伍長 | 木内宗吉《タカヨシ》 | 大九、七、二五 | 無 | 20.4.4進級 |

56

# 留守名簿

キ

| 摘要（欄外） | 編入年月日 | 前所属及其編入年月日 | 本籍（在留地） | 留守担当者 住所 | 続柄 | 氏名 | 徴集年 任官年 | 役種 兵種 官等 等級ニ俸給月額 発令年月日 | 氏名 生年月日 | 留守宅渡ノ有無 | 補修年月日 |
|---|---|---|---|---|---|---|---|---|---|---|---|
| 20、8、29 第一六六兵站病院転属 | 16、1、6 | 歩兵第一四九聯隊 一五、一二、九 | 東京都大森区駒込町 四四丁目二八〇七番地 | 同上 | 義兄 | 市田光 | 昭15 | 一補 衛 上長 20、8、20 | 桐石安久廣 大九、一六、二七 | 無 | |
| 20、8、29 第十二軍司令官ノ定ムル兵站病院転属 | 18、5、20 | 独歩七八大隊 一八、六、一 | 東京都向島区吾嬬町 西二ノ一七九番地 | 東京都四谷区永住町三 岩井儀一郎方 | 母 | 木下トミ | 昭17 | 現 衛 上長 20、8、20 | 木下精一 大六、一二、五 | 無 | |
| 20、8、29 第百五十五兵站病院転属 | 18、6、24 | 気球聯隊 一八、六、一 | 東京都向島区吾嬬町 西九丁目四五番地 | 同上 | 父 | 木下兼二郎 | 昭15 | 一補 衛 上 19、12、1 20、6、1 | 木下清二 大九、七、一 | 無 | 20.9.1進級 |
| 20、8、29 第十二軍司令官ノ定ムル兵站病院転属 | 18、10、1 | 気球聯隊 一八、九、二〇 | 東京都深川区富岡町 三丁目二四番地 | 同上 | 義兄 | 加瀬仲蔵 | 昭11 | 二補 衛 上 20、8、20 | 木内軍人 大五、一一、一〇 | 無 | |
| 20、5、30 鉄道第八聯隊転属 | 18、10、1 | 気球聯隊 一八、九、二〇 | 富山県下新川郡新屋村浦山新二五番地 | 同上 | 妻 | 鬼原みさを | 昭6 | 二補 衛 一 19、3、20 | 鬼原長吉 明四四、七、一五 | 無 | |
| 20、8、29 第十二軍司令官ノ定ムル兵站病院転属 | 18、10、1 | 気球聯隊 一八、九、二〇 | 東京都神田区旭町 四番地ノ一 | 同上 | 父 | 北原満吉 | 昭16 | 二補 衛 上長 20、8、20 | 北原榮一 大四、一二、一三 | 無 | |

57

| | | | | | | | | | | |
|---|---|---|---|---|---|---|---|---|---|---|
| 20、5、30 鉄道才八聯隊 | 17、3、1 | 歩兵才三三聯隊 一八、一、三一 | 神奈川縣横濱市鶴見区郷子ケ谷町九〇番地 | 同 | 上 母 岸本トク 昭16 | 現衛伍長 18、8、1 20、3、1 | 岸本安藏 | 大一〇、一、二 | 無 | 20.4.4進級 |
| 20、8、29 第十三軍司令官ノ定ムル兵站病院ニ転属 | 19、3、1 | 独歩才五大隊 一八、一六、一六 | 山梨縣東山梨郡塩山町上於曽一七五二番地 | 同 | 上 母 菊島タケノ 昭18 | 現衛 廿上 19、8、1 20、5、1 | 菊島美正 | 大二、三、七 | 無 | 20.6.1進級 |
| 20、8、29 第百六十五兵站病院転属 | 18、5、20 | 独歩才七八大隊 一八、二、一 | 神奈川縣横須賀市浦郷一三八五番地 | 同 | 上 父 桐谷圓造 昭17 | 現衛兵長 19、8、1 20、3、1 | 桐谷敏夫 | 大二、三、三 | 無 | 20.4.4進級 |
| 20、8、29 第百五十二兵站病院転属 | 20、1、31 | 独歩才八六大隊 一九、廿二、一八 | 東京都麴町区富士見町一丁目七番地ノ五 | 東京都芝区三田小山町一番地 | 上 父 長谷部達之 昭19 | 現衛キ一 19、11、18 20、5、18 | 菊地和雄 | 大四、三、二 | 無 | 20.6.1進級 |
| 20、8、29 第百六十二兵站病院転属 | 20、1、31 | 独歩才八六大隊 一九、二、一八 | 埼玉縣北葛飾郡櫻田村大字上川崎四四三番地 | 同 | 上 父 木村熊吉 昭19 | 現衛キ一 19、11、18 20、5、18 | 木村文七 | 大三、九、一五 | 無 | 20.6.1進級 |
| 20、8、29 第百五十五兵站病院転属 | 20、1、31 | 独歩才八六大隊 一九、二、一八 | 埼玉縣南埼玉郡大袋村大字恩間七四七番地 | 同 | 上 父 木村洪 昭19 | 現衛キ一 19、11、18 20、5、18 | 木村眞澄 | 大三、三、二七 | 無 | 20.6.1進級 |
| 20、8、19 解傭 | 19、9、26 | | 朝鮮平安南道龍岡郡瑞和面石相里二八一 | 同 | 上 父 菊地有萬 | 調理師 調理指導員 20、3、31 四六〇日 19、9、30 採用 | 菊地致源 | 大九、四、二六 | 無 | 20.4.4昇給 |
| 20、8、15 解雇 | 15、3、23 | [redacted] 四派二部隊 | 朝鮮平安北道定州郡新山面造山洞一四二七番地 | 中華民國山東省青島市湖南路二號 | 上 妻 北澤百合子 | 自操縦者 20、3、31 七二〇日 14、9、30 六九〇日 | 北澤秀吉 | 大八、五、七 | 無 | 20.4.4昇給 |

58

キ

# 留守名簿

| 転属記入 | 編入年月日 | 前所属及其編入年月日 | 本籍（在留地） | 留守担當者 住所 | 續柄 | 氏名 | 徴集年／任官年 | 役種兵種官等級／俸給月額／發令年月日 | 氏名／生年月日 | 留守宅ノ渡有無 | 補修年月日 |
|---|---|---|---|---|---|---|---|---|---|---|---|
| 20、8、29 第百六十四兵站病院轉属 | 16、4、2 | | 青森県西津軽郡木造町字上増田丈八ノ二 | 同上 | 兄 | 木村政一 | | 自操縦者 19.9.30 六六円 20.3.31 六九円 20.8.29 百四円 | 木村政五郎 大六、一〇、一五 | 無 | 20.4.4 昇給 20.8.20 昇給 |
| 20、8、29 第百九十四兵站病院配属 | 15、5、12 | | 秋田県北秋田郡大館町新地九四番地 | 同上 | 父 | 木村三蔵 | | 同操縦者 19.9.30 六一円 20.3.31 百四円 20.8.20 六九円 | 木村勇次郎 大四、三、一六 | 無 | 20.4.4 昇給 20.8.20 昇給 |
| 20、8、29 第百五十三兵站病院轉属 | 15、3、23 | [redacted] 菊池部隊 一四七二 | 栃木県上都賀郡北押原村大字塩山一一七三番地ノ一 | 東京都荏原区平塚五ノ三九番地 | 父 | 黒川東一郎 | 昭13／昭14 | 隊医大尉 三、19.9.15 | 黒川正治 大二、一、三〇 | 有 | |
| | | | | | | | | | | | |
| | | | | | | | | | | | |
| | | | | | | | | | | | |



58

# 留守名簿

| 上欄記入 | 編入年月日 | 前所屬及其編入年月日 | 本籍（在留地） | 留守擔當者 住所 | 續柄 | 留守擔當者 氏名 | 徵集年 | 任官年 | 役種兵種官等竝ニ等級俸月給額發令年月日 | 氏名 | 生年月日 | 留守宅渡ノ有無 | 補修年月日 |
|---|---|---|---|---|---|---|---|---|---|---|---|---|---|
| 20、8、29 第百五十三兵站病院転属 | 15、3、23 | [redacted] 菊池部隊 一四、七、二〇 | 栃木県上都賀郡北押原村大字塩山一一七三番地ノ一 | 東京都荏原区平塚五ノ三九番地 | 父 | 黒川忠三郎 | 昭13 | 昭14 | 三、19、9、15 豫医大尉 | 黒川正治 | 大三、一、二〇 | 有 | |
| 20、8、29 第百五十一兵站病院転属 | 15、3、23 | 西村匠部隊 [redacted] 一三、九、三〇 | 岡山県上房郡川面村二四四七番地 | 同上 | 妻 | 黒瀬友子 | 昭10 | 昭13 | 四、19、12、1 現衛准 | 黒瀬懋 | 大四、九、二五 | 有 | |
| 20、8、1 第二野戦鉄道司令部転属 | 18、4、27 | 金沢陸軍病院 一六、六、一 | 石川県羽咋郡堀松村字神代ウノ一百番地 | 同上 | 父 | 倉嶋岩松 | 昭15 | 昭18 | 二、19、12、01 現衛軍 | 倉嶋幸作 | 大九、一〇、一四 | 無 | |
| 20、8、29 第百五十二兵站病院転属 | 16、12、1 | 北京陸軍病院 一五、三、一 | 兵庫県武庫郡本庄村青木四八七番地 | 兵庫県武庫郡本庄村青木五〇三番地 | 父 | 楠井三治郎 | 昭14 | 昭16 | 三、20、8、1 六、19、12、1 現衛曹 | 楠井憲一 | 大八、八、六 | 有 | 20、8、1進級 |
| 20、8、29 第百五十三兵站病院転属 | 17、6、24 | 歩兵第一五七聯隊 一七、五、二五 | 埼玉県熊ヶ谷市大字代二八四番地 | 同上 | 父 | 栗原貴嗣 | 昭16 | 昭19 | 二、20、8、1 19、3、1 豫衛伍 軍 | 栗原明三 | 大六、二、五 | 無 | 20、8、1進級 |
| 20、8、29 第百五十一兵站病院転属 ク | 19、8、1 | 独歩第五大隊 一八、一二、一二 | 山梨県甲府市相生町三二六番地 | 同上 | 父 | 窪田勇 | 昭18 | | 19、20、6、1 現衛 上 | 窪田盛親 | 大三、一、二〇 | 無 | |

| | | | | | | | | | | | |
|---|---|---|---|---|---|---|---|---|---|---|---|
| 20、8、29 第百六十六兵站病院転属 | 18、5、20 | 歩兵第七八大隊 一八、二、一 | 東京都下谷区新坂本町三番地 | 東京都下谷区入谷町一三三番地 | 母 | 楠美恵 | 昭17 | 現 衛伍長 20、3、1 | 楠満 | | 無 | 20.4.4進級 |
| 20、8、29 第百五十二兵站病院転属 | 20、1、31 | 独歩第八一大隊 一九、二、一八 | 東京都本郷区駒込東片町一二四番地 | 東京都世田谷区喜多見町三三八九番地 | 父 | 國井眞澄 | 昭19 | 現 衛上一 19、11、17 20、5、18 | 國井偉策 | 大四、一、一 | 無 | 20.6.1進級 |
| 20、8、29 第百五十二兵站病院転属 | 20、1、31 | 独歩第八一大隊 一九、二、一八 | 東京都本郷区追分町八五番地 | 同上 | 父 | 熊谷虎吉 | 昭14 | 現 衛上一 19、11、18 20、5、18 | 熊谷起丸 | 大四、一〇、二七 | 無 | 20.6.1進級 |
| 20、8、29 第百五十二兵站病院転属 | 18、2、27 | 第三師団野戦病院 一八、六、二 | 埼玉県北埼玉郡手子林村大字町屋一四三番地 | 同上 | 父 | 熊井金松 | 昭11 | 一補 衛兵長 20 | 熊井正義 | 大四、一三、一六 | 無 | |
| 20、6、10 北支那特別警備隊転属 | 17、6、24 | 歩兵第一五七聯隊 一七、五、二五 | 埼玉県秩父郡吉田町大字下吉田六九九番地 | 同上 | 妻 | 倉林満子 | 昭12 | 補 衛伍長 18、11、25 20、6、1 | 倉林延行 | 大六、一、五 | 無 | 20.7.1進級 |
| 20、8、29 第百九十四兵站病院転属 | 15、9、6 | 野戦重砲第七聯隊 一五、八、一 | 埼玉県南埼玉郡慈恩寺村大字鹿室一五二番地 | 同上 | 父 | 桑原助蔵 | 昭14 | 二補 衛兵長 20 | 桑原藤吉 | 大八、一〇、一 | 無 | |
| 20、8、29 第十三軍司令官直轄兵站病院転属 | 17、6、24 | 歩兵第一五七聯隊 一七、五、二五 | 東京都下谷区龍泉寺町一一四番地 | 同上 | 兄 | 黒川芳夫 | 昭16 | 一補 衛兵長 19、2 20、3、1 | 黒川茂男 | 大六、九、二一 | 無 | 20.4.4進級 |
| 20、8、29 第百九十四兵站病院転属 | 17、6、24 | 歩兵第一五七聯隊 一七、五、二五 | 埼玉県入間郡水谷村（北足立郡志紀町）大字水子四七七番地 | 同上 | 父 | 黒田也之吉 | 昭16 | 一補 衛伍長 20、3、1 | 黒田忠夫 | 大六、一、一三 | 無 | 20.4.4進級 20.6.1現役 |

61

# 留守名簿

| 付記 | 編入年月日 | 前所属及其編入年月日 | 本籍(在留地) | 留守擔當者 住所 | 續柄 | 氏名 | 徴集年 | 任官年 | 役種兵種官等級俸給等級ニ等給月額發令年月日 | 氏名 生年月日 | 留守宅渡ノ有無 | 補修年月日 |
|---|---|---|---|---|---|---|---|---|---|---|---|---|
| 20、8、29 第百九十六兵站病院転属 | 17、2、27 | 国府台陸軍病院 一六、一〇、二〇 | 千葉県印旛郡成田町寺台五五三番地 | 同上 | 兄 | 黒川喜市 | 昭15 | | 一補 衛 兵長 19、10、8 20、8、20 | 黒川定次郎 大九、五、二〇 | 無 | |
| 20、8、29 三軍司令官ノ定ムル兵站病院転属 | 18、10、1 | 野戦重砲兵第八聯隊 一八、九、五 | 富山県中新川郡新川村寺田五四三番地 | 同上 | 母 | 窪田ハル | 昭17 | | 二補 衛 上 19、10、8 20、8、20 | 窪田正雄 大八、二、一三 | 無 | |
| 20、8、29 第百五十兵站病院転属 | 17、2、27 | 国府台陸軍病院 一六、六、二〇 | 東京都牛込区袋町二 | 同上 | 父 | 倉持悦次郎 | 昭12 | | 一補 衛 兵長 19、5、8 20、8、20 | 倉持有三 大六、九、四 | 無 | |
| 20、8、29 第百七兵站病院転属 | 20、1、31 | 独歩第八八大隊 一九、一二、一八 | 山梨県甲府市古上條町一九八番地 | 同上 | 母 | 窪田安子 | 昭19 | | 現 衛 一 19、11、18 20、5、18 | 窪田郁雄 大四、一〇、二 20、6、1進級 | | |
| 20、8、29 第百五十兵站病院転属 | 19、2、29 | | 青森県東津軽郡新城村大字鶴ヶ坂字川合一三一一 | 同上 | 父 | 倉内慶次郎 | | | 技術傭人 19、9、10 20、3、31 20、5、20 | 倉内常太郎 大三、一、一三 | 有 | 20、4、4昇給 20、5、20 |
| 20、8、2 解雇 ク | 15、3、23 | [redacted]南池部九二嘛 | 岐阜県本巣郡牛牧村祖父江九之八ノ一 | 熊本県熊本市黒髪町大字實留乞 | 妻 | 栗山サカエ | | | 守衛 19、9、30 五七〇〇 | 栗山徳一 明二七、二、五 | 有 | |

62

| | | | |
|---|---|---|---|
| 備考 | 20、8、29 第百六十五兵站病院死亡 | 慶応休養中 20、8、29 第一五三兵站病院死亡 | 20、8、29 第百五十三兵站病院死亡 |
| | 15、3、26 | 15、3、23 | 15、3、23 |
| | [redacted] | [redacted] 菊池部隊 四、五、二、八 | [redacted] 菊池部隊 四、七、三 |
| | 大分県北海部郡臼杵町大字三王野部六八番地 | 茨城県結城郡岡田村大字蔵持七番屋敷 | 秋田県秋田市寺内字大小路七八番地 |
| | 同 上 | 同 上 | 秋田県秋田市大小路七八 |
| | 兄 久保田馨 | 父 草間喜三郎 | 母 桑原トリ<br>同 上 兄 桑原幸治 |
| | 自棒継者 20.8.20 六七〇〇〇 20.3.1 七八〇〇 19.9.30 六八〇〇 | 技術雇員 19.3.31 五九〇〇 | 事務雇員 20.8.20 六五〇〇 20.3.31 六〇〇〇 19.9.30 五七〇〇 |
| | 久保田清 大四、四、一四 | 草間宗七 大四、五、四 | 桑原幸蔵 明四一、八、二七 |
| | 無 | 無 | 無 |
| | 20.4.4 昇給 20.8.20 〃 | | 20.4.4 昇給 20.9.1 現住 20.8.20 昇給 |

63

# 留守名簿

| 異動 | 編入年月日 | 前所属及其編入年月日 | 本籍（在留地） | 留守擔當者 住所 | 續柄 | 留守擔當者 氏名 | 徴集年 | 任官年 | 役種兵種官等級俸給月額發令年月日 | 氏名 生年月日 | 留守宅渡ノ有無 | 補修年月日 |
|---|---|---|---|---|---|---|---|---|---|---|---|---|
| 20、8、29 第百五十一兵站病院転属 | 15、3、23 | [redacted] 菊池部隊 三、九、二七 | 岐阜県揖斐郡豊木村大字西方四四七番地 | 愛知県知多郡横須賀町大字横須賀 | 妻 | 小森あや子 | | 昭10 | 現醫少佐 一、20、4、30 十八、4、30 | 小森源一 明四二、九、一二 | 有 | 20.7.1 等給 |
| 20、8、29 第百五十三兵站病院転属 | 15、3、23 | 菊池部隊 [redacted] 一四、二、八 | 宮崎県児湯郡東米良村大字尾八重九二四番地 | 宮崎県宮崎市宮崎町三百番地 | 妻 | 後藤美地 | | 昭13 | 現醫少佐 一、20、4、30 十九、4、30 | 後藤正彦 大元、九、一七 | 有 | 20.7.1 等給 |
| 20、8、29 第百五十三兵站病院転属 | 15、3、23 | 菊池部隊 [redacted] 一四、七、二〇 | 東京都世田谷区若林町二四一番地 | 栃木県塩谷郡塩原温泉 君島一角方<br>同上 | 妻<br>母 | 近藤富美代<br>近藤ちやう | 昭14 | 昭14 | 豫医大尉 一、19、9、30 | 近藤信一 大三、一、一〇 | 有 | 20.7.1 現住担当 |
| 20、6、1 北支那野戦貨物廠転属 | 18、3、10 | 村松陸軍病院 一八、一、三〇 | 富山県富山市清水町五九番地 | 同上 | 父 | 兒玉通雄 | 昭16 | 昭18 | 豫薬少尉 18、12、1 | 兒玉寛 大八、一、一三 | 有 | |
| 20、8、29 第百五十一兵站病院転属 | 15、6、24 | 歩兵第一五七聯隊 一七、五、二五 | 東京都牛込区神楽町三丁目一九 | 新潟県西蒲原郡松長村字長所 田中信次方<br>同上 | 母 | 安田セリ | 昭9 | 昭15 | 豫衛曹長 三、20、8、30 | 安田克業 大三、二、五 | 有 | 20.6.1 現住 |
| 20、8、29 第百五十一兵站病院転属 | 19、3、1 | 大阪陸軍病院 一六、二、二四 | 福井県福井市照手下町九二番地ノ一 | 福井県福井市佐久良中町三五番地 | 實兄 | 坂口正 | 昭15 | 昭19 | 現衛生軍 三、20、8、1 19、3、1 | 郡昇 大九、一、二五 | 無 | 20.8.1 進級 |

コ

64

| | | | | | | | | | | | |
|---|---|---|---|---|---|---|---|---|---|---|---|
| 20、8、29 第十二方面軍司令官ノ定ム台岳站病院配屬 | 18、6、14 | 気球聯隊 | 八六、一 | 埼玉縣川口市大字安行領根岸一九三二番地 | 同 上 | 父 小林瀧吉 | 昭13 | 一補衛 上 19、10、20 | 小林廣 | 大七、五、一 | 無 |
| 20、5、30 鉄道第八聯隊轉屬 | 18、6、14 | 気球聯隊 | 八六、一 | 埼玉縣浦和市高砂町二丁目五九番地 | 同 上 | 父 小杉秀次郎 | 昭12 | 一補衛 上 19、8、1 | 小杉久雄 | 大六、六、四 | 無 |
| 20、8、29 第百六十六兵站病院配屬 | 17、6、24 | 歩兵第一五七聯隊 | 一七、五、八五 | 東京都西多摩郡大久野村五一五 | 同 上 | 母 古山マン | 昭15 | 補衛 伍長 20、4、1 | 古山義雄 | 大九、六、七 | 無 20.4.4 進級 |
| 20、8、29 第六兵站病院轉屬 | 18、2、28 | 輜重兵第二十三聯隊 | 一七、五、二六 | 神奈川縣川崎市大宮町一三九八番地 | 静岡縣駿東郡御殿場町永原 高橋初次郎方 神奈川縣川崎市南幸町一丁目十八 上 | 父 小林信吉 | 昭15 | 二補衛長 19、8、1 | 小林信彰 | 大九、二、二六 | 無 20.6.1 現住 20.7.1 現住 |
| 同 右 | 18、10、1 | 気球聯隊 | 八八九、二〇 | 山梨縣東八代郡柏村下曽根四八〇番地 | 同 上 | 兄 後藤弘 | 昭16 | 二補衛長 20、9、30 | 後藤虎賀 | 大九、三、一〇 | 無 |
| 20、8、29 第十二方面軍司令官ノ定ム台岳站病院配屬 | 16、1、16 | 歩兵第四九聯隊 | 一五、三、九 | 埼玉縣比企郡菅谷村大字川島一八九七番地 | 同 上 | 母 權田ほの | 昭15 | 補衛 伍長 20、3、1 | 權田德壽 | 大九、八、二 | 無 20.4.4 進級 |
| 20、5、30 鉄道第八聯隊轉屬 | 18、10、1 | 気球聯隊 | 八八九、二〇 | 宮城縣桃生郡鹿又村字梅木屋敷一三五番地 | 宮城縣桃生郡鹿又村字内田八一番地 | 父 小山武藏 | 昭9 | 二衛一 19、3、20 | 小山敬藏 | 大三、二、一八 | 無 |
| 20、8、29 第百五十三兵站病院配屬 | 18、10、1 | 気球聯隊 | 八八九、二〇 | 宮城縣伊具郡金山町字原町一六番地 | 宮城縣伊具郡金山町字表小路四番地 | 妻 鴻野とみよ | 昭10 | 二衛 19、3、20 20、1、1 | 鴻野國治 | 大四、五、一二 | 無 |

65

# 留守名簿

コ

| 上欄記事 | 編入年月日 | 前所属及其編入年月日 | 本籍（在留地） | 留守擔當者住所 | 續柄 | 留守擔當者氏名 | 徴集年 | 任官年 | 役種兵種官等等級俸給月額發令年月日 | 氏名 | 生年月日 | 留守宅渡ノ有無 | 補修年月日 |
|---|---|---|---|---|---|---|---|---|---|---|---|---|---|
| 20.8.29 第百八十大兵站病院転属 | 18.10.1 | 気球聯隊 一八、九、二〇 | 宮城県桃生郡桃生村大田字十貫一番ノ二 | 同上 | 母 | 今野ちよみ | 昭10 | | 亘衛伍長 20.6.1 19.9.20 | 今野富男 | 大四、六、二〇 | 無 | 20.7.1進級 |
| 20.8.29 第百五十三兵站病院転属 | 18.5.20 | 独歩第七八大隊 一八、二、一 | 神奈川県横浜市中区山王町四丁目二五番地 | 同上 | 父 | 小谷田伊三郎 | 昭17 | | 現衛伍長 20.8.1 19.8.1 | 小谷田只男 | 大二、二、一七 | 無 | 20.8.1進級 |
| 20.8.29 第百九十四兵站病院転属 | 18.10.1 | 気球聯隊 一八、九、二〇 | 山梨県中巨摩郡昭和村押越一〇五八番地 | 山梨県中巨摩郡田富村字東花輪 | 叔父 | 河西宗人 | 昭15 | | 二補衛上等兵 20.3.5 | 小泉四男 | 大九、一、二 | 無 | |
| 20.5.29 第百九十四兵站病院転属 | 15.9.6 | 野戦重砲兵第八聯隊 一五、八、一 | 山梨県甲府市山宮町三番地 | 山梨県甲府市千塚一五一番地 | 母 | 小宮山はる | 昭13 | | 予衛伍長 20.4.4 | 小宮山正美 | 大七、五、二 | 無 | 20.4.4進級 |
| 20.8.29 第一六六兵站病院転属 | 19.3.1 | 独歩第五大隊 一八、一二、一二 | 山梨県甲府市深町三四八番地 | 山梨県甲府市金手町四四番地 | 兄 | 小林高次郎 | 昭18 | | 現衛伍長 20.6.12 19.12.12 | 小林治三郎 | 大三、三、一三 | 無 | 20.7.1進級 |
| 20.8.29 第百五十一兵站病院転属 | 18.5.20 | 独歩第七八大隊 一八、二、一 | 東京都本所区向島押上町一ノ五 | 埼玉県南埼玉郡大田村字青毛 同上 | 父 | 紺野米吉 | 昭17 | | 現衛上等兵 20.5.1 | 紺野英一 | 大二、一〇、五 | 無 | 20.5.30現任 20.8.1進級 |

66

| | | | | | | | | | | | | |
|---|---|---|---|---|---|---|---|---|---|---|---|---|
| 20、8、29第十二軍司令官ノ定ムル兵站病院ニ転属 | 20、1、31 | 独歩第八一大隊 | 一九、一一、一八 | 山梨県西八代郡市川大門町一〇二一番地 | 同 上 | 父 | 小池英蔵 | 昭19 | 現 衛 上一 19、11、18 20、5、18 | 小池武 | 大三、四、二 | 無 | 20、6、1進級 |
| 同 右 | 20、1、31 | 独歩第八一大隊 | 一九、一一、一八 | 東京都南多摩郡由木村東中野一八〇番地 | 同 上 | 母 | 小林ムラ | 昭19 | 現 衛 上一 19、11、18 20、5、18 | 小林茂 | 昭二、九、二九 | 無 | 20、6、1進級 |
| 20、8、29第百五十五兵站病院転属 | 20、1、31 | 独歩第八一大隊 | 一九、一一、一八 | 東京都日本橋区十綱町三〇六番地 | 東京都大森区北千東町五九四塚田辰夫方 同 上 | 母 | 小林つた | 昭19 | 現 衛 上一 19、11、18 20、5、18 | 小林常男 | 大四、五、二七 | 無 | 20、6、1進級 20、7、1現住 |
| 20、8、29第百五十三兵站病院転属 | 20、1、31 | 独歩第八一大隊 | 一九、一一、一八 | 東京都本郷区駒込神明町三〇八番地 | 東京都瀧野川区昭和町一丁七五番地 | 叔父 | 五月女愛助 | 昭19 | 現 衛 上一 19、11、18 20、5、18 | 小林五郎 | 大四、一、一二 | 無 | 20、6、1進級 |
| 20、8、29第四十六兵站病院転属 | 18、6、20 | 独歩第七八大隊 | 一八、二、一 | 千葉県印旛郡白井村中三五九番地 | 同 上 | 父 | 小林房五郎 | 昭17 昭19 | 現 衛 伍 19、12、1 | 小林茂 | 大二、二、二六 | 無 | |
| 20、8、6陸軍軍医学校名古屋内地帰還滞留中ノ待滞留附所在司令官ノ定ムル部隊ニ転属 | 19、6、24 | 歩兵第一五七聯隊 | 一七、五、二五 | 千葉県東葛飾郡木間ヶ瀬村木間ヶ瀬三三三 | 同 上 | 父 | 小沼茂衛 | 昭12 | 豫 衛 兵長 19、3、15 20、6、1 | 小沼操 | 大六、二、八 | 無 | 20、7、1進級 |
| 20、8、29第百五十二兵站病院転属 | 17、2、27 | 国府台陸軍病院 | 一六、一〇、二〇 | 山梨県北巨摩郡神山村北宮地一〇二二番地 | 千葉県木更津市椿磯貝方 | 母 | 小林りん | 昭12 | 補 衛 兵長 19、4、20 | 小林公司 | 大六、一〇、二〇 | 無 | |
| 20、8、29第百五十五兵站病院転属 | 17、6、24 | 歩兵第一五七聯隊 | 一七、五、二二 | 東京都世田ヶ谷区玉川等々力町二丁目八四三 | 東京都世田ヶ谷区深沢町一丁目五七番地 | 父 | 小池清次郎 | 昭15 | 補 衛 兵長 19、8、1 | 小池末吉 | 大九、五、九 | 無 | |

67

# 留守名簿

| 編入年月日 | 前所属及其編入年月日 | 本籍（在留地） | 留守担当者 住所 | 続柄 | 留守担当者 氏名 | 徴集年 任官年 | 役種兵種官等級俸給額発令年月日 | 氏名 生年月日 | 留守宅渡ノ有無 | 補修年月日 | 記事 |
|---|---|---|---|---|---|---|---|---|---|---|---|
| 18、10、1 | 氣球聯隊 八、九、二〇 | 山梨縣東山梨郡八幡村堀内一九七番地 | 東京都品川区南品川五ノ七二 井出己代治方 | 叔父 | 小林寅 | 昭15 | 二補 衛 廿上 19.3.8 20.20 | 小林壽一 大九、九、三 | 無 | | 第百五十六兵站病院戦属 20、8、29 |
| 15、9、6 | 野戦重砲兵第八聯隊 一五、八、一 | 山梨縣南都留郡寳村中津森一二七八番地 | 同上 | 父 | 小林重治 | 昭14 | 一補 衛 長 20.8.20 | 小林信一 大八、一、一 | 無 | | 第百五十三兵站病院戦属 20、8、29 |
| 20、1、31 | 独歩第八八大隊 一九、二、一八 | 東京都北多摩郡三鷹町上連雀六九八番地 | 同上 | 父 | 小清水銀藏 | 昭19 | 現 衛 廿一 19.11.18 20.5.18 | 小清水弘安 大四、八、七 | 無 | 20.6.1進級 | 第百六十五兵站病院戦属 20、8、29 |
| 20、1、31 | 独歩第八八大隊 一九、二、一八 | 東京都本郷區青木町三丁目二二番地 | 同上 | 父 | 此木金太郎 | 昭19 | 現 衛 廿一 19.11.18 20.5.18 | 此木英一 大一四、七、一三 | 無 | 20.6.1進級 | 20、8、29 沖二十 留司令官 公兵站病院 [illegible] |
| 20、1、31 | 独歩第八八大隊 一九、二、一八 | 山梨縣北都留郡初狩村藤澤一二五四番地 | 同上 | 父 | 小林佐造 | 昭19 | 現 衛 廿一 19.11.18 20.5.18 | 小林力 大一四、二、二〇 | 無 | 20.6.1進級 | 第百八十七兵站病院戦属 20、8、29 |
| 20、1、31 | 独歩第八八大隊 一九、二、一八 | 東京都豊島区雑司ケ谷町三ノ三二〇番地 | 同上 | 兄 | 小松壽雄 | 昭19 | 現 衛 廿一 19.11.17 20.5.6 | 小松正雄 大四、一〇、三 | 無 | 20.5.6進級 | 戦病死 20、5、6 |

68

| 備考 | 年月日 | 所属部隊 | 本籍 | 留守宅 | 留守担当者 | 階級 | 氏名・生年月日 | 賞罰 | 附記 |
|---|---|---|---|---|---|---|---|---|---|
| 20、8、29第百五十六兵站病院転属 | 17、6、24 | 歩兵第一五七聯隊 一七、五、二五 | 千葉県松戸市馬橋一八九三番地 | 同 | 上 父 東風竹次郎 昭12 | 豫衛長 20、6、25 | 東風正雄 大六、三、二八 | 無 | 20.8.1進級 |
| 20、8、29第百五十五兵站病院転属 | 17、6、24 | 歩兵第一五七聯隊 一七、五、二五 | 埼玉県入間郡梅園村大字中村四七〇ノ一 | 同 | 上 兄 小森茂 昭10 | 一補衛 兵長 20、8、20 | 小森保寿 大三、一二、二九 | 無 | |
| 20、8、29第百六十七兵站病院転属 | 18、3、1 | 第三師団第一野戦病院 一七、九、一一 | 埼玉県入間郡高萩村下宇女影四八〇ノ二 | 同 | 上 父 小保澤平 昭14 | 二補衛 上等兵 20、3、4 | 小保儀右門 大七、三、五 | 無 | |
| 20、8、29第十三軍司令官直轄兵站病院転属 | 16、1、6 | 歩兵第一四九聯隊 一五、一一、九 | 神奈川県中郡東秦野村蓑毛七〇六番地 | 同 | 上 父 近藤真次郎 昭15 | 一補衛 兵長 20、8、20 | 近藤好夫 大九、六、三 | 無 | |
| 同右 | 18、3、1 | 第三師団衛生隊 一七、五、一一 | 山梨県北巨摩郡安都那村箕輪九七五番地 | 同 | 上 兄 小林久男 昭13 | 一補衛 兵長 20、8、20 | 小林磐 大七、六、一 | 無 | |
| 同右 | 18、4、8 | 野戦重砲兵第八聯隊 一八、三、一 | 千葉県印旛郡和田村八木二二六番地 | 同 | 上 祖父 小宮菊次郎 昭15 | 二補衛 兵長 20、6、1 | 小宮治雄 大九、七、二六 | 無 | 20.8.1進級 |
| 同右 | 18、10、1 | 気球聯隊 一八、九、二〇 | 富山県氷見郡氷見町今町八一番地 | 富山県氷見郡氷見町向島 | 上 義 小林市之亟 昭6 | 二補衛 上等兵 20、3、20 | 小林六三 明四四、一〇、二六 | 無 | |
| 20、8、29第二六兵站病院転属 | 18、3、1 | 第三十二師団衛生隊 一七、一二、二三 | 山梨県中巨摩郡豊村大字上今井区九一四番地 | 同 | 上 父 小林江助 昭13 | 一補衛 兵長 20、8、20 | 小林泰重 大七、一、一〇 | 無 | |

69

コ

# 留守名簿

| | | | | | | |
|---|---|---|---|---|---|---|
| （欄外） | 20、8、29 第百八十七兵站病院転属 | 20、8、29 第百八十七兵站病院転属 | 20、8、29 第百五十三兵站病院転属 | 20、8、29 第百九十四兵站病院転属 | 20、8、29 第百五十五兵站病院転属 | 20、8、29 [illegible]兵站病院転属 |
| 編入年月日 | 18、8、1 | 18、10、1 | 18、10、1 | 17、6、24 | 15、9、6 | 17、6、24 |
| 前所属及其編入年月日 | 気球聯隊 一八、九、二〇 | 気球聯隊 一八、九、二〇 | 気球聯隊 一八、九、二〇 | 歩兵第三七聯隊 一七、五、二五 | 野戦重砲兵第七聯隊 一五、八、一 | 歩兵第一五七聯隊 一七、五、二三 |
| 本籍（在留地） | 山梨県中巨摩郡昭和村河西七六五番地 | 長野県上田市大字上田四一一三番地 | 東京都渋谷区代々木初台町五三六番地 | 埼玉県児玉郡青柳村大字新里一七九六番地 | 東京都荒川区日暮里町一丁目一一一番地 | 東京都目黒区上目黒三丁目一七八一番地 |
| 留守擔當者 住所 | 同 | 長野県上田市枝木町一六一番地 | 山形県北村山郡尾花沢町 柴崎長次郎方 | 同 | 同 | 同 |
| 留守擔當者 續柄 氏名 | 上 父 五味賢吉 | 妻 小山律 | 妻 小林トヨ | 上 兄 小林鍋次郎 | 上 母 小林ハマ | 上 父 小林盛富 |
| 徴集年 任官年 | 昭15 | 昭7 | 昭11 | 昭16 | 昭13 | 昭15 |
| 役種兵種官等 等級俸月給額 発令年月日 | 二補衛 19、20、8、20 廿上 | 二補衛 19、20、8、20 廿上 | 二補衛 十上 19、20、5、1 20 | 二補衛長 20、2、1 | 二補衛 20、8、20 廿長 | 一補衛 20、3、1 |
| 氏名 生年月日 | 五味達雄 大八、一、一〇 | 小山清次郎 大二、七、二 | 小林孝三 大五、七、二 | 小林富次郎 大一、七、五 | 小林留吉 大七、一、二五 | 小林秀雄 大九、三、一〇 |
| 留守宅渡ノ有無 | 無 | 無 | 無 | 無 | 無 | 無 |
| 補修年月日 | | | 20、6、1進級 | | | 20、4、4進級 |

70

| | | | | | | | | | |
|---|---|---|---|---|---|---|---|---|---|
| | 24 | 歩兵第一五七聯隊 一七、五、二五 | 千葉県香取郡東大戸村関六三五番地 | 同 | 上 | 文 小林喜太郎 昭16 | 一補 衛 上長 20、8、20 | 小林興入 大6、3、1 | 無 |
| 同右 | 18、10、1 | 野戦重砲兵第八聯隊 一七、九、五 | 茨城県河内郡檜澤村大字下檜澤三九二一番地 | 同 | 上 | 文 小室勝太郎 昭16 | 一補 衛 兵長 20、8、20 | 小室恒 大6、9、5 | 無 |
| 20、8、29 第百九十四兵站病院転属 | 18、3、1 | 独歩第四三大隊 一七、六、下 | 東京都江戸川区東船堀町八四六 | 東京都城東区亀戸町九ノ二五 | | 文 小日向幾之助 昭16 | 現 衛 兵長 20、3、1 | 小日向磐慈 大6、6、1 | 無 20.4.4進級 |
| 20、8、29 第百五十兵站病院転属 | 19、3、1 | 独歩第五大隊 一八、一二、二 | 山梨県北都留郡上野原町三七五七ノ二 | 同 | 上 | 兄 小林茂 昭18 | 現 衛 一 19、6、12 | 小林廣治 大3、6、19 | 無 |
| 20、8、29 第一六六兵站病院転属 | 19、8、1 | 独歩第五大隊 一八、三、三 | 山梨県南都留郡明見村大字明見一六四番地 | 同 | 上 | 父 小林武吉 昭18 | 現 衛 上長 19、10、12 20、6、12 | 小林勝 大6、12、10 | 無 20.7.1進級 |
| 20、5、22 気球聯隊転属 | 20、1、31 | 独歩第八一大隊 一九、二、八 | 東京都本所区東駒形三丁目一五 | 同 | 上 | 文 後藤留造 昭19 | 現 衛 二 19、11、18 | 後藤一男 大4、4、25 | 無 |
| 20、8、29 第十二方面軍司令官直轄 台岳站病院転属 | 16、1、6 | 歩兵第四九聯隊 一五、一二、九 | 東京都浅草区西三筋町一三番地 | 東京都芝区二本榎町一丁目六〇番地 | | 義兄 安達輝 昭15 | 二補 衛 伍長 20、8、20 | 古宮市太郎 | 無 |
| 20、8、29 第百五十兵站病院転属 | 15、8、24 | | 群馬県吾妻郡六合村大字日影九四三番地 | 同 | 上 | 父 小池總吉 | 自擁継者 19、9、30 20、3、31 20、8、20 | 小池眞澄 大3、8、28 | 有 20.4.4昇給 20.8.20 |

71V

24.8.30

*付箋をめくった状態

| | | | | | | | | | |
|---|---|---|---|---|---|---|---|---|---|
| 20、8、21 第十二方面軍司令官達 比島兵站病院転属 | 17、6、24 | 歩兵第一五七聯隊 一七、五、二五 | 千葉縣香取郡東大戸村関六三五番地 | 同 | 上 | 父 小林喜太郎 BR16 | 一補衛 上長 20、8、20 | 小林與八 大六、一二、一 | 無 |
| 同右 | 18、10、1 | 野戦重砲兵第八聯隊 一七、九、五 | 茨城縣那珂郡檜澤村大字下檜澤三九二一番地 | 同 | 上 | 父 小室勝太郎 BR16 | 一補衛 上長 20、8、20 | 小室恒 大六、九、五 | 無 |
| 20、8、29 第百九十四兵站病院転属 | 18、3、1 | 独歩第四三大隊 一七、六、下 | 東京都江戸川区東船堀町一八四六 | 東京都城東区亀戸町九ノ二五 | 上 | 父 小日向幾之助 BR16 | 現衛 兵長 20、3、1 | 小日向馨慈 大六、六、一 | 無 20.4.4進級 |
| 20、8、29 第百五十二兵站病院転属 | 19、3、1 | 独歩第五大隊 一八、一二、二 | 山梨縣北都留郡上野原町三七五七ノ一 | 同 | 上 | 兄 小林茂 BR18 | 現衛一 19、6、12 | 小林廣治 大三、六、一九 | 無 |
| 20、8、29 第一五六兵站病院転属 | 19、3、1 | 独歩第五大隊 一八、一二、三 | 山梨縣南都留郡明見村大字明見一六四番地 | 同 | 上 | 父 小林武吉 BR18 | 現衛 上長 20、12、6 12/12 | 小林勝 大六、一二、一〇 | 無 20.7.1進級 |
| 20、5、22 気球聯隊転属 | 20、1、31 | 独歩第八一大隊 一九、二、一八 | 東京都本所区東駒形三丁目一五 | 同 | 上 | 父 後藤留造 BR19 | 現衛二 19、11、17 | 後藤一男 大一四、四、二五 | 無 |
| 20、8、29 第十二軍司令官達 比島兵站病院転属 | 16、1、6 | 歩兵第四九聯隊 一五、一二、九 | 東京都浅草区正木町十一番地 西三筋町一三番地 | 東京都芝区二本榎町一丁目六〇番地 | 上 | 義兄 安達輝 BR15 | 二補衛 伍長 20、8、20 | 古宮市太郎 | 無 |
| 20、8、29 第百五十二兵站病院転属 | 15、8、24 | | 群馬縣吾妻郡六合村大字日影九四三番地 | 同 | 上 | 父 小池總吉 BR15 | 自擇継者 20、8、20 | 小池眞澄 大三、八、二八 | 有 20.4.4昇給 20.8.20 |

72　71V　24.8.30

一五三

コ

# 留守名簿

| 記事 | 編入年月日 | 編入前所属及其編入年月日 | 本籍（在留地） | 留守擔當者 住所 | 續柄 | 氏名 | 徵集年 任官年 | 役種兵種官等級/等給俸月額 發令年月日 | 氏名 生年月日 | 留守宅渡ノ有無 | 補修年月日 |
|---|---|---|---|---|---|---|---|---|---|---|---|
| 20、8、29 第百五十五兵站病院転属 | 16、2、5 | | 徳島県徳島市寺島本町東一丁目二番地 | 中華民国河北省北京市内三区北門倉六号 | 妻 | 近藤房江 | | 事務雇員 20、8、20 六三〇 19、3、31 五十八円 | 近藤徳 大四、五、一五 | 無 | 20、8、20 昇給 |
| 20、6、11 依願免解傭 | 19、9、30 | | 東京都向島区寺島町三丁目三〇番地 | 京都府京都市上京区紫野今宮町一七 | 父 | 五井野安之 | | 筆生 20、3、31 四〇円 19、3、31 | 五井野愛子 大一三、一、一七 | 有 | 20、4、4 昇給 |
| 20、8、29 第十方面軍司令官ノ定ムル兵站病院転属 | 16、12、2 | 若林部隊 一六、九、二四 | 山形県西置賜郡長井町大字宮九四五番地 | 同上 | 父 | 小林與一郎 | | 自操縦者 20、8、20 七八円 20、3、31 19、3、31 | 小林正三 大三、三、三 | 無 | 20、4、4 昇給 20、8、20 〃 |
| 20、8、29 第百九十五兵站病院転属 | 17、7、20 | | 奈良県吉野郡大淀町比曽七二八番地 | 同上 | 父 | 小松原常雄 | | 調理指導員 20、8、20 五四円 20、3、31 19、3、31 四二円 | 小松原正春 大九、二、一 | 有 | 20、4、4 昇給 20、8、20 |
| 20、8、29 第百八十六兵站病院転属 | 15、8、23 | 菊池部隊 一四、四、二八 | 愛知県名古屋市中区伊勢山町一四九番地 | 愛知県名古屋市南区呼続町字朝拝二一番地 | 兄 | 小林久吉 | | 技術雇員 業務手 20、8、20 八五円 19、3、31 七七円 | 小林茂 明四〇、六、三〇 | 無 | 20、8、20 昇格昇給 〃 |
| 20、8、29 第百六十一兵站病院転属 | 16、6、10 | | 新潟県新潟市附船町一丁目四二六七番地 | 東京都中野区江古田町三ノ一二〇五番地 | 母 | 小林モト | | 自操縦者 20、8、20 七四円 20、3、31 六九円 19、3、31 六六円 | 小林正雄 大九、一一、二三 | 無 | 20、4、4 昇給 20、8、20 〃 |

72

# 留守名簿

| | 1 | 2 | 3 | 4 | 5 | 6 |
|---|---|---|---|---|---|---|
| （欄外） | 20、8、29 第十二軍司令部定 台兵站病院 衛属 | 20、8、29 第四十八兵站 病院轉属 | 20、8、29 第百五十一兵站 病院轉属 | 20、8、29 第百五十一兵站 病院轉属 | 20、8、29 第百五十四兵站 病院轉属 | 20、8、29 第百五十三兵站 病院轉属 |
| 編入年月日 | 15、2、22 | 16、3、14 | 15、7、22 | 17、4、13 | 18、3、19 | 19、2、29 |
| 前所属及其編入年月日 | 歩兵第百六聯隊補充隊 一五、五、一五 | 北京陸軍病院 一五、一二、二四 | 歩兵第三二聯隊補充隊 一五、五、一五 | 歩兵第五十四聯隊 一七、一、二六 | 北京陸軍病院 一七、一二、二六 | 近歩第三聯隊補充隊 一九、八、一〇 |
| 本籍（在留地） | 兵庫県有馬郡本庄村須磨田一三七番地 | 福井県丹生郡西安井村北堀第十一号一番地 | 山形県山形市小白川町五四番地 | 長野県北安曇郡中土村五〇一九番地 | 大阪府大阪市港区市岡元町一丁目一番地 | 東京都神田区錦町一丁目一六番地 |
| 留守擔當者 住所 | 大阪府大阪市東区高麗橋五丁目二五番地 | 福井県福井市足羽下町一〇番地 | 群馬県前橋市紺屋町乙四八番地 | 東京都荏原区平塚六丁目一〇三番地 | 大阪府大阪市住吉区田辺本町七丁目七番地 | 新潟県長岡市稽古町一六二三番地 |
| 續柄 | 父 | 父 | 妻 | 父 | 父 | 妻 |
| 氏名 | 酒井幹夫 | 定豊策 | 澤渡俊子 | 齋藤浩 | 三宮一人 | 佐藤萬里 |
| 徴集年 | 昭15 | | | | | |
| 任官年 | 昭15 | 昭15 | 昭15 | 昭17 | 昭17 | 昭10 |
| 役種兵種官等等級俸給發令年月日 | 豫衛生大尉 二〇、四、三〇 中、十、一九 | 豫衛生大尉 二〇、四、二〇 下少、一〇、三一 | 豫医大尉 二〇、四、二〇 十、一〇、四、二〇 | 現醫大尉 二〇、六、一〇 十、一九、三、一〇 | 豫医中尉 一、二〇、四、三〇 十九、三、一 | 豫医少尉 19、9、22 |
| 氏名 | 酒井英之 | 定豊治 | 澤渡岩夫 | 齋藤誠 | 三宮茂人 | 佐藤恒信 |
| 生年月日 | 大三、三、六 | 大四、九、一 | 大五、二、二 | 大六、二、一 | 大六、二、二四 | 明四四、六、七 |
| 留守宅渡ノ有無 | 有 | 有 | 有 | 有 | 有 | 有 |
| 補修年月日 | 20.7.1 晋級 | 20.6.1 晋級 | 20.6.1 晋級 | 20.7.1 官等 | 20.7.1 晋級 | |

廿

73

| | | | | | | | | | | | | |
|---|---|---|---|---|---|---|---|---|---|---|---|---|
| 20、8、29 第百五十一兵站病院転属 | 20、1、31 | 独歩第八一大隊 | 一九、六、一八 | 東京都豊島区西巣鴨一丁目三三四一番地 | 秋田県仙北郡刈和野町愛岩町<br>東京都豊島区日出町一ノ八〇番地 | 姉<br>父 | 中村はる江<br>佐々木専之助 | 昭19 | 現 衛キ一 19.11.18 20.5.18 | 佐々木新四郎 | 大四、一、一三 | 無 | 20.6.30現任 担当者 20.6.1進級 |
| 20、8、29 第一六六兵站病院転属 | 20、1、31 | 独歩第八一大隊 | 一九、二、一八 | 山梨県南巨摩郡下山村仲町二二八二番地 | 長野県岡谷市間下西濱町二三一〇番地 | 母 | 佐野つるよ | 昭19 | 現 衛キ一 19.11.18 20.5.18 | 佐野英一 | 大四、一〇、一 | 無 | 20.6.1進級 |
| 20、5、30 鉄道第八聯隊転属 | 20、1、31 | 独歩第八一大隊 | 一九、二、一八 | 東京都目黒区洗足三一九番地 | 同上 | 父 | 櫻井鏡太郎 | 昭19 | 現 衛キ一 19.11.18 20.5.18 | 櫻井聖 | 大四、五、六 | 無 | 20.6.1進級 |
| 20、8、29 第五十一兵站病院転属 | 20、1、31 | 独歩第八一大隊 | 一九、二、一八 | 東京都本郷区駒込動坂町三一四 | 埼玉県川口市仲町三丁目五五三<br>同上 | 父 | 佐藤文吉 | 昭19 | 現 衛キ一 19.11.18 20.5.18 | 佐藤伸 | 大四、一、二 | 無 | 20.5.31現任 20.6.1進級 |
| 20、8、29 第一六六兵站病院転属 | 20、1、31 | 独歩第八一大隊 | 一九、二、一八 | 山梨県南巨摩郡西嶋村一二五六番地 | 同上 | 従兄 | 佐野正晴 | 昭19 | 現 衛キ一 19.11.18 20.5.18 | 佐野一友 | 大一三、三、二八 | 無 | 20.6.1進級 |
| 20、8、29 第十二軍司令官ノ定ル兵站病院転属 | 20、1、31 | 独歩第八一大隊 | 一九、二、一八 | 東京都渋谷区千駄ヶ谷三ノ五四九 | 同上 | 母 | 佐野さだ | 昭19 | 現 衛キ一 19.11.18 20.5.18 | 佐藤友浣 | 大四、二、四 | 無 | 20.6.1進級 |
| 20、6、1 北支貨物廠転属 | 16、7、20 | 千葉陸軍病院 | 一五、六、一 | 長崎県長崎市袋町二〇番地 | 長崎市片淵町三丁目七六二 酒井浣一方<br>同上 | 父 | 酒井浣一 | 昭5 昭7 | 現 衛准 17、12、31 | 酒井實 | 明四四、一二、二 | 有 | 20.5.30現任 |
| 20、4、10 第十三軍司令部転属 | 18、4、8 | 国府台陸軍病院 | 一八、三、一七 | 東京都北多摩郡三鷹町下連雀四三二番地 | 同上 | 兄 | 坂本辯一 | 昭13 昭15 | 現 衛曹 14、12、31 | 坂本八郎 | 大六、三、一八 | 無 | |

74

# 留守名簿

廿

| 欄外記事 | 編入年月日 | 前所屬及其編入年月日 | 本籍（在留地） | 留守擔當者住所 | 續柄 | 留守擔當者氏名 | 徵集年 | 任官年 | 役種兵種官等級俸竝ニ等給月額發令年月日 | 氏名生年月日 | 留守宅渡ノ有無 | 補修年月日 |
|---|---|---|---|---|---|---|---|---|---|---|---|---|
| 20、8、29 第[illegible]司令官[illegible]病院転属 | 15、3、23 | 菊池部隊 一四、二、八 | 新潟県中蒲原郡小須戸町大字矢代田四一二六 | 同上 | 父 | 坂井政次 | 昭10 | 昭13 | 現 衛 曹長 四、20、3、1 十九、9、30 | 坂井留次 大四、二、一 | 有 | 20.4.4進級 |
| 20、6、4 東北軍管区司令部転属 | 15、9、6 | 野砲兵第八聯隊 一五、八、一 | 山梨県南巨摩郡原村伊沼七五番地 | 山梨県中巨摩郡鏡中條村土橋要馬方 | 母 | 佐野トモ | 昭14 | 昭17 | 豫 衛 軍曹 六、19、12、31 | 佐野友規 大八、六、五 | 無 | |
| 20、8、29 第百五十三兵站病院転属 | 16、1、6 | 歩兵第一四九聯隊 一五、一二、九 | 神奈川県横須賀市大津一一六二番地 | 同上 | 父 | 斎藤庄衛 | 昭15 | 昭18 | 豫 衛 曹長 四、20、8、20 十九、12、1 | 斎藤浩男 大九、三、五 | 無 | |
| 20、8、29 第百五十三兵站病院転属 | 18、12、1 | 保定陸軍病院 一七、五、一 | 栃木県安蘇郡田沼町小見六六八番地 | 同上 | 父 | 斉上安蔵 | 昭16 | 昭18 | 現 衛 軍曹 三、19、12、1 | 斉上勝一 大五、六、八 | 無 | |
| 20、8、29 第百九十四兵站病院転属 | 18、2、10 | 仙台第一陸軍病院 一五、三、一 | 宮城県登米郡佐沼町西館二七番地 | 宮城県登米郡佐沼町的場五七番地 | 父 | 三條常雄 | 昭14 | 昭16 | 現 衛 曹長 三、20、[illegible]、1 十九、9、30 | 三條護 大八、三、三 | 無 | 20.8.1進級 |
| 20、8、24 第十二軍司令官[illegible]転属 | 16、1、6 | 歩兵第一四九聯隊 一五、一二、九 | 東京都浅草区日本堤町一丁目一四 | 東京都城東区亀戸町三ノ七九 | 父 | 佐藤仙三郎 | 昭15 | 昭17 | 現 衛 軍曹 六、19、12、27 | 佐藤九之助 大九、三、一 | 無 | |

75

| | | | | | | | | | | | | |
|---|---|---|---|---|---|---|---|---|---|---|---|---|
| 20、6、4 朝鮮軍司令部転属 | 15、9、6 | 歩兵第五七聯隊 | 一五、八、一 | 千葉県香取郡笹川町須賀山四七三番地 | 同 | 上 | 兄 | 櫻井成雄 | 昭11 昭19 | 19、3、1 豫衛伍 | 櫻井伊助 大五、八、二 | 無 |
| 20、8、29 第百六十一兵站病院転属 | 16、1、6 | 歩兵第四九聯隊 | 一五、一二、九 | 東京都荒川区町屋二丁目一六七番地 | 同 | 上 | 父 | 佐藤定吉 | 昭15 昭19 | 20、8、20 豫衛伍 軍曹 | 佐藤公平 大八、一二、八 | 無 |
| 20、8、29 第百五十三兵站病院転属 | 17、6、24 | 歩兵第一五七聯隊 | 一七、五、二五 | 千葉県千葉市千葉寺町二〇七番地 | 同 | 上 | 妻 | 櫻井智恵 | 昭6 昭18 | 三、20、7、1 豫衛伍 軍曹 | 櫻井幸 明四、一、五 | 無 20、9、1進級 |
| 20、8、29 第百五十三兵站病院転属 | 17、6、24 | 歩兵第一五七聯隊 | 一七、五、二三 | 埼玉県川越市大字脇田七八二番地 | 同 | 上 | 兄 | 榊豊吉 | 昭16 昭19 | 三、20、5、1 豫衛伍 軍曹 | 榊新吉 大九、一二、二〇 | 無 20、8、1進級 |
| 20、8、29 第百五十三兵站病院転属 | 17、6、24 | 歩兵第一五七聯隊 | 一七、五、二三 | 神奈川県横須賀市逸見町五三六番地 | 同 | 上 | 父 | 佐々木惠秀 | 昭9 昭19 | 三、20、8、20 豫衛伍 軍曹 | 佐々木宏 大三、一〇、三 | 無 |
| 20、8、29 第百五十三兵站病院転属 | 18、10、1 | 気球聯隊 | 一八、九、二〇 | 宮城県仙台市白道荒屋敷一五番地 | 同 | 上 | 妻 | 佐藤君子 | 昭 | 二国衛 20、8 | 佐藤新造 大二、二、二三 | 無 |
| 20、8、29 第百五十三兵站病院転属 | 18、10、1 | 気球聯隊 | 一八、九、二〇 | 福島県西白河郡釜子村大字栃本字大青内一七 | 福島県西白河郡釜子村大字釜子字北町一五〇 | 上 | 妻 | 齋須キク | | 二国衛 20、8 | 齋須信夫 明四二、一二、一五 | 無 |
| 20、8、29 第五十三兵站病院転属 | 18、10、1 | 気球聯隊 | 一八、九、二〇 | 福島県西白河郡川西村大字長井字花畑二二八 | 同 | 上 | 父 | 佐藤平一 | 昭10 | 二国衛 20、8 | 佐藤平 大四、二、二四 | 無 |

76

# 留守名簿

| 記事 | 編入年月日 | 前所屬及其編入年月日 | 本籍（在留地） | 留守擔當者 住所 | 續柄 | 氏名 | 徴集年 任官年 | 役種兵種官等級並ニ等級俸月給額發令年月日 | 氏名 生年月日 | 留守宅渡ノ有無 | 補修年月日 |
|---|---|---|---|---|---|---|---|---|---|---|---|
| 20、8、29第十二軍司令官達 台兵站病院 戰傷 | 19、6、24 | 歩兵第一五七聯隊 一七、五、二五 | 神奈川縣横濱市港北區北石川町四四六番地 | 同上 | 父 | 酒井源藏 | 昭9 | 豫衛長 19、12、1 | 酒井信久 大三、三、二四 | 無 | |
| 同右 | 19、6、24 | 歩兵第一五七聯隊 一七、五、二五 | 神奈川縣横濱市中區石川町五丁目二一三番地 | 同上 | 父 | 齋藤廣吉 | 昭16 | 予衛伍 補衛長 20、3、1 | 斉藤利雄 大九、九、二 | 無 | 20.4.4進級 |
| 同右 | 19、6、24 | 歩兵第一五七聯隊 一七、五、二五 | 東京都目黒區平町五五番地 | 東京都目黒區上目黒二丁目一九二中村方 | 父 | 坂元豊吉 | 昭15 | 一補衛生長 20 | 坂元憲明 大九、八、六 | 無 | |
| 20、8、29 第百五十三兵站病院附属 | 18、4、8 | 野戦重砲兵第一聯隊 一八、三、二 | 東京都板橋區練馬南町一ノ三四四 | 同上 | 父 | 佐藤安三郎 | 昭16 | 予衛伍 補衛長 20、4、1 20、8、15 | 佐藤用榮 大六、八、一九 | 無 | 20.5.30進級 |
| 20、8、29第十二軍司令官達 台兵站病院 戰傷 | 18、6、14 | 氣球聯隊 一八、六、一 | 東京都本所區平川橋五ノ五ノ二 | 同上 | 兄 | 佐藤三郎 | 昭15 | 一補衛生長 20 | 佐藤安吉 大九、九、四 | 無 | |
| 20、8、29 第百九十四兵站病院附属 | 18、10、1 | 氣球聯隊 一八、九、二〇 | 東京都世田谷區代田町二丁目七九二 | 同上 | 父 | 斉田常吉 | 昭10 | 二補衛生長 20 | 斉田國次 大四、四、二〇 | 無 | |

廿

77

| | | | | | | | | | | |
|---|---|---|---|---|---|---|---|---|---|---|
| 20、8、29 第百九十四兵站病院戦病死 | 15、9、6 | 野戦重砲兵第十七聯隊 一五、八、一 | 埼玉県南埼玉郡慈恩寺村大字蔵室五七七番地 | 同上 | 母 | 斎藤はま子 | 1822 14 | 二 補衛 18、8、1 20、8、20 兵長 | 斎藤富三 大八、四、一九 | 無 |
| 20、8、29 第十三軍司令官ノ認定 第六兵站病院戦病死 | 16、1、6 | 歩兵第四九聯隊 一五、一二、九 | 神奈川県津久井郡牧野村一四五三番地 | 同上 | 父 | 佐藤喜衛 | 1822 5 | 一 補衛 18、8、1 20、8、20 兵長 | 佐藤茂作 大九、五、八 | 無 |
| 同右 | 15、9、6 | 野戦重砲兵第十七聯隊 一五、八、一 | 東京都葛飾区水元猿町二二五七番地 | 同上 | 父 | 坂本甚蔵 | 1822 14 | 予 補衛 18、8、1 20、8、20 衛伍 | 坂本金一 大八、八、二 | 無 |
| 20、8、29 第二十六兵站病院戦病死 | 18、10、1 | 気球聯隊 一八、九、二〇 | 東京都本郷区湯島新花町三三番地 | 富山県富山市田刈屋町九一 古川義信方 | 妻 | 佐奈敏江 | 1822 11 | 二 補衛 19、20、8、20 上 | 佐奈平六 大五、八、二〇 | 無 20、8、1現住 |
| 20、8、29 第十三軍司令官ノ認定 第六兵站病院戦病死 | 18、10、1 | 気球聯隊 一八、九、二〇 | 東京都浅草区北清島町一一番地 | 同上 | 妻 | 坂井恒子 | 1822 11 | 二 補衛 19、20、8、20 上 | 坂井正雄 大五、七、二四 | 無 |
| 20、8、29 第百九十四兵站病院 | 16、1、6 | 歩兵第四九聯隊 一五、一二、九 | 山梨県北巨摩郡若神子村穴平一一五〇番地 | 同上 | 父 | 坂本治重 | 1822 15 | 二 補衛 17、12、1 20、3、1 兵長 | 坂本治男 大九、三、一〇 | 無 20、4、4転籍 |
| 20、8、29 第百九十四兵站病院 | 16、1、6 | 歩兵第四九聯隊 一五、一二、九 | 東京都瀧野川区瀧野川町一一六四八番地 | 東京都板橋区徳丸町五四九 東京都板橋区根ノ木 | 父 | 里見誠造 | 1822 15 | 一 補衛 18、6、9 20、8、20 兵長 | 里見登 大九、八、五 | 無 20、7、15現住 |
| 20、8、29 第百九十四兵站病院 | 16、1、6 | 歩兵第四九聯隊 一五、一二、九 | 東京都下谷区谷中真島町一二番地 | 同上 | 父 | 坂本藤吉 | 1822 15 | 一 補衛 18、12、9 20、8、20 兵長 | 坂本一治 大九、三、二六 | 無 |

78

# 留守名簿

| | 1 | 2 | 3 | 4 | 5 | 6 |
|---|---|---|---|---|---|---|
| （上欄） | 20、8、29 第百八十七兵站病院転属 | 20、8、29 第百九十四兵站病院転属 | 20、8、29 第百五十二兵站病院転属 | 20、8、29 第百五十一兵站病院転属 | 20、8、29 第百九十四兵站病院転属 | 20、8、24 第百五十一兵站病院転属 |
| 編入年月日 | 18、10、1 | 20、1、31 | 20、1、31 | 20、1、31 | 20、1、31 | 20、1、31 |
| 前所属及其編入年月日 | 気球聯隊 一八、九、二〇 | 独歩第八一大隊 一九、二、一八 | 独歩第八一大隊 一九、二、一八 | 独歩第八一大隊 一九、二、一八 | 独歩第八一大隊 一九、二、一八 | 独歩第八一大隊 一九、二、一八 |
| 本籍（在留地） | 宮城県柴田郡金ケ瀬村 大字平字町七九番地 | 埼玉県入間郡所沢町 大字北中四六六番地 | 千葉県君津郡環村 字志駒二九六番地 | 東京都本郷区菊坂町 三〇番地 | 東京都麹町区麹町四丁目 一ノ二 | 山梨県南都留郡谷村町 下谷一五七四番地 |
| 留守担当者 住所 | 同上 | 同上 | 同上 | 同上 | 埼玉県浦和市高砂町二ノ一九〇 栗原徳蔵方 / 東京都麹町区麹町十丁目 | 山梨県甲府市水門町一大大和製内 / 東京都品川区大井森下町一九六番地 |
| 留守担当者 続柄氏名 | 父 佐藤昌之 | 父 指田忠八 | 父 笹生延太郎 | 父 佐藤恭三郎 | 母 澤江美智子 | 母 佐藤よし |
| 徴集年 任官年 | 昭9 | 昭19 | 昭19 | 昭19 | 昭19 | 昭19 |
| 役種兵種官等級 発令年月日 | 二國 衛 兵長 伍 20、8、20 | 現 衛 十一 伍 20、5、18 | 現 衛 十一 伍 20、5、18 | 現 衛 十一 伍 20、5、18 | 現 衛 十一 伍 20、5、18 | 現 衛 十一 伍 20、5、18 |
| 氏名 生年月日 | 佐藤慶吾 大三、二、二四 | 指田伊助 大三、九、二五 | ~~佐藤忠雄~~ 笹生勇 大四、三、二九 | 佐藤忠雄 大四、六、一九 | 澤江恒明 大四、三、二 | 佐藤忠利 大四、六、九 |
| 留守宅渡ノ有無 | 無 | 無 | 無 | 無 | 無 | 無 |
| 補修年月日 | | 20.6.1進級 | 20.6.1進級 | 20.6.1進級 | 20.6.1進級 | 20.5.30現任 20.6.1進級 |

廿

79

| | | | | | | | | |
|---|---|---|---|---|---|---|---|---|
| 20、8、29 第百五十二兵站病院所属 | 20、8、29 第百五十一兵站病院所属 | 20、8、29 兵站病院転属 第一六六 | 20、8、29 第十三軍司令官直轄 第六兵站病院転属 | 20、8、29 第百九十四兵站病院所属 | 20、8、29 第百二十兵站病院所属 | 20、8、29 第百五十一兵站病院所属 | 20、7、29 第百五十五兵站病院所属 | |
| 20、1、31 | 20、1、31 | 20、1、31 | 20、1、31 | 20、1、31 | 16、1、6 | 18、10、1 | 18、10、1 | |
| 独歩第八一大隊 一九、二、八 | 独歩第八一大隊 一九、二、八 | 独歩第八一大隊 一九、一一、一八 | 独歩第八一大隊 一九、二、八 | 独歩第八一大隊 一九、二、八 | 歩兵第四九聯隊 一五、五、九 | 気球聯隊 一八、九、二〇 | 気球聯隊 一八、九、二〇 | |
| 千葉県市原郡白鳥村朝生原一六九番地 | 東京都葛飾区高砂町一四二一番地 | 東京都京橋区月島通八ノ一 | 東京都本郷区駒込千駄木町一五二番地 | 山梨県東山梨郡東雲村小佐手一一二四 | 東京都足立区千住大川町一六五番地 | 長野県小県郡長村三三五ノイ號 | 宮城県玉造郡西大崎村南沢字中田一〇六番地 | |
| 同上 | 東京都葛飾区高砂町一六五五番地 | 同上 | 東京都中野区桃園町七 東京都荒川区日暮里町九丁目一五五番地 | 山梨県東山梨郡奥野田村中牛 | 福島県田村郡御木沢村平沢 伊藤方 東京都足立区千住十丁目五四 | 同上 | 群馬県吾妻郡草津町大字谷所九一番地 | |
| 父 佐川英作 明19 | 父 佐藤儀蔵 明19 | 父 斎藤吉三郎 明19 | 父 斎藤衛太郎 明19 | 父 三枝忠作 明19 | 父 佐藤保 明15 | 父 坂口澤五郎 明14 | 妻 佐々木葉子 明10 | |
| 現 衛十一 19.11.18 20.5.18 | 現 衛十一 19.11.18 20.5.18 | 現 衛十一 19.11.18 20.5.18 | 現 衛十一 19.11.18 20.5.18 | 現 衛十一 19.11.17 20.5.17 | 一補 衛上長 19.12.9 20.3.1 | 二国 衛上長 19.9.1 20.20 | 二国 衛卄上 19.8.8 20.20 | |
| 佐川富蔵 大四、六、四 | 佐藤吉夫 大四、七、一五 | 斎藤信雄 大四、八、三 | 斎藤泰磨 大四、七、二六 | 三枝和夫 大四、六、一 | 佐藤倩三 大九、三、三 | 坂口佐次郎 大八、六、一 | 佐々木重蔵 大四、五、八 | |
| 無 | 無 | 無 | 無 | 無 | 無 | 無 | 無 | |
| 20.6.1 進級 | 20.6.1 進級 | 20.6.1 進級 | 20.6.1 進級 20.7.1 現住 | 20.6.1 進級 20.5.30 現住 | 20.4.4 進級 20.5.30 現住 | | | |

80

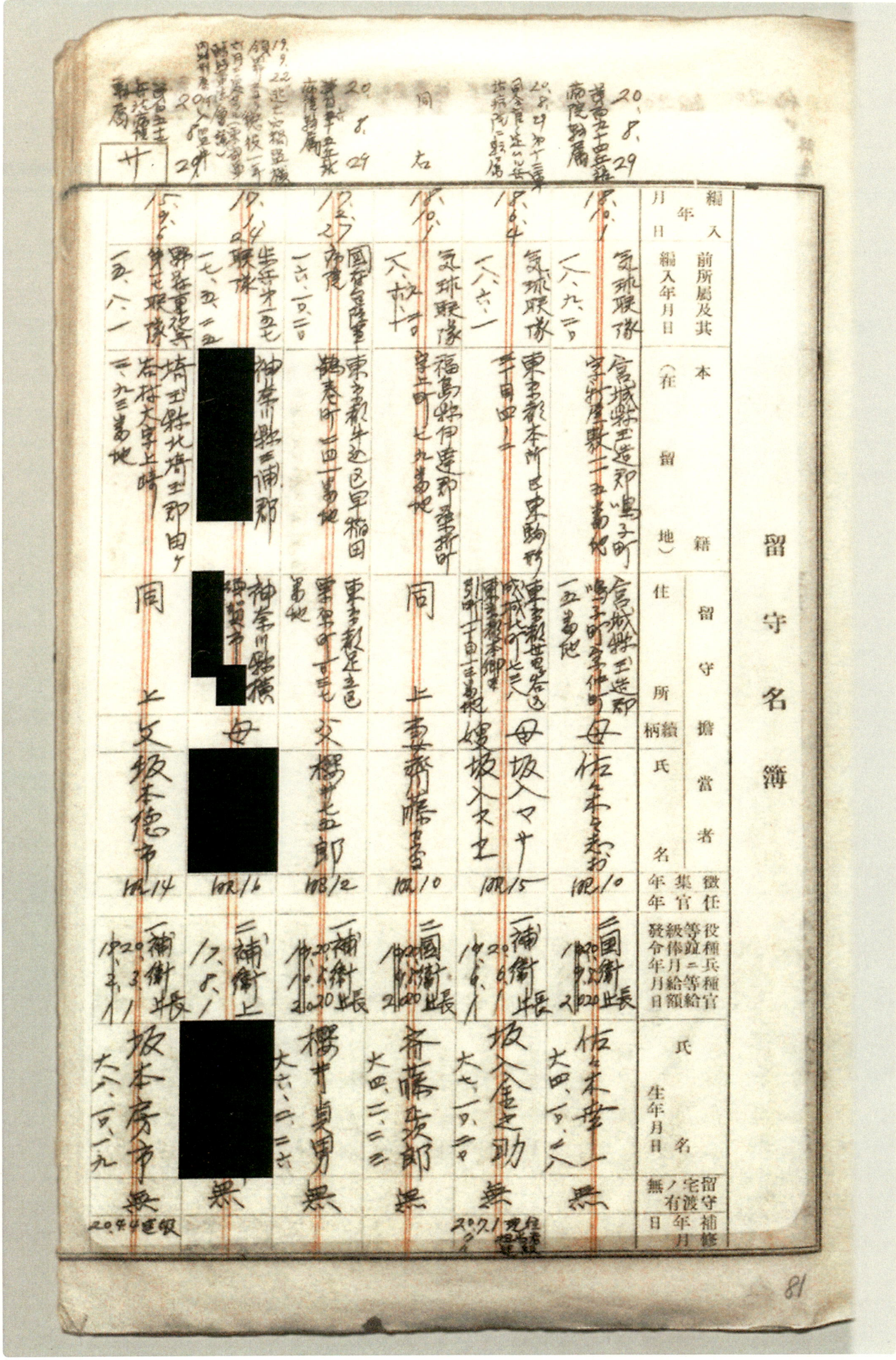

# 留守名簿

| 編入年月日 | 編入前所属及其編入年月日 | 本籍（在留地） | 留守担当者 住所 | 続柄 | 氏名 | 徴集任官年 | 役種兵種官等級俸給月額 発令年月日 | 氏名 生年月日 | 留守宅渡有無 | 補修年月日 |
|---|---|---|---|---|---|---|---|---|---|---|
| 18.10.1 | 気球聯隊 一八、九、二〇 | 宮城県玉造郡鳴子町字新屋敷二十五番地 | 宮城県玉造郡鳴子町字仲町一五番地 | 母 | 佐々木[illegible] | 昭10 | 二国衛上長 昭20.2.20 | 佐々木[illegible]一 大四、一〇、八 | 無 | |
| 18.6.4 | 気球聯隊 一八、六、一 | 東京都本所区東駒形二丁目四ノ二 | 東京都世田谷区成城町七〇八 東京都本郷区[illegible]町十[illegible]番地 | 母 嫂 | 坂入マサ 坂入[illegible] | 昭15 | 一補衛上長 昭20.6.1 | 坂入金之助 大七、一〇、二〇 | 無 | 22.7.1 現住所[illegible] |
| 18.10.1 | 気球聯隊 一八、十、十 | 福島県伊達郡梁川町字上町七九番地 | 同 | 妻 | 斉藤[illegible] | 昭10 | 二国衛上長 昭20.2.20 | 斉藤[illegible]郎 大四、二、二三 | 無 | |
| 17.2.27 | 国府台陸軍病院 一六、一〇、二〇 | 東京都牛込区早稲田鶴巻町一四一番地 | 東京都足立区[illegible]町一一〇七番地 | 父 | 櫻井七五郎 | 昭12 | 一補衛上長 昭20.2.20 | 櫻井貞男 大六、二、二六 | 無 | |
| 19.1.14 | [illegible]聯隊 一七、五、二五 | 神奈川県三浦郡[redacted] | 神奈川県横須賀市[redacted] | 母 | [redacted] | 昭16 | 二補衛上 17.8.1 | [redacted] | 無 | |
| 15.9.6 | 野砲兵第[illegible]聯隊 一五、八、一 | 埼玉県北埼玉郡田ヶ谷村大字上崎一九三番地 | 同 | 父 | 坂本徳市 | 昭14 | 一補衛上長 昭20.3.11 | 坂本房市 大八、一〇、一九 | 無 | 20.4.4 進級 |

81

九五

| | | | | | | | |
|---|---|---|---|---|---|---|---|
| 20、8、29 栄第三十四兵站病院 復員 | 20、8、29 第二方面軍司令部 ... 病院 | 20、8、29 栄第三十四兵站病院 復員 | 20、8、29 栄第三十三兵站病院 | 20、8、29 栄第 ... 兵站病院 | 解 20、3、15 | 解 20、8、20 | 依願免 20、6、11 解雇 |
| 15、9、6 | 18、10、1 | 17、6、24 | 19、3、1 | 20、1、31 | 17、6、6 | 19、12、5 | 18、6、6 |
| [redacted] | 気球聯隊 一八、九、二〇 | 歩兵第一五七聯隊 七、五、二五 | 独歩第五大隊 一九、一二、三 | 独歩第八一大隊 一九、一二、一八 | | | |
| 神奈川県横浜市磯子区西根岸坂下町四十番地 | 宮城県石巻市石巻本町 ... 番地 | 埼玉県児玉郡七本木村大字 ... 四九二 | 山梨県南都留郡秋山村三九四番地 | 千葉県君津郡 ... 村 ... 一三三番地 | 福島県伊達郡東湯野村字中屋敷二番地 | 新潟県北蒲原郡安田村大字保田一八二六番地 | 京都府京都市東山区 ... 通松原上ル 五丁目 月見町八番地 |
| 同 上 | 長野県 ... 郡大門村大門 小野沢虎雄方 | 同 上 | 同 上 | 同 上 | 中華民国北京市内一区南長街 ... 一三 | 同 上 | 京都府京都市祇園町南側五五七番地 |
| 妻 佐藤トヤ 昭9 | 妻 佐藤トメ子 昭8 義兄 小野澤武平 | 父 坂本榮作 昭11 | 父 佐藤信義 昭13 | 父 斉藤秋藏 昭14 | 妻 佐藤秀子 | 祖母 佐藤ミチ | 兄 佐々木利之助 |
| 一衛 ... 長 | 二国衛 伍長 | 19、8、1 衛生伍長 | 現 衛 ... 上 | 現 衛 ... 20、5、18 | 技術雇員 19、6、30 | 調理指導員 19、12、5 | 事務員 20、3、1 |
| 佐藤重依 大三、六、六 | 佐藤政資 大一、四、六 | 坂本瓷秋 大五、九、四 | 佐藤宣博 大六、三、一 | 斉藤芳太郎 大四、七、三〇 | 佐藤次郎 明三一、四、一六 | 佐藤富瀬 大八、二、一五 | 佐々木久子 大二、一、二七 |
| 無 | 無 | 無 | 無 | 無 | 無 | 無 | 有 |
| | 20.6.1 担当者 20.7.23 現任 | | | 20.6.1 進級 | | | 20.4.4 進級 |

82

廿

| | | | | |
|---|---|---|---|---|
| （上欄記入） | 解 20、3、20 雇 | 20、8、29 英第九六五兵 北方虎頭 所属 | 20、8、29 第六二二兵 北方虎頭 所属 | 20、8、29 第九六五兵 北方虎頭 所属 |
| 編入年月日 | 15、3、23 | 16、4、2 | 19、4、27 | 15、12、26 |
| 前所属及其編入年月日 | 西村(正)部隊 一三、九、二七 | 菊地部隊 一五、三、一三 | | |
| 本籍（在留地） | 岩手県宮古市大字田代第一〇地割三九番地 | 秋田県平鹿郡八澤木村大字猿田 三三五 | 大阪府北区管原町 一二番地 | 京都市右京区花園扇野町三九番地 |
| 留守擔當者 住所 | 同 | 同 | 同 | 京都市上京区大将軍東鷹司町中堂後三口番地 |
| 留守擔當者 續柄 | 上兄 | 上父 | 上母 | 母 |
| 留守擔當者 氏名 | 佐々木利平 | 佐々木長太郎 | 澤ヨシ | 才木はる子 |
| 徵集年 任官年 | | | | |
| 役種兵種官等竝ニ等給級俸月給額發令年月日 | 自操縦者 19、9、10 七三円 | 自操縦者 20、8、20 七四円 20、3、31 六九円 19、9、30 六六円 | 自操縦者 20、4、20 六三円 20、3、31 五八円 19、10、1 五五円 | 自操縦者 20、8、20 七四円 20、3、31 六九円 19、9、30 六六円 |
| 氏名 生年月日 | 佐々木喜三郎 明四一、一、二 | 佐々木長助 大三、三、一〇 | 澤隆一 大八、三、八 | 才木四郎 大六、三、一九 |
| 留守宅渡ノ有無 | 無 | 無 | 無 | 無 |
| 補修年月日 | | 20、4、4 20、1、20 | 20、4、4 20、1、20 | 20、4、4 20、1、20 |

83

# 留守名簿

シ

| 欄外記事 | 編入年月日 | 前所属及其編入年月日 | 本籍（在留地） | 留守担当者住所 | 続柄 | 留守担当者氏名 | 徴集年 | 任官年 | 役種兵種官等級並ニ等級俸月給額発令年月日 | 氏名 生年月日 | 留守宅渡ノ有無 | 補修年月日 |
|---|---|---|---|---|---|---|---|---|---|---|---|---|
| 20、8、29退官 | 15、9、20 | 関東軍[redacted]部隊 一三、三、一〇 | 京都府京都市左京区北白川下池田町九六番地 | 同上 | 妻 | 篠田花子 | | 昭13 | 陸軍技師（高三） 三、19、9、30 | 篠田統 明三二、九、二一 | 有 | |
| 20、1、29 気球聯隊転属 | 15、3、23 | 菊池部隊[redacted] | 和歌山県東牟婁郡三尾川村大川四四七番地 | 同上 | 父 | 下村三藏 | 大15 | 昭17 | 豫衛中尉 | 下村辰一 | 有 | |
| 20、8、29 第十九兵站病院転属 | 15、3、23 | [redacted]菊地部隊 一四、二、八 | 秋田県秋田市長野下新町南横町七番地 | 同上 | 妻 | 進藤京子 | 昭6 | 昭19 | 豫衛少尉 18、10、14 | 進藤鉄雄 明四五、一、二五 | 有 | |
| 20、4、10 第四三軍司令部転属 | 15、3、23 | [redacted]池井部隊 一三、九、二七 | 島根県出雲市大字東林木二二三番地 | 同上 | 妻 | 新宮清子 | 昭10 | 昭13 | 現衛准 四、19、12、1 | 新宮信夫 大四、五、一六 | 有 | |
| 20、8、29 第一五一兵站病院転属 | 19、1、31 | 北支那通信教育隊材料廠 一六、一、三一 | 福岡県田川郡赤池町大字上野四二八ノ一 | 福岡県田川郡赤池町大字九和町一二八ノ一 | 母 | 柴田ツネ | 昭11 | 昭14 | 現技曹准 十四、20、8、1 [illegible] | 柴田良三郎 大八、三、三 | 有 | 20、7、1等級 20、8、1官等 |
| 20、8、29 第十二[illegible]軍司令部 [illegible]兵站病院転属 | 15、3、23 | 菊池部隊[redacted] 一四、二、八 | 鹿児島県川内市天辰町一一〇三番地 | 同上 | 父 | 下西小次郎 | 昭11 | 昭13 | 現衛曹准 四、20、8、1 [illegible] | 下西行雄 大五、一、二二 | 有 | 20、8、1等級 |

84

| | | | | | | | | | | | |
|---|---|---|---|---|---|---|---|---|---|---|---|
| 20、5、30 鉄道第一八聯隊轉属 | 18、10、1 | 氣球聯隊 一八、九、二〇 | 富山縣西礪波郡石黒村和泉一四一二番地 | 同上 | 父 | 清水浅次郎 | 昭6 | 二補衛一 19、3、20 | 清水藤藏 明四四、九、三 | 無 | |
| 20、8、29 第一六一兵站病院轉属 | 18、6、14 | 氣球聯隊 一八、六、一 | 埼玉縣北足立郡土合村大字関一〇八番地ノ一 | 同上 | 妻 | 新藤よし | 昭12 | 豫衛伍 20、6、1 十補衛長 中.中. | 新藤忠一 大六、一、二六 | 無 | 20.7.1進級 |
| 20、8、29 第一五三兵站病院轉属 | 18、4、8 | 野戦重砲第八聯隊 一八、三、二一 | 神奈川縣横濱市戸塚区瀬谷町八〇一六番地 | 神奈川縣横濱市磯子区原町七七番地 | 姉 | 廣谷千代子 | 昭16 | 豫衛伍 十補衛長 [illegible] | 島森清 大九、三、八 | 無 | 20.4.5進級 |
| 20、8、29 第十七運司令部逆 [illegible]兵站病院轉属 | 16、1、6 | 歩兵第一四九聯隊 一五、一二、九 | 山梨縣北巨摩郡秋田村大八田三四五ノ一 | 同上 | 父 | 清水穂積 | 昭15 | 一補衛長 20、3、1 十補衛上 中.中. | 清水熙 大八、一二、二二 | 無 | 20.4.5進級 |
| 同右 | 17、6、24 | 歩兵第一五七聯隊 一七、五、二五 | 山梨縣東八代郡相興村南野呂五三四番地 | 同上 | 兄 | 白澤嘉穂 | 昭9 | 豫衛長 18、5、25 | 白澤政直 大三、八、二〇 | 無 | |
| 20、8、29 第一九四兵站病院轉属 | 19、3、1 | 獨歩第五六大隊 一八、一二、一二 | 山梨縣南都留郡谷村町法能二三三二番地 | 同上 | 養母 | 志村ちよ | 昭18 | 現衛十上 20、4、30 19.6.14 | 志村勉 大一二、七、一〇 | 無 | 20.5.30進級 |
| 20、8、29 第一九四兵站病院轉属 | 18、4、8 | 歩兵第二九聯隊補充隊 一六、一〇、一七 | 福島縣岩瀬郡須賀川町大字須賀川字長録寺西一 | 同上 | 父 | 柴四郎 | 昭12 昭14 | 現衛曹 二、18、10、31 | 柴光雄 大九、一、一八 | 有 | |
| 20、8、29 第一五一兵站病院轉属 | 15、10、14 | 鳥取 | 大阪府大阪市東成区猪飼野大通二丁目三四番地 | 岡山縣岡山市瀬尾町七四番地 | 義父 | 田村松治 | 昭15 | 陸軍技手 三、20、3、31 中19、3、31 | 塩谷榮一 明四二、二、一 | 無 | 20.4.5級俸 |

85

留守名簿

| 備考 | 編入年月日 | 前所属及其編入年月日 | 本籍（在留地） | 留守擔當者 住所 | 續柄 | 留守擔當者 氏名 | 徵集年 | 任官年 | 役種兵種官等級俸給額發令年月日 | 氏名 生年月日 | 留守宅渡ノ有無 | 補修年月日 |
|---|---|---|---|---|---|---|---|---|---|---|---|---|
| 20、8、29第一五一兵站病院轉屬 | 18、11、15 | 獨立第六四大隊 一六、七、二八 | 兵庫縣佐用郡平福町平福四五〇番地 | 同上 | 父 | 俊藤佐市 | 昭14 | 昭17 | 現 主計軍曹 二〇、六、三〇（十八、十二、三一） | 俊藤恭二 大八、三、一 | 有 | 20.4.5 級俸 20.6.30 〃 |
| 20、8、29第一五五兵站病院轉屬 | 17、6、24 | 歩兵第一五七聯隊 一七、五、二五 | 神奈川縣横須賀市長浦一一九四番地 | 同上 | 父 | 白鳥潤助 | 昭9 | 昭12 | 豫 衛生軍曹 二〇、三、一（十八、八、一） | 白鳥俊滿 大二、八、一九 | 無 | 20.4.5 進級 |
| 20、8、29第十二軍司令官ノ定ムル兵站病院轉屬 | 17、6、24 | 歩兵第一五七聯隊 一七、五、二五 | 神奈川縣川崎市末長七九三番地 | 神奈川縣川崎市末長七九三 澁谷五郎方 東京都赤坂区青山南町一丁目十五 小牧章雄方 | 妻 | 澁谷濱子 | 昭9 | 昭18 | 豫 衛生軍曹 三、20、3、1（18、8、1） | 澁谷猛次郎 大三、九、二五 | 有 | 20.4.5 進級 20.7.1 現住 |
| 20、6、4朝鮮軍[redacted]司令部轉屬 | 15、9、6 | 歩兵第一五七聯隊 一五、八、一 | 千葉縣山武郡二川村芝山一一二二ノ二 | 同上 | 妻 | 島田花子 | 昭11 | 昭19 | 豫 衛生伍長 19、3、1 | 島田辰司 大五、一、三〇 | 有 | |
| 20、8、29第一六六兵站病院轉屬 | 18、4、8 | 野戰重砲兵第八聯隊 一八、三、二〇 | 東京都大森区雪ヶ谷四五九番地ノ二 | 同上 | 妻 | 志澤綾子 | 昭13 | 昭19 | 豫 衛生伍長 軍曹 二、20、8、20（18、12、1） | 志澤正之 大七、六、一〇 | 無 | |
| 20、8、1第二野戰鉄道司令部轉屬 シ | 18、10、1 | 氣球聯隊 一八、三、二〇 | 山梨縣東八代郡柏村上曽根五六八番地 | 同上 | 兄 | 志村泉造 | 昭15 | | 二補 衛一 19、3、20 | 志村吉平 大九、四、二五 | 無 | |

86

| 転属 | 日付 | 部隊 | 本籍 | 住所 | | 続柄 | 氏名 | | 役種・兵種・官等 | 氏名・生年月日 | | 進級 |
|---|---|---|---|---|---|---|---|---|---|---|---|---|
| 20.8.29第一五二兵站病院転属 | 18.5.20 | 独立歩兵第七八大隊 一八、二、一 | 東京都板橋区下赤塚町一七三九番地 | 同 | 上 | 父 | 篠崎儀三郎 | 昭17 | 現 衛 上 20.8.1 | 篠崎皖己《カンジ》 大一一、五、二一 | 無 | 20.8.1進級 |
| 20.8.29第一六五兵站病院転属 | 19.3.1 | 独立歩兵第五大隊 一八、一二、一三 | 山梨県中巨摩郡昭和村紙漉阿原一七一〇番地 | 同 | 上 | 父 | 塩田信吉 | 昭18 | 現 衛 廿上 20.8.20 | 塩田佐《スケ》之《ユキ》 大一三、三、一七 | 無 | |
| 20.8.29第一五一兵站病院転属 | 15.9.6 | 野戦重砲兵第六聯隊 一五、八、一 | 山梨県北巨摩郡大泉村字西井出二四三一番地 | 同 | 上 | 兄 | 進藤光雄 | 昭14 | 一補 衛 斗兵 20.3.1 | 進藤温雄《ハルヲ》 大八、一、二二 | 無 | 20.4.5進級 |
| 20.8.29第一六一兵站病院転属 | 20.1.31 | 独歩第八一大隊 一九、二、一八 | 埼玉県北葛飾郡早稲田村大広戸一〇五六番地 | 同 | 上 | 祖父 | 篠田鹿次郎 | 昭19 | 現 衛キ一 20.5.18 | 篠田謙次郎 大一三、四、一二 | 無 | 20.6.1進級 |
| 20.8.29第一五一兵站病院転属 | 20.1.31 | 独歩第八一大隊 一九、二、一八 | 埼玉県北葛飾郡吉田村大字下宇和田三八番地 | 同 | 上 | 父 | 茂田眞之 | 昭19 | 現 衛キ一 20.5.18 | 茂田榮市 大一三、四、一六 | 無 | 20.6.1進級 |
| 20.8.29第一五二兵站病院転属 | 20.1.31 | 独歩第八一大隊 一九、二、一八 | 埼玉県入間郡所沢町大字所沢八六九番地 | 同 | 上 | 父 | 清水半三郎 | 昭19 | 現 衛キ一 20.5.18 | 清水専一 大一四、八、一五 | 無 | 20.6.1進級 |
| 20.8.29第一五二兵站病院転属 | 20.1.31 | 独歩第八一大隊 一九、二、一八 | 千葉県山武郡東金町田間一六六五番地 | 同 | 上 | 父 | 眞行寺御代司 | 昭19 | 現 衛キ一 20.5.18 | 眞行寺新一郎 大一四、二、一五 | 無 | 20.6.1進級 |
| 20.8.29第一六五兵站病院転属 | 20.1.31 | 独歩第八一大隊 一九、二、一八 | 東京都四谷区南元町一二番地ノ三 | 東京都四谷区南元町一二ノ二 | | 父 | 篠田己之助 | 昭19 | 現 衛キ一 20.5.18 | 篠田榮次郎 大一四、一、二七 | 無 | 20.6.1進級 |

87

# 留守名簿

| 転属 | 編入年月日 | 前所属及其編入年月日 | 本籍（在留地） | 留守担当者 住所 | 続柄 | 氏名 | 徴集年 任官年 | 役種兵種官等級俸月額等給立等ニ発令年月日 | 氏名 生年月日 | 留守宅ノ有無 | 補修年月日 |
|---|---|---|---|---|---|---|---|---|---|---|---|
| 20、8、29第一六〇兵站病院転属 | 20、1、31 | 独立歩兵第八一大隊 一九、一二、一八 | 山梨県八代郡境川村寺尾方二六五番地 | 同上 | 父 | 清水泉 | 昭19 | 現衛生一 20、5、18 ~~19、11、18~~ | 清水洋 大一四、九、三〇 | 無 | 20.6.1進級 |
| 20、8、29第一六〇兵站病院転属 | 18、5、20 | 独立歩兵第七八大隊 一八、三、一 | 東京都板橋区志村長後町一ノ六一番地 | 同上 | 父 | 志賀行直 | 昭17 | 現衛上長 20、8、20 ~~19、8、1~~ | 志賀一雄 大一一、六、三 | 無 | |
| 20、8、29第一六〇兵站病院転属 | 20、1、31 | 独立歩兵第八一大隊 一九、一二、一八 | 千葉県君津郡中村中島二二九番地 | 同上 | 兄 | 白駒武 | 昭19 | 現衛生一 20、5、18 ~~19、11、18~~ | 白駒茂 大一四、一、一三 | 無 | 20.6.1進級 |
| 20、8、29第一六〇兵站病院転属 | 20、1、31 | 独立歩兵第八一大隊 一九、一二、一八 | 山梨県甲府市伊勢町一四四四番地 | 同上 | 父 | 志村房吉 | 昭19 | 現衛生一 20、5、18 ~~19、11、18~~ | 志村正次 大一四、六、二六 | 無 | 20.6.1進級 |
| 20、8、29第一五三兵站病院転属 | 20、1、31 | 独立歩兵第八一大隊 一九、一二、一八 | 東京都豊島区西巣鴨二丁目二五三二番地 | 東京都豊島区巣鴨六丁目一三三四番地 | 父 | 柴田琢 | 昭19 | 現衛生一 20、5、18 ~~19、11、18~~ | 柴田勝美 大四、一二、六 | 無 | 20.6.1進級 |
| 20、8、29第一五三兵站病院転属 シ | 20、1、31 | 独立歩兵第八一大隊 一九、一二、一八 | 山梨県南巨摩郡増穂村小林一八七八番地 | 同上 | 父 | 志村房太郎 | 昭19 | 現衛生一 20、5、18 ~~19、11、18~~ | 志村久 大一二、一二、四 | 無 | 20.6.1進級 |

88

| 備考 | 年月日 | 部隊 | 本籍 | 留守宅 | 続柄 | 氏名 | 昭 | 身分 | 氏名・生年月日 | 有無 | 昇給・進級 |
|---|---|---|---|---|---|---|---|---|---|---|---|
| 20、8、29第五一兵站病院轉屬 | 20、1、31 | 獨立歩兵第八一大隊 一九、一一、一八 | 東京都浅草区雷門二丁目九番地 | 東京都杉並区荻窪町四丁目五五番地 | 父 | 芝山重 | 昭19 | 現衛キ一 小(?)20、5、18 | 芝山秀郎 大一三、一〇、一八 | 無 | 20.6.1進級 |
| 20、8、29第一五二兵站病院轉屬 | 17、6、24 | 歩兵第一五七聯隊 一七、五、二五 | 神奈川縣高座郡相模原町下溝二三〇六番地 | 同 上 | 父 | 白井繁三 | 昭16 | 豫衛伍 十補衛長 20、3、1 | 白井孝司 大一〇、二、二六 | 無 | 20.4.5進級 |
| 20、8、29第十三軍司令[illegible]轉屬 | 18、10、1 | 氣球聯隊 一八、九、二〇 | 山梨縣東山梨郡神金村上萩原二六八番地 | 同 上 | 父 | 志村德登 | 昭15 | 二補衛 20、8、20 上 | 志村儀長 大八、一二、一四 | 無 | |
| 20、6、1解傭 | 19、2、11 | | 富山縣上新川郡熊野村陀羅尼寺二三八番地 | 同 上 | 實弟 | 清水健治 | | 女子雜仕 20、3、31 | 清水ハル 明三〇、六、二〇 | 無 | 20.4.5昇給 |
| 20、3、31解傭 | 18、11、1 | | 靜岡縣靜岡市古庄一五番地 | 同 上 | 父 | 白井賢作 | | 電話手 19、9、30 | 白井[illegible]子 大一五、九、一二 | 有 | |
| 20、8、29第一五一兵站病院轉屬 | 15、3、23 | 菊池部隊 [redacted] 一四、六、一五 | 熊本縣飽託郡中島村大字中島六二四番地 | 中華民國北京市内五区王府大街關東店花園五 | 妻 | 島田八重子 | | 技術雇員 20、8、20 20、3、31 | 島田謙藏 明三八、一、三〇 | 無 | 20.4.5昇給 20.8.29〃 |
| 20、8、29第十三軍司令官兵站病院轉屬 | 15、3、23 | 吉村部隊 [redacted] 一四、一二、三一 | 朝鮮平安北道龍川郡外下面順川洞二二七 | 中華民國河南省新郷縣新郷同慶里一七 | 父 | 白川和一 | | 通譯員 20、8、20 | 白川龍三 明四一、三、一 | 無 | 20.4.5昇給 20.8.29〃 |
| 20、8、29第一六一兵站病院轉屬 | 15、3、26 | | 埼玉縣入間郡飯能町大字飯能元能村七六六番地 | 同 上 | 妻 | 島田みね | | 自操縦者 20、8、20 | 島田正次 大四、二、五 | 無 | 20.4.5昇給 20.8.29〃 |

89

シ

20.8.29
第一五一兵站病院転属

# 留守名簿

| | |
|---|---|
| 編入年月日 | 20.4.11 |
| 前所属及其編入年月日 | |
| 本籍（在留地） | 大阪市東成区大成通り二丁目二四 |
| 留守担当者 住所 | 北京市内二区皮庫胡同十号 |
| 留守担当者 続柄 | 兄 |
| 留守担当者 氏名 | 塩谷榮 |
| 徴集年 | |
| 任官年 | |
| 役種兵種官等並ニ等給級俸月給額発令年月日 | 技術傭人 四三号 20.8.20 素ト 20.4.11 |
| 氏名 生年月日 | 塩谷英子 大一三、二、七 |
| 留守宅渡ノ有無 | 無 |
| 補修年月日 | 20.8.29 |

90

# 留守名簿

| | 1 | 2 | 3 | 4 | 5 | 6 |
|---|---|---|---|---|---|---|
| (記入) | 20、8、29 第十二軍 [illegible]兵站病院転属 | 20、8、29 第五一兵站病院転属 | 20、8、29 第一八七兵站病院転属 | 20、8、29 第一九四兵站病院転属 | 20、8、29 第一九四兵站病院転属 | 20、8、3 独立軽装甲車隊転属 入 |
| 編入年月日 | 15、3、23 | 17、6、24 | 16、1、6 | 15、3、23 | 15、3、23 | 18、4、8 |
| 前所属及其編入年月日 | 菊池部隊 [redacted] 一四、六、二八 | 歩兵第百五十七聯隊 一七、五、二五 | 歩兵第四九聯隊 一五、一二、九 | 園田部隊 [redacted] 一四、一二、九 | 西村(正)部隊 [redacted] 一三、九、二七 | 野戦重砲第八聯隊 一八、三、二一 |
| 本籍(在留地) | 千葉県山武郡豊成村高倉三一四番地 | 山梨県南巨摩郡増穂村大久保三四九番地 | 東京都日本橋中洲九番地 | 千葉県安房郡勝山町龍嶋二五二番地 | 千葉県市原郡牛久町皆吉六七一番地 | 東京都瀧ノ川区上中里町三七五番地 |
| 留守担当者 住所 | 同上 | 山梨県南巨摩郡鰍沢町一八一九番地 | 同上 | 同上 | 千葉県市原郡鶴舞町亀井橋二六一番地 | 長野県下諏訪町湯田町花見新道神山方 |
| 続柄 | 父 | 妻 | 父 | 父 | 養母 | 父 |
| 氏名 | 鈴木忠 | 杉田千代 | 鈴木了三 | 須藤新次郎 | 鈴木さき | 鈴木壽次 |
| 徴集年 | 昭13 | 昭6 | 昭15 | 昭11 | | 昭16 |
| 任官年 | 昭15 | 昭14 | 昭18 | 昭16 | 昭19 | 昭19 |
| 役種兵種官等級俸給月額発令年月日 | 予 医中尉 大尉 三、20、4、20 十、15、4、30 | 予 衛生軍曹 曹長 十一、20、6、30 十、19、6、30 | 予 衛生軍曹 曹長 十四、20、8、20 十、19、4、31 | 現 衛生軍曹 三、20、8、1 十、19、4、31 | 陸軍技手 五、20、3、31 十、19、9、30 | 現 衛生伍 19、12、1 |
| 氏名 生年月日 | 鈴木武夫 明四二、二、二〇 | 杉田壽人 明四一、八、二二 | 鈴木賢一 大九、二、二四 | 須藤芳雄 大五、九、二七 | 鈴木定五郎 明四三、八、一二 | 鈴木東吾 大一〇、六、五 |
| 留守宅渡ノ有無 | 有 | 有 | 有 | 無 | 無 | 無 |
| 補修年月日 | 20.5.30 進級 | 20.7.1 等級 | | 20.8.1 進級 | 20.4.5 級俸 | 20.6.1 現任 |

91

| | | | | | | | |
|---|---|---|---|---|---|---|---|
| 20.8.29 第一八八兵站病院轉屬 | 20.6.1 歩兵部野貨廠轉屬 | 20.8.29 第十二国人足山ル兵站病院転属 白倉 | 20.8.29 第一九四兵站病院転属 | 20.6.1 北支野貨廠転属 | 20.8.29 第一五一兵站病院転属 | 20.8.29 第一六五兵站病院転属 | 20.8.29 第一五三兵站病院転属 |
| 16.1.6 | 17.6.24 | 16.1.6 | 20.1.31 | 20.1.31 | 20.1.31 | 20.1.31 | 20.1.31 |
| 歩兵第一四九聯隊 一五、一三、九 | 歩兵第一五七聯隊 一七、五、二五 | 歩兵第一四九聯隊 一五、一三、九 | 獨歩第八一大隊 一九、一一、一八 | 独歩第八一大隊 一九、一一、一八 | 独歩第八一大隊 一九、一二、一八 | 独歩第八一大隊 一九、一一、一八 | 独歩第八一大隊 一九、一一、一八 |
| 神奈川縣横須賀市田浦町四四三番地 | 東京都蒲田区東蒲田四丁目三番地二 | 東京都豊島区巣鴨三丁目三一番地 | 千葉縣山武郡二川村上吹入四九五番地 | 千葉縣君津郡佐貫町亀澤一〇八番地 | 千葉縣君津郡久留里町川谷五八七番地 | 山梨縣東八代郡英村上平井第五六八番地 | 東京都江戸川区西小松川一丁目三〇〇五番地 |
| 同上 | 千葉縣香取郡佐原町イ三三八八番地 | 同 埼玉縣入間郡三芳村大字藤久保 上 | 同上 | 同上 | 同上 | 同上 | 栃木縣那須郡親園村大字荻野目五七〇六六 |
| 母 | 父 | 父 | 母 | 父 | 父 | 父 | 父 |
| 鈴木トメ | 杉山庄太郎 | 鈴木泰一郎 | 鈴木もと | 鈴木重太郎 | 鈴木金吾 | 鈴木近造 | 鈴木敕《トキ》 |
| 昭15 昭19 | 昭15 | 昭15 | 昭19 | 昭19 | 昭19 | 昭19 | 昭19 |
| 予 衛 伍 軍曹 三 20.8.20 | 一補 衛 上 19.8.1 | 予 十補 衛 衛伍長 20.3.1 | 現 衛 一 卡 20.5.18 | 現 衛 一 卡 20.5.18 | 現 衛 一 卡 20.5.18 | 現 衛 一 卡 20.5.18 | 現 衛 一 卡 20.5.18 |
| 鈴木英一 大八、七、二 | 杉山勳 大八、一三、一 | 鈴木秀男 大九、二、二 | 鈴木静 大一三、一三、三 | 鈴木正郎 大一四、一〇、四 | 鈴木数成 大一四、一〇、一二 | 鈴木猛 大一四、六、一〇 | 鈴木馨 大一四、五、一七 |
| 無 | 無 | 無 | 無 | 無 | 無 | 無 | 無 |
| | | 20.4.5 進級 20.6.1 現任 | 20.6.1 進級 | 20.6.1 進級 | 20.6.1 進級 | 20.6.1 進級 | 20.6.1 進級 |

92

# 留守名簿

| 欄外記入 | 編入年月日 | 前所属及其編入年月日 | 本籍（在留地） | 留守擔當者住所 | 續柄 | 留守擔當者氏名 | 徴集年 | 任官年 | 役種兵種官等並ニ等級俸月給額發令年月日 | 氏名 生年月日 | 留守宅渡ノ有無 | 補修年月日 |
|---|---|---|---|---|---|---|---|---|---|---|---|---|
| 20、8、29第一六五兵站病院転属 | 20、1、31 | 独歩第八一大隊 一九、一一、一八 | 東京都立川市錦町三丁目二八七四番地 | 福島縣東白川郡笹原村大字大瀬 鈴木八藏方 | 父 | 鈴木八藏 | 昭19 | | 現 衛 20、5、18 廾一 | 鈴木平二郎 大一三、一〇、二〇 | 無 | 20.5.20 現住 20.6.1 進級 |
| 20、8、29、第一九四兵站病院転属 | 17、6、24 | 歩兵第一五七聯隊 一七、五、二五 | 神奈川縣中郡大磯町大磯一〇三〇番地 | 愛知縣岡崎市元能見町二七四 一本松方 | 妻 | 鈴木房江 | 昭9 | | 豫 衛 20、8、20 廾長 | 鈴木昇 大三、五、一 | 無 | |
| 20、8、29 第一五三兵站病院轉属 | 18、10、1 | 氣球聯隊 八、九、二〇 | 福島縣安達郡太田村大字外木幡字布摩六〇 | 東京都京橋區… 同上 | 妻 父 | 菅野… 菅野榮 | 昭10 | | 二補 衛 20、6、1 廾長 | 菅野德孝 大四、五、二 | 無 | 20.5.3 住所 20.7.1 進級 |
| 20、8、29 第一五三兵站病院轉属 | 15、9、6 | 野重第一七聯隊 一五、八、一 | 埼玉縣南埼玉郡蒲生村大字瓦曽根一六〇番地 | 同上 | 兄 | 鈴木重雄 | 昭14 | | 一補 衛 20、8、20 廾長 | 鈴木清隆 大八、二、一七 | 無 | |
| 20、8、29 第五三兵站病院転属 | 17、6、24 | 歩兵第一五聯隊 一七、五、二五 | 千葉縣山武郡睦岡村埴谷九八八 | 同上 | 養母 | 菅澤トク | 昭16 | | 豫 補衛 衛伍 20、3、1 | 菅澤義房 大一〇、四、一 | 無 | 20.4.5 進級 |
| 20、8、29第一五三兵站病院転属 ス | 18、3、1 | 独歩第四四大隊 一五、一二、一二 | 東京足立區北鹿濱町二四六九番地 | 同上 | 父 | 鈴木春吉 | 昭15 | | 現 衛 20、8、20 廾長 | 鈴木武次 大九、八、二一 | 無 | |

93

| | | | | | | | | | | | | | |
|---|---|---|---|---|---|---|---|---|---|---|---|---|---|
| 20、8、29 第一六一兵站病院転属 | 18、10、1 | 氣球聯隊 | 一八、九、二〇 | 福島縣河沼郡笈川村大字笈川字王畑丙二六九番地 | 同上 | 妻 | 鈴木静代 | 昭11 | 二國衛 20、6、1 卄長 | 鈴木武 | 大五、一〇、二二 | 無 | 20.7.1進級 |
| 20、8、29 第一六六兵站病院転属 | 17、6、24 | 歩兵第一五七聯隊 | 一七、五、二五 | 東京都板橋区志村西台町一五二六番地 | 同上 | 祖父 | 杉本直次郎 | 昭16 | 一補衛 20、8 20卄長 | 杉本昇 | 大一〇、八、二三 | 無 | |
| 20、8、29 第一六六兵站病院転属 | 18、10、1 | 氣球聯隊 | 一八、九、二〇 | 東京都足立郡千住龍田町一六番地 | 同上 | 母 | 鈴木かぎ | 昭11 | 二補衛 20、8 20卄上 | 鈴木熙 | 大五、六、二八 | 無 | |
| 20、8、29 第五五兵站病院転属 | 18、6、14 | 氣球聯隊 | 一八、六、一 | 神奈川縣横濱市磯子区六浦町四〇四八番地 | 同上 | 兄 | 須摩豊晄郎 | 昭17 | 一補衛 20、6、1 卄長 | 須摩敏夫 | 大二、一、三〇 | 無 | 20.7.1進級 |
| 戦死 20 8 20 河南省南陽 右頸部兼 肺部台安創 | 16、1、6 | 歩兵第一四九聯隊 | 一五、一二、九 | 埼玉縣比企郡明覚村大字田中四〇番地 | 同上 | 父 | 杉田喜代治 | 昭15 | 卄補衛 三衛 20上伍 | 杉田武治 | 大九、七、二〇 | 無 | |
| 20、8、29 第十一兵站司令官ノ定ムル兵站病院転属 | 17、6、24 | 歩兵第一五七聯隊 | 一七、五、二五 | 東京都京橋区京橋三丁目六番地 | 神奈川縣川崎市大師町二〇番地 | 兄 | 杉浦繁雄 | 昭15 | 二補衛 20、8 20卄長 | 杉浦勝美夫 | 大九、五、九 | 無 | |
| 20、8、29 第十二軍司令官ノ定ムル兵站病院転属 | 18、10、1 | 氣球聯隊 | 一八、九、二〇 | 福島縣石城郡植田町小濱字浦二三番地 | 同上 | 父 | 鈴木太郎 | 昭9 | 二國衛 19、3 20、8 20卄上 | 鈴木賢司 | 大六、一、一〇 | 無 | |
| 同右 | 15、9、6 | 野戦重砲兵第七聯隊 | 一五、八、一 | 東京都荒川区尾久町二丁目六一番地 | 同上 | 兄 | 鈴木次郎 | 昭14 | 一補衛 20、8 20卄長 | 鈴木常男 | 大八、三、二六 | 無 | |

94

22 7 22

*付箋をめくった状態

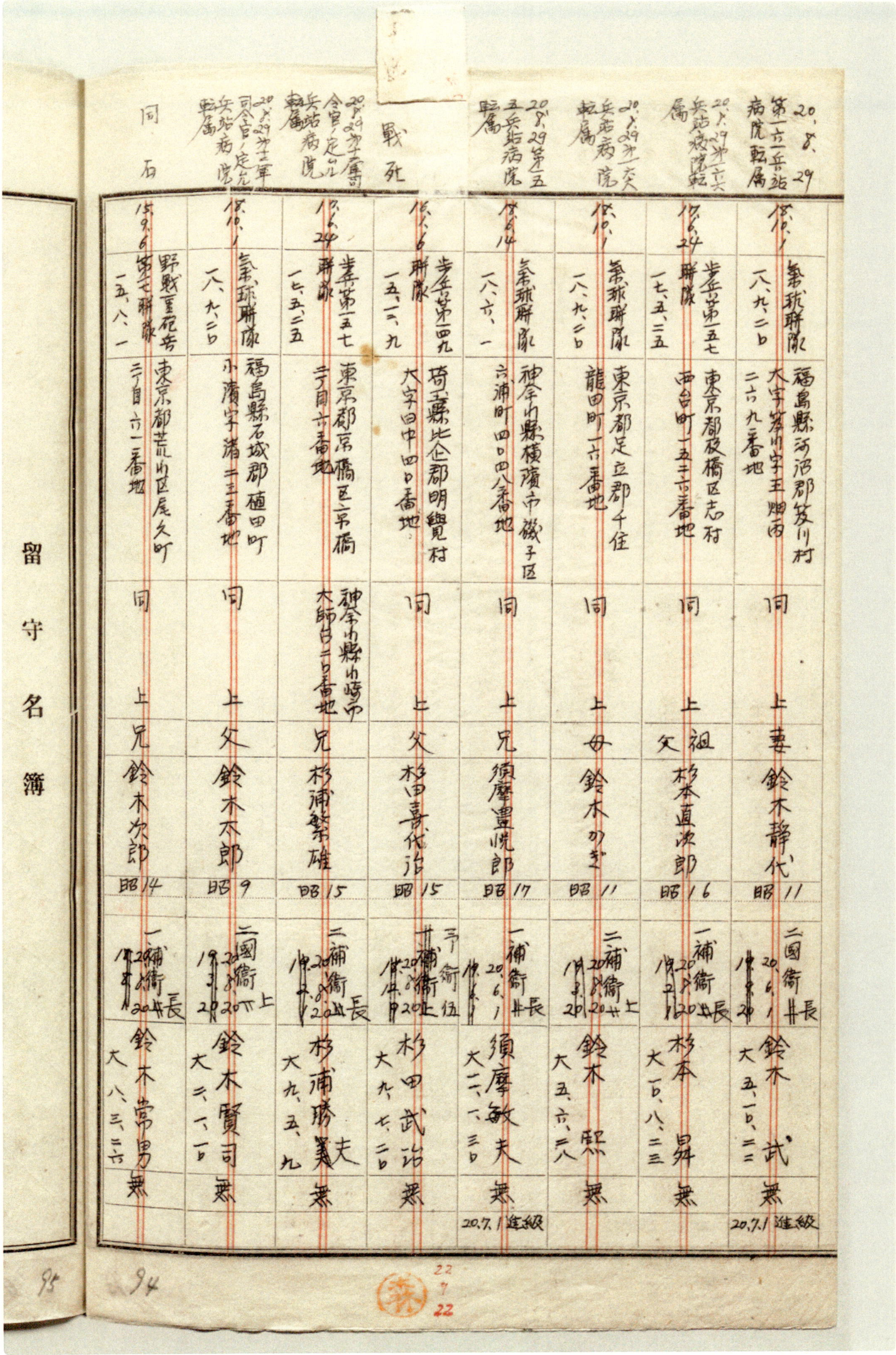


| 付箋 | 年月日 | 部隊 | 本籍 | 留守宅住所 | 続柄 | 留守担当者 | | 役種・階級 | 氏名 | 生年月日 | | |
|---|---|---|---|---|---|---|---|---|---|---|---|---|
| 20、8、29 第一六一兵站病院転属 | 18、10、1 | 気球聯隊 一八、九、二〇 | 福島県河沼郡笈川村大字笈川字王畑西二六九番地 | 同上 | 妻 | 鈴木静代 | 昭11 | 二國衛 20、6、1 廿長 | 鈴木武 | 大五、一〇、二二 | 無 | 20.7.1 進級 |
| 20、8、29 第一六六兵站病院転属 | 17、6、24 | 歩兵第一五七聯隊 一七、五、二五 | 東京都板橋区志村西台町一五三六番地 | 同上 | 祖父 | 杉本直次郎 | 昭16 | 一補衛 20、8 廿長 | 杉本昇 | 大一〇、八、二三 | 無 | |
| 20、8、29 第一六六兵站病院転属 | 18、10、1 | 気球聯隊 一八、九、二〇 | 東京都足立郡千住龍田町一六番地 | 同上 | 母 | 鈴木かぎ | 昭11 | 二補衛 20、8 廿上 | 鈴木熙 | 大五、六、二八 | 無 | |
| 20、8、29 第五兵站病院転属 | 18、6、14 | 気球聯隊 一八、六、一 | 神奈川県横浜市磯子区六浦町四四四八番地 | 同上 | 兄 | 須摩豊悦郎 | 昭17 | 一補衛 20、6、1 廿長 | 須摩敏夫 | 大二、一、三〇 | 無 | 20.7.1 進級 |
| 戦死 | 16、1、6 | 歩兵第一四九聯隊 一五、一二、九 | 埼玉県比企郡明覚村大字田中四〇番地 | 同上 | 父 | 杉田喜代治 | 昭15 | 予衛 20 上 伍 | 杉田武治 | 大九、七、二〇 | 無 | |
| 20、8、29 第十一方面軍司令官ノ定ムル兵站病院転属 | 17、6、24 | 歩兵第一五七聯隊 一七、五、二五 | 東京都京橋区二弓橋二丁目六番地 | 神奈川県川崎市大師町二〇番地 | 兄 | 杉浦繁雄 | 昭15 | 二補衛 20、8 廿長 | 杉浦勝夫 | 大九、五、九 | 無 | |
| 20、8、29 第十一方面軍司令官ノ定ムル兵站病院転属 | 18、10、1 | 気球聯隊 一八、九、二〇 | 福島県石城郡植田町小濱字渚二三番地 | 同上 | 父 | 鈴木太郎 | 昭9 | 二國衛 20、8 上 | 鈴木賢司 | 大六、一、一〇 | 無 | |
| 同右 | 15、9、6 | 野戦重砲兵第七聯隊 一五、八、一 | 東京都荒川区尾久町二丁目六一番地 | 同上 | 兄 | 鈴木次郎 | 昭14 | 一補衛 20 廿長 | 鈴木常男 | 大八、三、二六 | 無 | |

# 留守名簿

| 欄 | 1 | 2 | 3 | 4 | 5 | 6 |
|---|---|---|---|---|---|---|
| （欄外） | 20.8.29第十三軍司令官ノ定ムル兵站病院転属 | 20.8.29第五一兵站病院転属 | 20.8.29第八八兵站病院転属 | 20.5.30鉄道第八聯隊転属 | 20.8.29第一六五兵站病院転属 | 20.8.29第五一兵站病院転属 入 |
| 編入年月日 | 18.4.8 | 18.10.1 | 20.1.31 | 18.3.3 | 20.1.31 | 17.1.23 |
| 前所属及其編入年月日 | 野戦重砲兵第八聯隊 一八、三、二一 | 気球聯隊 一八、九、二〇 | 独歩第八一大隊 一九、一二、一八 | 独歩第四二大隊 一七、四、八 | 独歩第八一大隊 一九、一二、一八 | |
| 本籍（在留地） | 千葉県船橋市宮本町四丁目五二番地 | 東京都小石川区西丸町四三番地 | 東京都北多摩郡砂川村一〇〇番地 | 北海道空知郡歌志内町字下歌志内一三五四 | 埼玉県大宮市大宮斎引一一八番地 | 宮城県登米郡石越村北郷字西門二番地 |
| 留守擔當者 住所 | 同上 | 鹿児島県日置郡伊集院町徳重四三四 門松勇吉方 | 同上 | 北海道空知郡砂川町上砂川東町八九三井鉱業社宅 | 同上 | 同上 |
| 續柄 | 父 | 妻 | 父 | 父 | 父 | 母 |
| 氏名 | 鈴木八十八 | 鈴木フミ子 | 須崎清蔵 | 砂金正治 | 須永信義 | 鈴木千代 |
| 徴集年 | 昭16 | 昭11 | 昭19 | 昭15 | 昭19 | |
| 任官年 | | | | | | |
| 役種兵種官等級俸給月額 發令年月日 | 二 補衛 上 20.8 | 二 補衛 長 20.3.20 | 現 衛 一 20.5.18 | 現 衛 長 20.3.1 | 現 衛 一 20.5.18 | 技術雇員 衛生雇員 20.8.20 20.9.30 |
| 氏名 生年月日 | 鈴木源治 大一、一、二二 | 鈴木良平 大五、三、二八 | 須崎丑之助 大四、二、一二 | 砂金利夫 大九、八、二〇 | 須永義夫 大四、三、二一 | 鈴木廣子（ユキコ） 大一〇、七、二〇 |
| 留守宅渡ノ有無 | 無 | 無 | 無 | 無 | 無 | 有 |
| 補修年月日 | | 20.4.5 進級 | 20.6.1 進級 | 20.4.5 進級 | 20.6.1 進級 | 20.4.5 昇給 20.8.29 〃 |

95

| | | |
|---|---|---|
| 備考 | 20.8.29 第十三軍司令官ノ定ムル兵站病院転属 | 20、8、29 第九四兵站病院転属 |
| | 15、3、23 | 15、3、23 |
| | 吉村部隊 一三、九、二八 | [redacted] 西村(正)部隊 一三、九、二七 |
| | 千葉縣香取郡神代村舟戸八〇九番地 | 千葉縣香取郡久賀村大門三九二番地 |
| | 同 | 同 |
| | 上 | 上 |
| | 父 菅谷萬太郎 | 兄 菅澤弗太市 |
| | 業務手 自動車操縦者 六〇〇 20、8、20 ~~[illegible] 20、3、31~~ ~~[illegible] 19、9、30~~ | 業務手 自動車操縦者 六五〇 20、8、20 ~~[illegible] 20、3、31~~ ~~[illegible] 19、9、30~~ |
| | 菅谷武 大元、九、八 | 菅澤政吉 大四、二、二五 |
| | 有 | 無 |
| | 昇給 20.4.5 〃 20.8.29 | 昇給 20.4.5 〃 20.8.29 |

96

# 留守名簿

| 摘要 | 編入年月日 | 前所属及其編入年月日 | 本籍（在留地） | 留守担当者住所 | 続柄 | 氏名 | 徴集年 | 任官年 | 役種兵種官等級俸ニ等給月給額発令年月日 | 氏名生年月日 | 留守宅渡ノ有無 | 補修年月日 |
|---|---|---|---|---|---|---|---|---|---|---|---|---|
| 20.8.6陸軍軍医学校ニ出張中内地ニ滞留中ノ仕滞留地所管区司令官ノ定ムル部隊ニ転属 | 15.3.23 | [redacted]菊池郡隊 一五、三、二 | 東京都品川区上大崎長者丸二五四番地 | 福島県西白河郡三神村三城目関根義直方 | 父 | 関根要八 | 昭14 | 昭14 | 豫医大尉 二、19、9、30 | 関根健児 大五、一、八 | 有 | 20.6.1現任 |
| 20.8.29オ十三軍司令官ノ定ムル兵站病院転属 | 16.12.20 | 歩一聯隊 一六、一〇、二〇 | 東京都渋谷区大和田町一六番地 | 東京都大森区雪ヶ谷町五〇二 | 兄 | 瀬戸昇 | 昭16 | 昭16 | 豫医中尉 一、19、9、30 | 瀬戸豊 大四、一二、八 | 有 | |
| 20.8.29第一五一兵站病院転属 | 16.1.6 | 歩兵一四九聯隊 一五、一二、九 | 埼玉県入間郡高麗村大字横手三八六番地 | 同上 | 父 | 関口傳三 | 昭15 | | 一補衛長 19、12、9 | 関口正平 大九、四、一五 | 無 | |
| 召集解除 21年6月24日 | 3.20 | 独立歩兵七十八大隊 一八、二、一 | 埼玉県南埼玉郡蓮田町大字蓮田一〇八ノ三番地 | 同上 | 父 | 関根重蔵 | 昭17 | | 現衛集伍 20、3、1 | 関根重雄 大二、二、一九 | 無 22.11. | 20.4.5進級 |
| 20.8.29第一九四兵站病院転属 | 20.1.31 | 独歩八十大隊 一九、一二、一八 | 埼玉県南埼玉郡河合村大字平林寺八三番地ノ二 | 同上 | 兄 | 関根善作 | 昭19 | | 現衛#一 20、5、18 | 関根文雄 大一三、一二、一四 | 無 | 20.6.1進級 |
| 20.8.29第一五二兵站病院転属 | 20.1.31 | 独歩八十大隊 一九、一二、一八 | 埼玉県北葛飾郡豊野村大字銚子口二四番地 | 埼玉県南埼玉郡春日部町一八八七番地 | 兄 | 関根嘉傳治 | 昭19 | | 現衛#一 20、5、18 | 関根金次郎 大一三、九、三〇 | 無 | 20.6.1進級 |

七

97

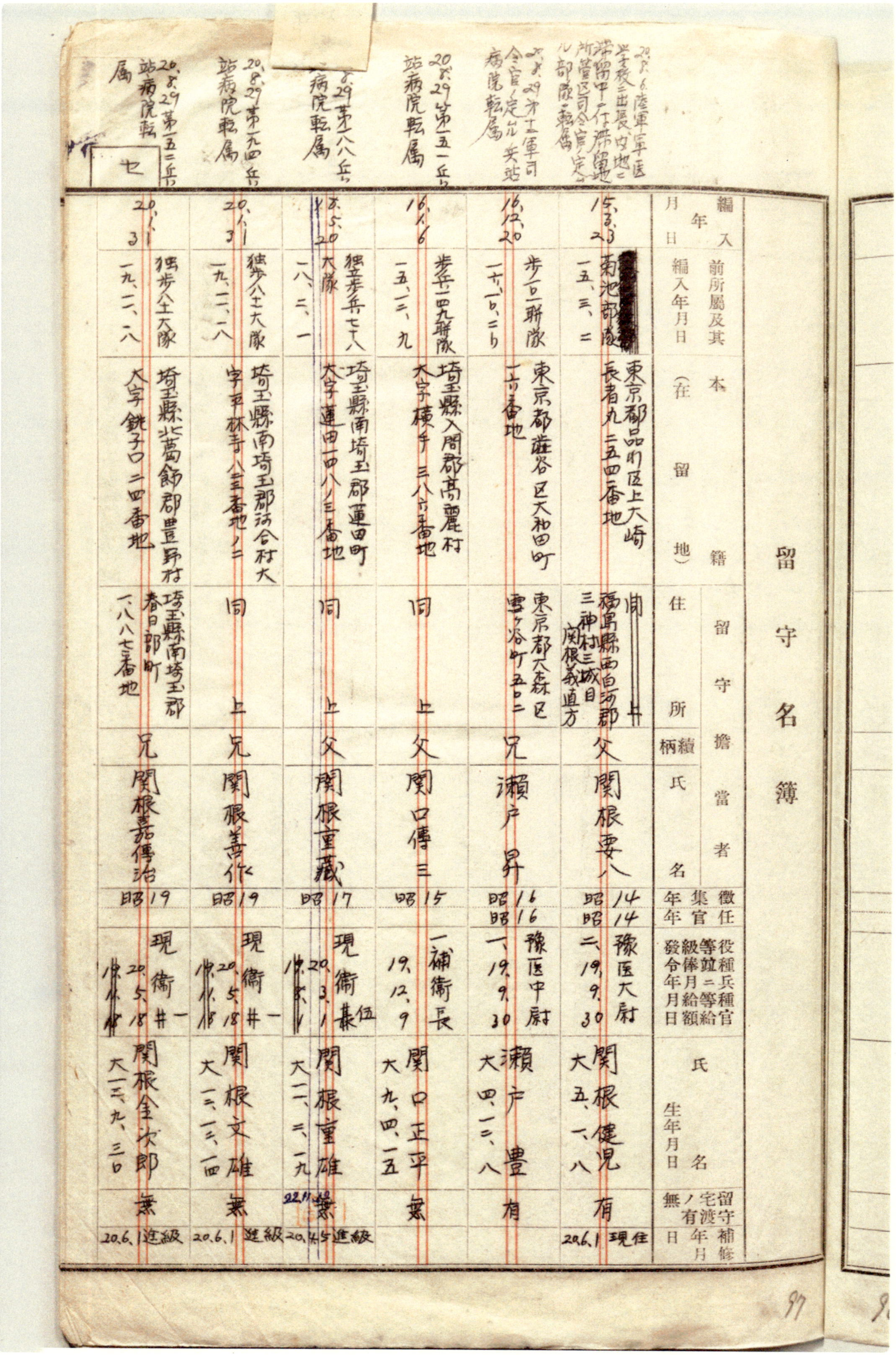

# 留守名簿

| | 1 | 2 | 3 | 4 | 5 | 6 |
|---|---|---|---|---|---|---|
| (付記) | 20.8.6陸軍軍医学校ニ出張、内地ニ滞留中ナルニ付滞留地所管区司令官ノ定ムル部隊ニ転属 | 20.8.29第十軍司令官ノ定ムル兵站病院転属 | 20.8.29第一五一兵站病院転属 | 8.29第一八八兵站病院転属 | 20.8.29第一九四兵站病院転属 | 20.8.29第一五二兵站病院転属 |
| 編入年月日 | 15.3.23 | 16.12.20 | 16.1.6 | 18.5.20 | 20.1.31 | 20.1.31 |
| 前所属及其編入年月日 | [redacted]菊池部隊 一五、三、二 | 歩六二聯隊 一六、一〇、二〇 | 歩兵一四九聯隊 一五、一二、九 | 独立歩兵七十八大隊 一八、二、一 | 独歩八十大隊 一九、一二、一八 | 独歩八十大隊 一九、一二、一八 |
| 本籍(在留地) | 東京都品川区上大崎長者丸二五四番地 | 東京都澁谷区大和田町一六番地 | 埼玉縣入間郡高麗村大字横手三八六番地 | 埼玉縣南埼玉郡蓮田町大字蓮田一四八ノ三番地 | 埼玉縣南埼玉郡河合村大字平林寺八三番地ノ二 | 埼玉縣北葛飾郡豊野村大字銚子口二四番地 |
| 留守担当者 住所 | 福島縣西白河郡三神村三城目 関根義直方 | 東京都大森区雪ヶ谷町五〇二 | 同上 | 同上 | 同上 | 埼玉縣南埼玉郡春日部町一八八七番地 |
| 続柄 | 父 | 兄 | 父 | 父 | 兄 | 兄 |
| 氏名 | 関根要八 | 瀬戸昇 | 関口傳三 | 関根重蔵 | 関根善作 | 関根嘉傳治 |
| 徴集年 | 昭14 | 昭16 | 昭15 | 昭17 | 昭19 | 昭19 |
| 任官年 | 昭14 | 昭16 | | | | |
| 役種兵種官等級並ニ等級俸月給額発令年月日 | 予 医大尉 二、19.9.30 | 予 医中尉 一、19.9.30 | 一補 衛長 19.12.9 | 現 衛 伍長 20.3.1 | 現 衛 ＃一 20.5.18 | 現 衛 ＃一 20.5.18 |
| 氏名 生年月日 | 関根健児 大五、一、八 | 瀬戸豊 大四、一二、八 | 関口正平 大九、四、一五 | 関根重雄 大二、二、一九 | 関根文雄 大一二、一二、一四 | 関根全次郎 大一三、九、三〇 |
| 留守宅渡ノ有無 | 有 | 有 | 無 | 無 (22.11.18) | 無 | 無 |
| 補修年月日 | 20.6.1 現住 | | | 20.4.5 進級 | 20.6.1 進級 | 20.6.1 進級 |

七

＊付箋をめくった状態

| | | | | | | | | | | | | |
|---|---|---|---|---|---|---|---|---|---|---|---|---|
| 20、8、29第一五一兵站病院転属 | 20、3、1 | 独歩第八一六大隊 一九、一二、一八 | 埼玉県南埼玉郡蒲生村大字登戸一、一七八番地 | 同 | 上 | 父 | 関根健之助 | 昭19 | 現衛 伍20、5、18 廿一 | 関根孝治 大一三、四、九 | 無 | 20、6、1進級 |
| 20、8、29第十二軍司令官ノ定ムル兵站病院転属 | 18、10、1 | 気球聯隊 一八、九、二〇 | 宮城県名取郡館腰村本郷字西六軒六二番地 | 同 | 上 | 父 | 瀬野尾新助 | 昭12 | 二国衛 20廿上 | 瀬野尾新二 大六、九、二八 | 無 | |
| 20、8、29第一九四兵站病院転属 | 18、10、1 | 気球聯隊 一八、九、二〇 | 富山県下新川郡山崎村山崎四二八番地 | 同 | 上 | 養父 | 仙名仙吉 | 昭6 | 二補衛 20、6、1 廿長 | 仙名小太郎 明四四、五、一 | 無 | 20、7、1進級 |
| 20、8、29第一九四兵站病院転属 | 16、1、6 | 歩兵一四九聯隊 一五、一二、九 | 埼玉県比企郡三保谷村大字釘無一五五番地 | 同 | 上 | 兄 | 関一司 | 昭15 | 一補衛 20 兵長 | 関快夫 大九、二、三 | 無 | |
| 20、8、29第一九四兵站病院転属 | 16、1、6 | 歩四九聯隊 一五、一二、九 | 神奈川県三浦郡三崎町小網代一四八五番地 | 同 | 上 | 父 | 関本繁治 | 昭15 | 一補衛 20 兵長 | 関本義則 大九、八、二六 | 無 | |
| 20、5、30鉄道第六聯隊転属 | 18、10、1 | 気球聯隊 一八、九、二〇 | 富山県富山市東岩瀬町六二二番地 | 富山県富山市東岩瀬町六八八ノ二番地 | 上 | 兄 | 関井粂太郎 | 昭6 | 二補衛 19、3、20 一 | 関井清一郎 明四三、一二、二七 | 無 | |
| 20、8、29第十二軍司令官ノ定ムル兵站病院転属 | 17、6、24 | 歩五七聯隊 一七、五、二五 | 埼玉県南埼玉郡川通村大字大口二九七番地 | 同 | 上 | 父 | 関根房五郎 | 昭16 | 一補衛 20 上兵長 | 関根西吉 大一〇、二、一四 | 無 | |
| 20、8、29第一九四兵站病院転属 | 18、10、1 | 野戦重砲兵第八聯隊 一八、九、五 | 新潟県東蒲原郡西川村大字神谷八三七番地 | 同 | 上 | 父 | 清野甚八 | 昭16 | 一補衛 20 上兵長 | 清野八郎 大一〇、一、一七 | 無 | |

98

七

| | 清野 | 妹尾 | 瀬戸 | 芹澤 | | |
|---|---|---|---|---|---|---|
| （欄外） | 20.8.29第一五三兵站病院転属 | 20.8.29第一九四兵站病院転属 | 20.8.29第一六六兵站病院転属 | 19.2.4戦病死 ① 遅城浩病 | | |
| 編入年月日 | 15.3.23 | 15.3.23 | 15.4.16 | | | |
| 前所属及其編入年月日 | [redacted]菊池部隊 一四、二、七 | [redacted]菊池部隊 一四、五、二八 | 騎兵第四旅団独立歩兵第六大隊 一三、七、五 | | | |
| 本籍（在留地） | 北海道有珠郡伊達町北黄金九三番地（天津特別市第三区黄緯路七一號） | 廣島縣蘆品郡近田村七五五番地 | 神奈川縣小田原市久野二八二一番地 | 山梨縣東八代郡錦生村[illegible]塚五六〇 | | |
| 留守擔當者 住所 | 在留地 同上 | 同上 | 同上 | | | |
| 留守擔當者 續柄 | 妻 | 兄 | 兄 | | | |
| 留守擔當者 氏名 | 清野きよ | 妹尾鶴逸 | 瀬戸新之助 | | | |
| 徴集年 任官年 | | | | | | |
| 役種兵種官等 等級ニ等給 月俸月給額 發令年月日 | 業務手 自動車操縦手 八六〇〇 20.8.20 ~~七〇〇〇 19.8.30~~ | 事務雇員 五〇〇〇 19.3.31 | 自動車操縦手 七六〇〇 20.8.20 ~~[illegible]~~ | 衛長 ㊞ | | |
| 氏名 生年月日 | 清野義男 大五、一、一七 | 妹尾一士 大九、六、一 | 瀬戸政夫 大五、九、二三 | 芹澤誠 大八、一、二〇 | | |
| 留守宅渡ノ有無 | 無 | 無 | 無 | | | |
| 補修年月日 | 20.8.20昇給 | | 20.4.5昇給 20.8.20〃 | 21.1.25 | | |

99

＊付箋をめくった状態

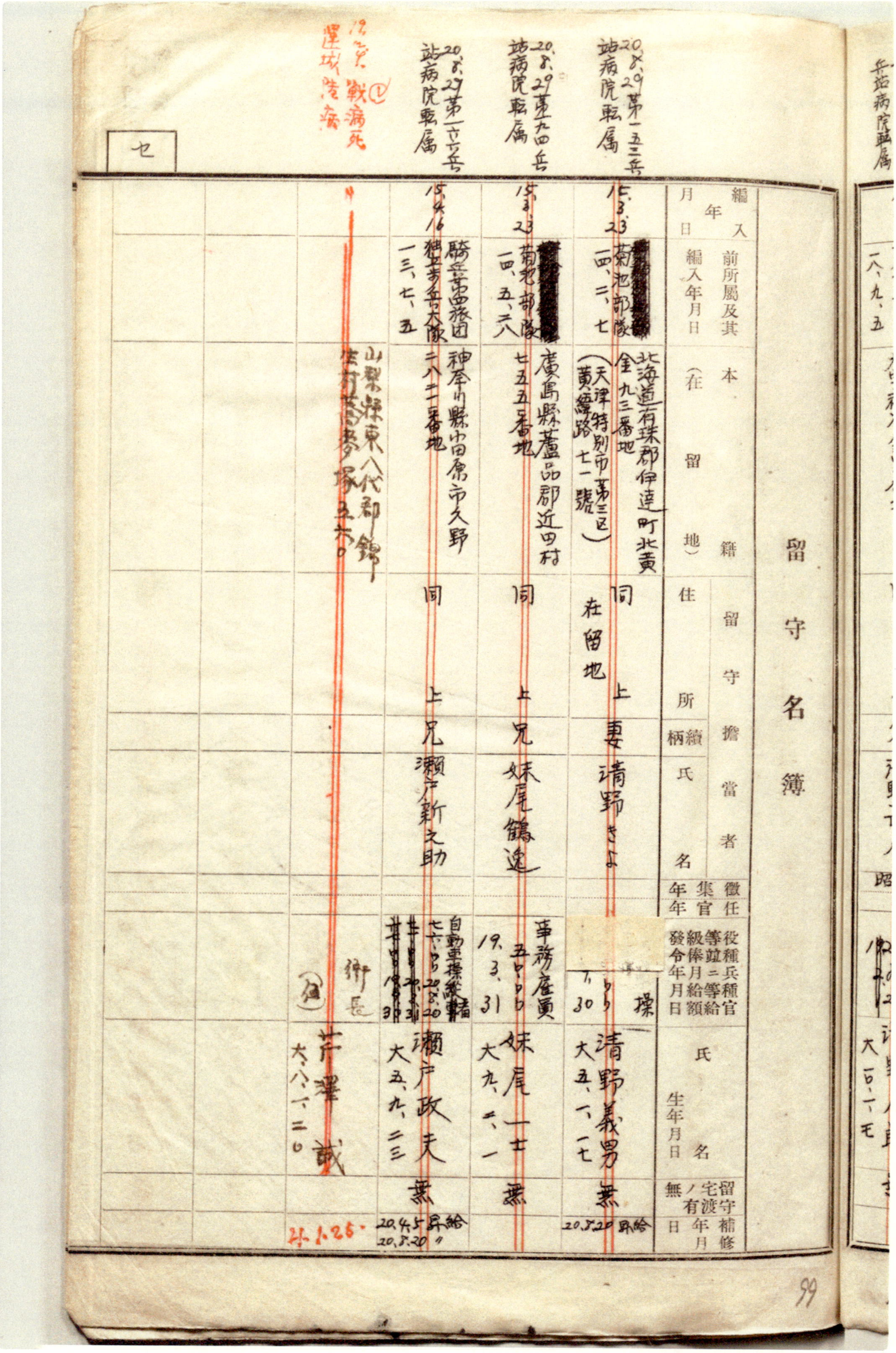

七

留守名簿

| 編入年月日 | 編入前所属及其編入年月日 | 本籍（在留地） | 留守擔當者 住所 | 續柄氏名 | 役種兵種官等級俸月給額發令年月日 | 氏名 生年月日 | 留守宅渡有無 | 補修年月日 |
|---|---|---|---|---|---|---|---|---|
| 15、3、23（20、8、29第一五三兵站病院転属） | 菊池部隊[redacted] 一四、二、七 | 北海道有珠郡伊達町北黄金九三番地（天津特別市第三区黄緯路七一號） | 同上 在留地 | 妻 清野きよ | 操 7、30 | 清野義男 大五、一、一七 | 無 | 20.8.20 昇給 |
| 15、3、23（20、8、29第一九四兵站病院転属） | 菊池部隊[redacted] 一四、五、二八 | 廣島縣蘆品郡近田村七五五番地 | 同上 | 兄 妹尾鶴逸 | 事務雇員 五〇〇 19、3、31 | 妹尾一士 大九、二、一 | 無 | |
| 15、4、16（20、8、29第一六六兵站病院転属） | 騎兵第四旅団独立歩兵大隊 一三、七、五 | 神奈川縣小田原市久野二八二番地 | 同上 | 兄 瀬戸新之助 | 自動車操縦手 七〇〇 20、8、20 | 瀬戸政夫 大五、九、二三 | 無 | 20.4.5 昇給 20.8.20 〃 |
| （19、2、? 戦病死 運城陸病） | | 山梨縣東八代郡錦生村蕎麦塚五六〇 | | | 衛長 | 芦澤誠 大八、一、二〇 | | 外 1.25 |

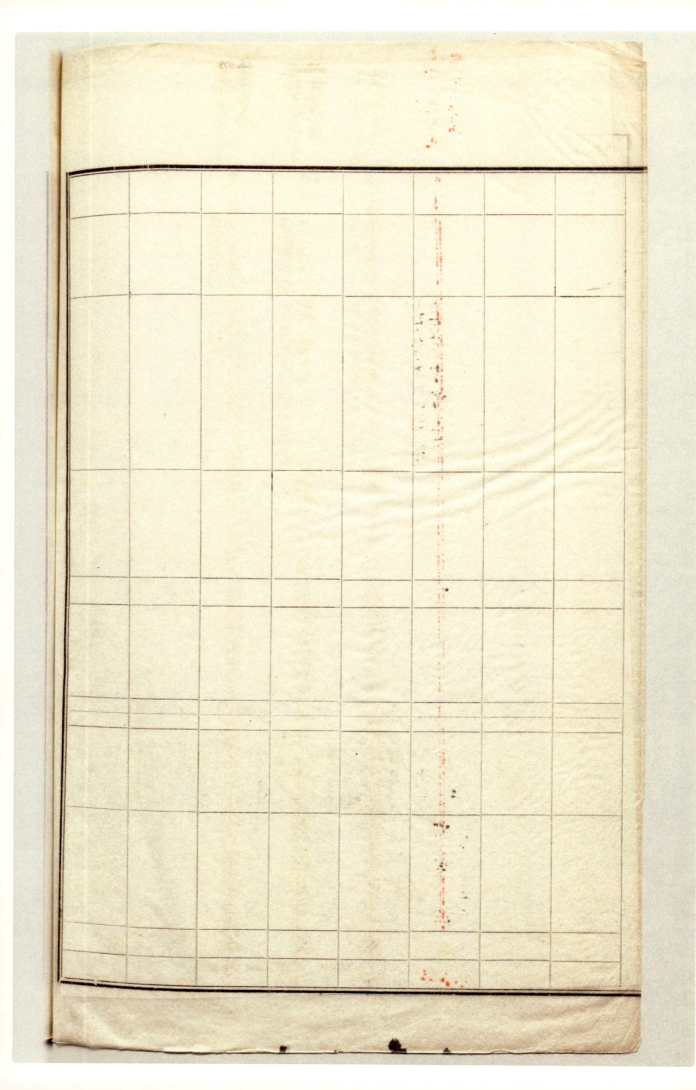

# 留守名簿

ソ

| | | | |
|---|---|---|---|
| （付箋） | 20、8、29第一六一兵站病院転属 | 20、8、29第一五一兵站病院転属 | 20、8、29第一六六兵站病院転属 |
| 編入年月日 | 20、1、31 | 20、1、31 | 18、3、5 |
| 前所属及其編入年月日 | 独歩第八一大隊 一九、一一、一八 | 独歩第八一大隊 一九、一一、一八 | 独歩第四三大隊 一七、一、一〇 |
| 本籍（在留地） | 東京都小石川区林町九二番地 | 東京都下谷区池之端七軒町三六 | 東京都荒川区南千住町六丁目一二三番地 |
| 留守担当者 住所 | 同上 | 同上 | 同上 |
| 留守担当者 続柄 | 父 | 父 | 父 |
| 留守担当者 氏名 | 荘司伊八 | 染谷為吉 | 染谷謙次郎 |
| 徴集年 | 昭19 | 昭19 | 昭16 |
| 任官年 | | | |
| 役種兵種官等級俸給月額発令年月日 | 現 衛#一 20、5、18 | 現 衛#一 20、5、18 | 現 衛長 20、[illegible]、20 |
| 氏名 生年月日 | 荘司達郎 大一四、四、二九 | 染谷貞一 大一三、三、九 | 染谷良一 大九、一二、一九 |
| 留守宅渡ノ有無 | 無 | 無 | 無 |
| 補修年月日 | 20.6.1進級 | 20.6.1進級 | |

100

# 留守名簿

| 備考 | 編入年月日 | 前所屬及其編入年月日 | 本籍（在留地） | 留守擔當者 住所 | 留守擔當者 續柄 | 留守擔當者 氏名 | 徵集年 | 任官年 | 役種兵種官等級俸給月額發令年月日 | 氏名 生年月日 | 留守宅渡ノ有無 | 補修年月日 |
|---|---|---|---|---|---|---|---|---|---|---|---|---|
| 20.8.29第一五一兵站病院転属 | 19.1.2 | [redacted]関東軍部隊 一八、三、一 | 宮城縣柴田郡村田町大字村田字町二一〇番地 | 仙台市新寺小路二三 武者健二方 ~~満洲第四〇四郵便所気付満洲第七五〇部隊留守~~ | 妻 | 高橋公子 | | 昭7 | 現 医 少佐 一、19.4.30 | 高橋傳 明三六、一〇、一六 | 有 | 20.4.5 住所 |
| 20.8.29第一五三兵站病院転属 | 16.12.22 | 陸軍兵器本部附陸軍々医学校 一三、七、一 | 茨城縣新治郡藤澤村藤澤一三一八番地 | 同上 | 妻 | 田山正子 | | 昭13 | 現 医 少佐 二、20.4.30 | 田山吉政 明四三、一、一〇 | 有 | 20.4.5 発令月日 20.7.1 等給 |
| 20.8.29第一五二兵站病院転属 | 15.3.23 | [redacted]西村（正）部隊 一三、九、二八 | 福岡縣大牟田市西有明町四番地 | 同上 | 母 | 立石ヤツ | | 昭12 | 豫 医 大尉 一、19.4.30 | 立石五郎 明四五、七、六 | 有 | |
| 20.8.29第一九八兵站病院転属 | 17.8.24 | 騎兵第十三聯隊 一五、七、二二 | 京都府與謝郡宮津町字小川一、一三〇番地 | 同上 | 父 | 高岡佐兵衛 | | 昭15 | 豫 医 大尉 二、20.4.30 | 高岡満 大四、六、二三 | 有 | 20.7.1 等給 |
| 20.8.29第十二軍司令官ノ定ムル兵站病院転属 | 16.3.14 | 北京陸軍病院 一五、一二、二四 | 東京都牛込区矢来町三番地 | 同上 | 妻 | 隆達子 | | 昭15 | 豫 医 中尉 大尉 三、20.4.22 | 隆文雄 大三、八、四 | 有 | 20.5.30 現住 |
| 20.8.29第一五一兵站病院転属 | 16.3.16 | 済南陸軍病院 一六、二、二一 | 東京都神田区三崎町一丁目一番地ノ一 | 東京都小石川区武島町七番地 | 父 | 田中喜一 | 昭14 | 昭16 | 豫 薬 中尉 一、19.9.30 | 田中實 大七、一二、四 | 有 | |

101

| | | | | | | | |
|---|---|---|---|---|---|---|---|
| 20、3、20 氣球聯隊転属 | 20、3、20 氣球聯隊転属 | 20、8、29 第一六六兵站病院転属 | 20、8、29 第一九四兵站病院転属 | 20、8、29 第十二軍司令官ノ定ムル兵站病院転属 | 20、8、29 第一五四兵站病院転属 | 20、8、29 第一五三兵站病院転属 | 20、8、29 第十二軍司令官ノ定ムル兵站病院転属 |
| 17、6、10 | 17、6、10 | 18、8、14 | 17、11、20 | 18、7、31 | 18、7、31 | 18、3、23 | 15、3、23 |
| 金澤 | 松本 | 氣球聯隊 一八、八、五 | 横須賀陸軍病院 一七、七、三一 | 歩兵二聯隊補充隊 一七、一〇、一 | 陸軍々医学校 一八、五、一〇 | 横濱 | [redacted]池井部隊 一三、九、二七 |
| 石川縣金澤市泉野町二ノ四〇番地 | 長野縣小縣郡長久保町新町五六四番地合併地 | 千葉縣千葉市富見町四〇番地 | 東京都荒川区町屋一丁目四三番地 | 廣島縣豊田区上北方村一五七番地 | 神奈川縣横須賀市坦町ノ二九番地 | 神奈川縣横須賀市芦名三三番地 | 奈良縣生駒郡北倭村大字上三四番屋敷 |
| 同 | 長野縣松本市清水町東区 | 同 | 同 | 廣島縣三原市須波町一七三九番地 | 同 | 神奈川縣横濱市保土ヶ谷区霞台二六一番地 | 同 |
| 上 | | 上 | 上 | | 上 | | 上 |
| 妻 高橋米 | 妻 高橋義恵 | 妻 高橋とし子 | 父 武井経廣 | 父 田村節夫 | 父 高木鉦壽郎 | 父 高橋榮太郎 | 父 谷岡米太郎 |
| | | 昭4 | 昭16 | 昭16 | 昭16 | 昭16 | 昭11 |
| 昭14 | 昭15 | 昭8 | 昭18 | 昭19 | 昭19 | | 昭13 |
| 豫衛中尉 一、18、9、30 | 豫衛中尉 二、19、4、15 | 豫薬中尉 二、20、4、20 | 特志 豫薬少尉 18、12、1 | 豫医少尉 19、7、1 | 豫薬少尉 19、7、1 | 豫衛見士 医少尉 20、3、22 | 現衛准 四、20、3、23 |
| 高橋太七 明二六、一、二 | 高橋衆太郎 明二二、六、一〇 | 高橋要 明四一、九、八 | 武井経利 大九、一、四 | 田村節彦 大一〇、五、二四 | 高木晧次 大二、七、二九 | 高橋淑夫 大七、八、二一 | 谷岡薫 大五、五、七 |
| 有 | 有 | 有 | 有 | 有 | 有 | 無 | 有 |
| | | 20.6.1 等給 | 20.4.5 兵種 | | | 20.4.5 官等 | 20.4.5 官等 |

102

# 留守名簿

| 項目 | 1 | 2 | 3 | 4 | 5 | 6 |
|---|---|---|---|---|---|---|
| （欄外記事） | 20、8、29 第一五三兵站病院転属 | 20、4、9 依願免本官 | 20、8、29 第一五三兵站病院転属 | 20、8、29 第一五三兵站病院転属 | 20、6、4 並部軍管区司令部転属 | 20、6、4 船舶輸送司令部転属 |
| 編入年月日 | 16、3、18 | 17、6、4 | 15、3、23 | 15、3、23 | 17、6、24 | 15、9、6 |
| 前所属及其編入年月日 | 習志野陸軍病院 一三、二、一6 | 東京 | [redacted] 菊池部隊 一四、二、八 | [redacted] 菊地部隊 一四、二、八 | 歩兵第一五七聯隊 一七、五、二五 | 野戦重砲兵第八聯隊 一五、八、一 |
| 本籍（在留地） | 東京都向島区寺島町一ノ三五番地 | 東京市淀橋区諏訪町五八番地 | 茨城県西茨城郡北那珂村大字門毛一、三七九番地 | 茨城県北相馬郡六郷村大字清水丙七六番地 | 埼玉県浦和市下木崎五番地 | 神奈川県横須賀市大津一三四六番地ノ一二八号 |
| 留守擔當者 住所 | 奈良県奈良市中ノ辻南町三一番地 | 北京市内三区五條胡同後抗五号 | 同上 | 同上 | 同上 | 同上 |
| 續柄 | 父 | 妻 | 兄 | 父 | 父 | 父 |
| 氏名 | 田邊元二 | 谷山きみ子 | 高根澤栄 | 館野啓次郎 | 大郷市太郎 | 田丸栄太郎 |
| 徴集年 | 昭12 | | | | 昭12 | 昭13 |
| 任官年 | 昭14 | 昭17 | 昭17 | 昭17 | 昭14 | 昭17 |
| 役種兵種官等 等級俸月給額 發令年月日 | 現 衛 曹長 准尉 20、8、… | 陸軍技手 三、20、3、31 | 陸軍技手 三、20、8、20 | 陸軍技手 三、20、8、20 | 予 衛軍 一、19、9、30 | 予 衛軍 二、19、12、31 |
| 氏名 生年月日 | 田邊太一 大六、四、一六 | 谷山直記 明四四、二、五 | 高根澤晃 大三、二、二6 | 館野正雄 大四、四、三 | 大郷義松 大五、一二、一6 | 田丸英穂 大五、五、五 |
| 留守宅渡ノ有無 | 有 | 無 | 無 | 無 | 有 | 無 |
| 補修年月日 | | 20.8.29 給俸 | 20.8.29 給俸 | 20.8.29 給俸 | | |

夕

103

| | | | | | | | | | | | | | | |
|---|---|---|---|---|---|---|---|---|---|---|---|---|---|---|
| 20、8、29第一工軍司令部ノ定ムル兵站病院転属 | 19、3、1 | 天津陸軍病院 一七、五、四 | 愛媛県宇摩郡三島町下四六七番地 | 同上 | 父 | 高橋新之祐 | 昭16 | 昭19 | 三、豫 衛 伍軍 20、8、1 | 高橋雅雄 | 大一〇、九、二七 | 無 | 20、8、1 進級 |
| 20、8、29第一五三兵站病院転属 | 17、6、24 | 歩兵第一五七聯隊 一七、五、二五 | 神奈川県中郡伊勢原町東大竹一、五七三番地 | 埼玉県北葛飾郡東和村小溝 松浦清太郎方 | 妻 | 田中タカ | 昭9 | 昭19 | 三、豫 衛 伍軍曹 20、8、20 | 田中新一 | 大三、一、三〇 | 無 有 | 20、6、1 現住 |
| 20、8、29第一六一兵站病院転属 | 19、3、1 | 天津陸軍病院 一七、五、六 | 三重県津市阿漕町津興二四一四番地 | 同上 | 父 | 館要太郎 | 昭16 | 昭19 | 三、現 衛 伍軍 20、8、1 | 館正夫 | 大一〇、一、一 | 無 | 20、8、1 進級 |
| 20、6、9 戦病死 | 19、3、1 | 天津陸軍病院 一七、五、四 | 三重県一志郡戸木村一、九三九番地 | 同上 | 父 | 田端圓治 | 昭16 | 昭19 | 三、現 衛 伍軍 20、6、9 | 田端潔 | 大一〇、九、八 | 無 | 20、9、1 進級 |
| 20、8、29第一八七兵站病院転属 | 17、6、24 | 歩兵第一五七聯隊 一七、五、二五 | 東京都深川区牡丹町一丁目九番地 | 東京都足立区千住町三丁目二九番地 | 父 | 田沼才二郎 | 昭16 | 昭19 | 三、豫 衛 伍軍 20、8、1 | 田沼良一 | 大一〇、一一、三 | 無 | 20、8、1 進級 |
| 20、8、29第一六六兵站病院転属 | 19、3、1 | 北京第一陸軍病院 一七、六、二七 | 静岡県田方郡韮山村南條一四七五番地 | 同上 | 父 | 田中辨造 | 昭16 | 昭19 | 三、現 衛 伍軍 20、3、1 | 田中武夫 | 大一〇、一〇、一五 | 無 | 20、4、5 進級 |
| 20、8、29第一五五兵站病院転属 | 18、2、28 | 工兵第三二聯隊 一七、二、一 | 千葉県君津郡君津町坂田一五七七番地 | 同上 | 父 | 谷好藏 | 昭16 | 昭19 | 現 衛 伍 19、12、1 | 谷孝一 | 大一〇、一〇、二二 | 無 | |
| 20、8、29第一八八兵站病院転属 | 17、2、27 | 國府台陸軍病院 一六、一、一八 | 東京都麻布区笄町七一番地 | 同上 | 父 | 寶田常次郎 | 昭12 | 昭19 | 三、豫 衛 伍軍 20、8、1 | 寶田平八 | 大六、一〇、一五 | 無 | 20、8、1 進級 |

104

# 留守名簿

| 転属 | 編入年月日 | 前所属及其編入年月日 | 本籍（在留地） | 留守担当者 住所 | 続柄 | 留守担当者 氏名 | 徴集年 | 任官年 | 役種兵種等級官等俸給月額発令年月日 | 氏名 生年月日 | 留守宅渡ノ有無 | 補修年月日 |
|---|---|---|---|---|---|---|---|---|---|---|---|---|
| 20、8、29 第一五兵站病院転属 | 18、5、20 | 独歩第七八大隊 一八、二、一 | 埼玉県南埼玉郡川通村大字大野島八五〇番地 | 同上 | 父 | 高橋敏章 | 昭17 | 昭19 | 現 衛 伍 軍曹 三、伍、17 20、8、20 | 高橋清 大一二、五、八 | 無 | |
| 20、8、29 第一五兵站病院転属 | 18、4、8 | 野戦重砲兵第八聯隊 一八、三、二 | 東京都本郷区駒込神明町四五九番地 | 東京都本所区駒込千駄木町一八六番地 | 伯父 | 足立金治 | 昭16 | | 二 補 衛 20、8 20 上 | 儀弥平衛 大一〇、四、一〇 | 無 | |
| 20、8、29 第一五兵站病院転属 | 18、5、20 | 独立歩兵第七八大隊 一八、二、一 | 千葉県印旛郡千代田町栗山一〇七四番地 | 同上 | 父 | 田中政吉 | 昭17 | | 現 衛 兵長 20、8、1 | 田中隆治 大一二、三、二〇 | 無 | 20、8、1 進級 |
| 20、8、29 第一五兵站病院転属 | 16、1、6 | 歩兵第四九聯隊 一五、一二、九 | 東京都南多摩郡稲城村大丸三八七番 | 同上 | 父 | 田口衛五郎 | 昭15 | | 一 補 衛 兵長 20、8 20 | 田口正治 大九、三、一〇 | 無 | |
| 20、8、29 第一六兵站病院転属 | 18、3、5 | 歩兵第一五聯隊 一七、一、一〇 | 山梨県東山梨郡諏訪村成沢三三一番地 | 同上 | 父 | 武井政治 | 昭16 | | 現 衛 伍 20、3、1 | 武井広忠 大一〇、二、二二 | 無 | 20、4、5 官等 |
| 20、8、29 第一五兵站病院転属 | 18、5、20 | 独立歩兵第七八大隊 一八、二、一 | 千葉県印旛郡根郷村大篠塚七〇二番地 | 同上 | 父 | 高宮時治 | 昭17 | | 現 衛 兵長 20、8 20 | 高宮建司 大一一、八、一〇 | 無 | |

タ

| | | | | | | | | | | | |
|---|---|---|---|---|---|---|---|---|---|---|---|
| 20.8.29 第一五兵站病院転属 | 18.3.1 | 歩兵第二一聯隊 一七、二、一 | 東京都品川区大崎本町三丁目五七九番地 | 東京都品川区大崎本町三丁目四〇五番地 | 父 | 高橋吉三郎 | 昭16 | 現 衛 伍長 20.4.1 | 高橋一夫 大一〇、六、一〇 | 無 | 20.6.1進級 |
| 20.8.29 第一五兵站病院転属 | 18.10.1 | 野戦重砲兵第八聯隊 一八、九、一 | 栃木縣下都賀郡水代村大字橋本七五四番地 | 同上 | 父 | 高瀬理一 | 昭15 | 一補 衛長 | 高瀬啓一 大九、八、六 | 無 | |
| 20.8.29 第一五兵站病院転属 | 18.10.1 | 氣球聯隊 一八、九、二〇 | 東京都芝区新堀町一〇番地 | 東京都荏原区東中延町四二七番地 | 兄 | 田中政勝 | 昭10 | 二補 衛上 | 田中清 大四、三、一〇 | 無 | |
| 20.8.29 第一〇五兵站病院転属 | 18.10.1 | 氣球聯隊 一八、九、二〇 | 宮城縣栗原郡姫松村大字狐崎字中葉田八五番地 | 同上 | 父 | 高橋喜代治 | 昭8 | 二國 衛上 | 高橋義雄 大五、一二、二六 | 無 | |
| 20.8.29 第一八兵站病院転属 | 15.9.6 | 野戦重砲兵第十七聯隊 一五、八、一 | 埼玉縣北足立郡野田村大字代山一〇〇五番地 | 同上 | 兄 | 高橋栄吉 | 昭14 | 一補 衛長 | 高橋兼吉 大七、八、二二 | 無 | |
| 20.8.29 第一八兵站病院転属 | 18.6.14 | 氣球聯隊 一八、六、一 | 埼玉縣北足立郡小室村八〇〇九番地 | 同上 | 父 | 高山房五郎 | 昭13 | 豫 衛伍 20.6.1 | 高山一二 大七、一一、三 | 無 | 20.7.1進級 |
| 20.8.29 第一九兵站病院転属 | 18.10.1 | 氣球聯隊 一八、九、二〇 | 福島縣安達郡缶下村大字原瀬字山口八〇番地 | 福島縣福島市大神町井戸尻八番地 | 父 | 丹野吉五郎 | 昭9 | 二國 衛長 20.3.1 | 丹野正治 大二、七、二七 | 無 | |
| 20.8.29 第一六兵站病院転属 | 18.10.1 | 野戦重砲兵第八聯隊 一八、九、二〇 | 富山縣西礪波郡東五位村内島六四六番地 | 富山縣婦負郡神保村河原町一七〇九番地 芳田文藏方 | 妻 | 竹森丸子 | 昭17 | 一補 衛上 20.7.15 | 竹森文次 大一一、二、二三 | 無 | 20.7.30進級 |

106

# 留守名簿

| | 1 | 2 | 3 | 4 | 5 | 6 |
|---|---|---|---|---|---|---|
| （欄外） | 20.8.29 第一九四兵站病院転属 | 20.8.29 第一五五兵站病院転属 | 20.8.29 第十二軍司令官ノ定ムル兵站病院転属 | 20.8.29 第一五五兵站病院転属 | 20.8.29 第一九四兵站病院転属 | 20.8.29 第一九四兵站病院転属 タ |
| 編入年月日 | 15.9.6 | 15.9.6 | 18.6.14 | 15.9.6 | 16.1.6 | 18.3.1 |
| 前所属及其編入年月日 | 歩兵第五七聯隊 一五、八、一 | 歩兵第一九四聯隊 一五、八、一 | 氣球聯隊 一八、六、一 | 歩兵第一五七聯隊 一五、八、一 | 歩兵第一四九聯隊 一五、一二、九 | 独立歩兵第四三大隊 一七、四、八 |
| 本籍（在留地） | 千葉縣印旛郡八街町八街ロ四四ロ番地 | 神奈川縣横濱市南区通町四丁目九三番地 | 東京都本所区厩橋三丁目十五番地ノ三 | 千葉縣香取郡津宮村四九八番地 | 東京都西多摩郡戸倉村一五四九番地 | 宮城縣仙台市國分町一五一番地 |
| 留守擔當者 住所 | 同上 | 同上 | 同上 | 同上 | 同上 | 同上 |
| 續柄 | 兄 | 父 | 父 | 妻 | 父 | 兄 |
| 氏名 | 田中作司 | 田中常助 | 竹内傳吉 | 高安きく | 高橋宇一 | 竹丸嘉藏 |
| 徴集年 任官年 | 昭11 | 昭14 | 昭15 | 昭11 | 昭15 | 昭15 |
| 役種兵種官等級並ニ等給俸月給額發令年月日 | 一、補衛 18.8.1 20.8.1 長 | 豫衛伍 十補衛長 20.3.1 | 一、補衛 19.8.1 20.8.1 長 | 一、補衛 三、衛 伍 20.8.1 長 | 一、補衛上 18.12.9 | 現衛 18.8.1 20.8.1 長 |
| 氏名 生年月日 | 田中昇 大五、九、一 | 田中一 大八、二、一七 | 竹内敬一 大九、一、三〇 | 高安孝敏 大五、六、二五 | 高橋太郎 大九、一〇、八 | 竹丸敬吉 大九、一、一四 |
| 留守宅渡ノ有無 | 無 | 無 | 無 | 無 | 無 | 無 |
| 補修年月日 | | 20.4.5官等 | | 20.4.5官等 | | |

107

| | | | | | | | | | | | |
|---|---|---|---|---|---|---|---|---|---|---|---|
| 20、8、29 第十二軍司令官ノ定ムル兵站病院転属 | 18、3、1 | 歩兵第二〇聯隊 一七、二、一 | 神奈川県横濱市神奈川区西大口五番地ノ二 | 同上 | 父 | 丹那譯伊太郎 | 昭16 | 現衛長 20、8、1 | 丹那譯武博 大一〇、一、一 | 無 | 20、8、1進級 |
| 20、8、29 第一六六兵站病院転属 | 18、10、1 | 野重砲兵第八聯隊 一八、九、二〇 | 東京都江戸川区北篠崎町三五〇番地 | 同上 | 父 | 高橋馬之助 | 昭16 | 二補衛上長 20、8、20 | 高橋平之助 大一〇、一、二五 | 無 | |
| 同右 | 18、6、14 | 氣球聯隊 一八、六、一 | 埼玉県北足立郡川田谷村七三四四番地 | 同上 | 父 | 高柳誠資 | 昭11 | 一補衛上 20 | 高柳重治 大五、九、一〇 | 無 | |
| 20、8、29 第一五三兵站病院転属 | 20、1、31 | 独立歩兵第八十二大隊 一九、一二、一八 | 東京都麹町区九段一丁目一七番地ノ二 | 静岡県富士宮市神賀区七七一番地 | 母 | 武田しま | 昭19 | 現衛卅一 20、5、18 | 武田菊雄 大四、九、二 | 無 | 20、6、1進級 |
| 20、8、29 第一五一兵站病院転属 | 20、1、31 | 独立歩兵第八十二大隊 一九、一二、一八 | 東京都四谷区若葉町三丁目五番地四 | 東京都瀧ノ川区昭和町三丁目六九番地 | 伯父 | 興石豊太郎 | 昭19 | 現衛卅一 20、5、18 | 高木荘司 大一四、五、三一 | 無 | 20、6、1進級 |
| 20、8、29 第一五五兵站病院転属 | 20、1、31 | 独立歩兵第八十二大隊 一九、一二、一八 | 東京都品川区上大崎中丸四四四番地 | 東京都麻布区宮下町一〇番地 | 母 | 田部井とよ | 昭19 | 現衛卅一 20、5、18 | 田部井治吉 大四、三、九 | 無 | 20、6、1進級 |
| 20、8、29 第一九八兵站病院転属 | 20、1、31 | 独立歩兵第八十二大隊 一九、一二、一八 | 東京都京橋区宝町二丁目六番地ノ一三 | 同上 | 叔父 | 田中雄三 | 昭19 | 現衛卅一 20、5、18 | 田中一郎 大一四、五、二六 | 無 | 20、6、1進級 |
| 20、8、29 第一六五兵站病院転属 | 20、1、31 | 独立歩兵第八十二大隊 一九、一二、一八 | 埼玉県北足立郡北本宿村大字宮内五一五番地 | 同上 | 父 | 田島末吉 | 昭19 | 現衛卅一 20、5、18 | 田島源作 大一三、七、一九 | 無 | 20、6、1進級 |

108

# 留守名簿

| 転属記事 | 編入年月日 | 前所属及其編入年月日 | 本籍（在留地） | 留守擔當者住所 | 續柄 | 留守擔當者氏名 | 徴集任官年 | 役種兵種官等級俸給額等 | 氏名 | 生年月日 | 留守宅渡ノ有無 | 補修年月日 |
|---|---|---|---|---|---|---|---|---|---|---|---|---|
| 20、8、29第一五一兵站病院転属 | 20、1、31 | 独立歩兵第八十六大隊 一九、一一、一八 | 東京都足立区千住仲居町ノ二四番地 | 同上 | 伯父 | 高橋初五郎 | 昭19 | 現 衛 卄一 20、5、18 | 高橋清七 | 大一三、一一、二九 | 無 | 20、6、1進級 |
| 20、8、29第一五一兵站病院転属 | 20、1、31 | 独立歩兵第八十六大隊 一九、一一、一八 | 東京都本所区向島請地町一一六番地 | 千葉県印旛郡本下町小林字砂田 | 母 | 小川ふさ | 昭19 | 現 衛 卄一 20、5、18 | 瀧田敦孝 | 大四、七、一八 | 無 | 20、6、1進級 |
| 20、8、29第一五一兵站病院転属 | 20、1、31 | 独立歩兵第八十六大隊 一九、一一、一八 | 東京都本所区厩橋三丁目二二番地ノ一 | 同上 | 母 | 竹内シズ | 昭19 | 現 衛 卄一 20、5、18 | 竹内一慶 | 大四、二、一九 | 無 | 20、6、1進級 |
| 20、8、29第十三軍司令官ノ定ムル兵站病院転属 | 20、1、30 | 独立歩兵第八十六大隊 一九、一一、一八 | 東京都麹町区飯田町一丁目二六番地ノ四 | 東京都麹町区飯田町一丁目三二番地 | 母 | 高橋いと | 昭19 | 現 衛 卄一 20、5、18 | 高橋安次郎 | 大四、二、一九 | 無 | 20、5、30現住 20、6、1進級 20、7、1現住 |
| 20、8、29第一六五兵站病院転属 | 20、1、31 | 独立歩兵第八十六大隊 一九、一一、一八 | 東京都北多摩郡村山村大字三ツ木一、一四七番地 | 同上 | 父 | 田代良之助 | 昭19 | 現 衛 卄一 20、5、18 | 田代武正 | 大一三、一二、一八 | 無 | 20、6、1進級 |
| 20、8、29第一五一兵站病院転属 | 20、1、31 | 独立歩兵第八十六大隊 一九、一一、一八 | 東京都浅草区芝崎町二丁目二番地ノ二 | 東京都神田区佐久間町四丁目十三番地 宮城県刈田郡白石町亘里町 | 母 | 竹本ひでき | 昭19 | 現 衛 卄一 20、5、18 | 竹本正藏 | 大一三、一、一八 | 無 | 20、5、30現住 20、6、1進級 |

9

| | | | | | | | |
|---|---|---|---|---|---|---|---|
| 20.8.29 第十三軍司令官ノ定ムル兵站病院転属 | 同右 | 20.9.24 戦病死（肺結核） | 20.8.29 第一六一兵站病院転属 | 同右 | 20.8.19 解傭 | 20.8.29 第一五一兵站病院転属 | 20.8.29 第一五三兵站病院転属 |
| 20.1.31 | 20.1.31 | 20.1.31 | 20.1.31 | 20.1.31 | 18.9.16 | 15.3.23 | 18.10.6 |
| 独立歩兵第八十六大隊 一九、二、八 | 独立歩兵第八十六大隊 一九、二、八 | 独立歩兵第八十六大隊 一九、二、八 | 独立歩兵第八十六大隊 一九、二、八 | 独立歩兵第八十六大隊 一九、二、八 | | [redacted]菊池部隊 [redacted] 一四、七、三 | |
| 東京都浅草区雷門一丁目二五番地ノ一 | 東京都八王子市本町三番地 | 東京都豊島区長崎一丁目三一番地ノ七 | 東京都本所区堅川町一丁目一四番地ノ一 | 埼玉縣北足立郡大石村大字畔吉一一〇〇番地ノ二 | 朝鮮平安南道平原郡西海面延豊里三九 | 長崎縣長崎市西町二四番地 | 青森縣青森市大字大野字長島四番地ノ三号（天津特別市第三区大経路） |
| 同上 | 同上 | 東京都下谷区仲御徒町四丁目九番地 | 千葉縣銚子市名洗町 | 同上 | 満洲国奉天省山城鎮東南門安興精米所 | 北京市外五区天壇農林場 | 同上在留地 |
| 兄 | 父 | 母 | 父 | 父 | 父 | 妻 | 妻 |
| 田邊久一郎 | 高橋隆吉 | 田島すゞ | 竹内要之助 | 高橋啓三郎 | 西原昌辰 | 田浦リト | 瀧谷いく子 |
| 昭19 | 昭19 | 昭19 | 昭19 | 昭19 | | | |
| 現衛 廿一 20.5.18 | 現衛 廿一 20.5.18 | 現衛 廿一 20.5.18 | 現衛 廿一 20.5.18 | 現衛 廿一 20.5.18 | 傭人（通訳） 三.6.10 20.3.31 | 調理指導員 20.8.20 | 技術雇員 20.8.20 |
| 田邊荒吉 大一三、一、四 | 高橋[illegible]次郎 大四、四、一五 | 田島弘一 大四、一、一九 | 竹内喜助 大四、一、一 | 高橋民二 大一三、三、一三 | 田中學述 大一四、三、一六 | 田浦榮太郎 明二六、三、一六 | 瀧谷守 大五、三、二五 |
| 無 | 無 | 無 | 無 | 無 | 無 | 無 | 無 |
| 20.6.1 進級 | 20.6.1 進級 | 20.6.1 進級 | 20.6.1 現住 20.6.1 進級 | 20.6.1 進級 | 20.4.5 昇給 | 20.4.5 昇給 20.8.20 〃 | 20.4.5 昇給 20.8.20 〃 |

110

# 留守名簿

| | 1 | 2 | 3 | 4 | 5 | 6 |
|---|---|---|---|---|---|---|
| （記事） | 20.8.29第一〇五兵站病院転属 | 20.8.29第十二軍司令官ノ定ムル兵站病院転属 | 第一六九兵站病院転補 | 20.8.29第一六一兵站病院転属 | 20.5.15 解雇 | 20.8.29第一九四兵站病院転属 タ |
| 編入年月日 | 15.3.23 | 15.3.23 | 15.6.8 | 15.3.23 | 17.9.24 | 15.3.23 |
| 前所属及其編入年月日 | 菊池部隊[redacted] 一四、三、一四 | 園田部隊[redacted] 一三、八、一〇 | | 池井部隊[redacted] 一三、九、二七 | | 西村(正)部隊[redacted] 一三、九、二七 |
| 本籍（在留地） | 青森県青森市古川町美法三三番地（天津特別市第三区大経路四号） | 栃木県上都賀郡日光町大字日光二、四八五番地 | 宮城県仙台市新傳馬町七六番地 | 千葉県君津郡平岡村三箇一、七二三番地（中華民国河北省石門市白壁路陸軍宿舎） | 京都府京都市上京区紫野門前町二八番地 | 千葉県香取郡香取町下小野七三八番地 |
| 留守擔當者 住所 | 同上在留地 | 同上 | 同上 | 同上 | 京都府京都市上京区紫野石竜町五三番地 | 中華民国山西省太原市上馬街一号 |
| 続柄 | 妻 | 父 | 父 | 妻 | 母 | 妻 |
| 氏名 | 高橋澄子 | 竹尾芳三郎 | 田島與兵衛 | 高山スミ子 | 谷藤時子 | 高岡イク |
| 徴集年 任官年 | | | | | | |
| 役種兵種官等並ニ等給 級俸月給額 發令年月日 | 業務手 20.8.20 | 業務手 20.8.20 | 技術雇員 20.8.20 | 陸軍技手 五、20.7.31 | 技術雇員 20.5.15 | 陸軍技手 五、20.7.31 |
| 氏名 生年月日 | 高橋寛 明三八、一二、七 | 竹尾湊 明四三、一〇、二五 | 田島巳之助 大六、八、三 | 高山城治 明四一、一〇、二八 | 谷藤勝雄 大六、一一、二七 | 高岡靖 大五、一、七 |
| 留守宅渡ノ有無 | 無 | 無 | 有 | 無 | 有 | 無 |
| 補修年月日 | 20.4.5昇給 20.8.20〃 | 20.4.5昇給 20.8.20〃 | 20.4.5昇給 20.8.20〃 | 20.7.1官等 | 20.4.5昇給 20.5.15〃 | 20.7.31官等 |

111

| 備考 | 日付 | 部隊 | 本籍 | 留守宅住所 | 続柄 | 留守担当者 | 身分 | 氏名 | 生年月日 | 有無 | 備考 |
|---|---|---|---|---|---|---|---|---|---|---|---|
| 20、8、29第一九四兵站病院転属 | 15、11、18 | | 熊本県熊本市川尻町三六一番地 | 同上 | 父 | 玉置知興 | 通訳員 十三、6、20、8、20 | 玉置通知 | 大一〇、七、二八 | 有 | 20.4.5昇給 20.8.20 〃 |
| 20、8、29第一五三兵站病院転属 | 15、9、28 | 独混第三旅団第六大隊 一三三、一六 | 島根県邇摩郡久利村大字松代一八三番地 | 同上 | 父 | 竹下捨吉 | 自動車操縦者 六八〇 20、8、20 | 竹下義雄 | 大六、四、二九 | 無 | 20.4.5昇給 20.8.20 〃 |
| 療養休務中 20、8、29第一五一兵站病院転属 | 15、3、23 | [redacted]菊地部隊 一四、二八 | 秋田県雄勝郡明治村桝体二四番地ノ二 | 満洲国牡丹江省寧安県山市駅合達湾雄勝郷 | 兄 | 高山清助 | 技術雇員 六八〇 19、3、31 | 高山清七 | 明四五、四、一 | 無 | |
| 療養休務中 20、8、29第一五一兵站病院転属 | 18、5、27 | | 京都府京都市上京区紫野門前町二八番地 | 京都市上京区紫野石竜町五三番地 | 母 | 谷藤時子 | 技術傭人 三九〇 19、4、1 | 谷藤喜代司 | 大一一、一一、一〇 | 無 | |

112

# 留守名簿

| 編入年月日 | 前所属及其編入年月日 | 本籍（在留地） | 留守擔當者 住所 | 續柄 | 留守擔當者 氏名 | 徴集年 | 任官年 | 役種兵種官等級等級ニ等給俸給月額 發令年月日 | 氏名 生年月日 | 留守宅渡ノ有無 | 補修年月日 | 備考 |
| --- | --- | --- | --- | --- | --- | --- | --- | --- | --- | --- | --- | --- |
| 15.3.23 | 菊池部隊 一〇、一〇、一八 | 秋田縣能代市能代町字阿呼寺下六一番地 | 同上 | 父 | 珍田藤三郎 | 昭11 | 昭14 | 現主曹 二、18、9、30 | 珍田正雄 大五、一〇、二五 | 有 | | 20.7.29 第一五五兵站病院轉屬 |
| 18.1.20 | | 奈良縣磯城郡櫻井町大字外山五番地 | 河北省北京市内四区梅塩寺西大街四一號 | 妻 | 近本幹 | | 昭18 | 陸軍技手 四、20、8、20 | 近本英武 大七、一、三 | 無 | 20.8.20 給俸 | 20.8.29 第一五一兵站病院轉屬 |
| 17.6.24 | 歩第一五七聯隊 一七、五、二五 | 東京都世田ケ谷区喜田見町二七四番地 | 同上 | 母 | 笠原たまよ | 昭15 | 昭19 | 豫衛伍軍 三、20、8、1 | 笠原隆穀 大九、八、三 | 無 | 20.8.1 進級 | 20.8.29 第一五一兵站病院轉屬 |
| 17.6.24 | 歩第一五七聯隊 一七、五、二五 | 山梨縣北巨摩郡大泉村西井出一四〇七番地 | 長野縣諏訪郡落合村富里九九九八番地 | 妻 | 千野とみゑ | 昭8 | | 豫衛 20、8、20 長 | 千野道文 大二、一二、一 | 無 | | 20.8.29 第一五一兵站病院轉屬 |
| 17.6.24 | 歩第一五七聯隊 一七、五、二五 | 埼玉縣秩父郡大滝村大字大滝六八〇番地 | 同上 | 父 | 千島徳市 | 昭12 | | 一補衛 20、8、20 長 | 千野種次 大六、二、八 | 無 | | 20.8.29 第十二軍司令官ノ定ムル兵站病院轉屬 |
| 16.1.6 | 歩第一四九聯隊 一五、一二、九 | 千葉縣君津郡小櫃村戸崎一八一番地 | 同上 | 父 | 地曳喜惣次 | 昭15 | | 予補衛伍 20、8、20 長 | 地曳新治 大九、一、七 | 無 | | 同右 |

チ

113

20.7.29第十三軍司令官指定ノ兵站病院転属

20.8.29第一五一兵站病院転属

| | | | | | | | | | | |
|---|---|---|---|---|---|---|---|---|---|---|
| 15.7.6 | 歩第一五七聯隊 一五、八、一 | 千葉県印旛郡臼井村和田六二六番地 | 千葉県東葛飾郡手賀村鷲野谷六二五番地 | 養 文 | 血脇長次 | 昭11 | 二補衛兵長 20.8.20 | 血脇仲 | 大五、三、八 | 無 |
| 15.3.23 | 菊池部隊 一四、一一、二四 | 石川県小松市今江町戊ノ一六番地 | 北京市内二区皮庫胡同一〇號 | 妻 | 地井タケ子 | | 陸軍技手 技術雇員 六、20.9.1 | 地井外次郎 | 大二、二、二八 | 無 20.4.5昇給 20.7.31官等 |

114

# 留守名簿

| 上欄 | 編入年月日 | 前所属及其編入年月日 | 本籍（在留地） | 留守担当者住所 | 続柄 | 留守担当者氏名 | 徴集年 | 任官年 | 役種・兵種・官等級・俸給月額・発令年月日 | 氏名 | 生年月日 | 留守宅渡ノ有無 | 補修年月日 |
| --- | --- | --- | --- | --- | --- | --- | --- | --- | --- | --- | --- | --- | --- |
| 20、8、29第一五二兵站病院転属 | 15、1、6 | 歩兵第一四九聯隊 一五、一二、九 | 東京都江戸川区小島町一丁目八七三番地 | 同 | 上 父 | 壹井三藏 | 昭15 | 昭18 | 豫衛軍 二、19、12、31 | 壹井甚作 | 大八、五、八 | 無 | |
| 20、8、29第一九四兵站病院転属 | 16、1、6 | 歩兵第一四九聯隊 一五、一二、九 | 埼玉県入間郡毛呂山町大字毛呂本郷一五五番地ノ三 | 同 | 上 母 | 堤さと | 昭15 | 昭18 | 豫衛軍 二、19、12、31 | 堤利一 | 大九、一、四 | 無 | |
| 20、8、29第一九四兵站病院転属 | 17、6、24 | 歩兵第五七聯隊 一七、五、二五 | 千葉県山武郡東金町東金三九九番地 | 千葉県山武郡東金町岩崎一二四四番地 | 父 | 津田政司 | 昭16 | 昭19 | 豫衛軍 三、伍 20、8、1 軍 | 津田政雄 | 大一〇、五、一六 | 無 | 20、8、1進級 |
| 20、8、6満軍軍医学校ニ出張内地帰還中ニ付爾後当地所管区司令官ノ定ムル部隊ニ配属 | 18、3、5 | 独立歩兵第四四大隊 一七、四、八 | 秋田県南秋田郡寺内町寺内字児櫻九六番地 | 同 | 上 兄 | 土田兼吉 | 昭15 | | 現衛伍 伍 20、8、[illegible]20 [illegible] | 土田政治 | 大九、二、二〇 | 無 | |
| 20、8、29第一五一兵站病院転属 | 17、6、24 | 歩兵第五七聯隊 一七、五、二五 | 千葉県香取郡豊和村飯塚三四四番地 | 同 | 上 妻 | 椿ふち | 昭9 | | 豫衛 伍 20、6、1 上長 | 椿晃 | 大三、八、一〇 | 無 | 20、7、1進級 |
| 20、8、29第一五一兵站病院転属 ツ | 15、9、6 | 歩兵第五七聯隊 一五、八、一 | 千葉県香取郡豊和村内山一一七〇番地 | 同 | 上 養父 | 椿榮三郎 | 昭11 | | 二、補衛 伍 20、3、1 上長 | 椿伍郎 | 大五、一〇、一〇 | 無 | 20、4、5進級 |

16

115

| | | | | | | | | |
|---|---|---|---|---|---|---|---|---|
| 20.5.30 鉄道第八聯隊転属 | 17.6.24 | 歩兵第一五七聯隊 一七、五、二五 | 埼玉縣児玉郡旭村大字小島一〇四〇番地 | 埼玉縣児玉郡本庄町本町 | 養父 塚越林五郎 | 昭16 | 一補衛長 19.8.1 | 塚越源次郎 大一〇、九、二三 無 |
| 20.8.29 第一六六兵站病院転属 | 20.1.21 | 独歩第八一大隊 一九、一一、一九 | 東京都豊島区巣鴨五丁目一〇〇五番地 | 栃木縣下都賀郡寺尾村大字小野口 | 父 堤崎熈 | 昭19 | 現衛 #一 18.11.18 20.5.18 | 堤崎廣次郎 大一四、一一、一三 無 20.6.1進級 20.7.15現在 |
| 20.8.29 第十二軍司令官ノ定ムル兵站病院転属 | 17.6.24 | 歩兵第五七聯隊 一七、五、二五 | 神奈川縣中郡高部屋村西富岡一〇三七番地 | 同上 | 妻 筒浦あき子 | 昭9 | 豫衛長 19.12.1 | 筒浦達雄 大三、一一、八 無 |
| 20.8.29 第一六六兵站病院転属 | 18.10.1 | 氣球聯隊 一八、九、二〇 | 石川縣金澤市山田屋小路一番丁一番地 | 同上 | 妻 津澤うめ | 昭12 | 二國衛兵長 19.9.1 20.8.20 | 津澤貞次 大六、五、一二 無 |
| 20.8.29 第十二軍司令官ノ定ムル兵站病院転属 | 18.6.14 | 氣球聯隊 一八、六、一 | 埼玉縣川口市上青木町四丁目一四八〇番地 | 同上 | 弟 土屋信吉 | 昭9 | 一補衛上 19.11.1 20.8.1 | 土屋新太郎 大三、一一、一五 無 |
| 20.8.29 第一六六兵站病院転属 | 18.10.1 | 氣球聯隊 一八、九、二〇 | 東京都品川区鮫洲町一三二番地 | 長野縣諏訪市四賀普門寺伊藤左久ニ方 | 妻 土田積子 | 昭11 | 二補衛兵長 19.11.1 20.8.20 | 土田増太郎 大五、二、二八 無 20.7.15現在 |
| 20.8.29 第一五九兵站病院転属 | 18.10.1 | 氣球聯隊 一八、九、二〇 | 山梨縣甲府市緑町四七番地 | 同上 | 父 角田友義 | 昭15 | 二補衛兵長 19.9.1 20.8.20 | 角田吉博 大九、八、一五 無 |
| 20.8.29 第一五五兵站病院転属 | 15.9.6 | 歩兵第一五七聯隊 一五、八、一 | 千葉縣長生郡鶴枝村臺町五一〇番地 | 同上 | 父 鶴岡鶴吉 | 昭11 | 予衛伍長 #補衛 19.8.1 20.8.20 | 鶴岡仁三郎 大五、一〇、一七 無 |

116

# 留守名簿

| 欄外 | 編入年月日 | 前所屬及其編入年月日 | 本籍（在留地） | 留守擔當者 住所 | 續柄 | 氏名 | 徴集年 任官年 | 役種兵種官等級 等ニ等給 俸月給額 發令年月日 | 氏名 生年月日 | 留守宅渡ノ有無 | 補修年月日 |
|---|---|---|---|---|---|---|---|---|---|---|---|
| 20、8、29 才十二軍司令官ノ定ムル兵站病院転属 | 16、1、6 | 歩兵第一四九聯隊 一五、一二、九 | 山梨縣東八代郡英村成田一一三九番地 | 同上 | 父 | 土屋義治 | 昭15 | 一補衛 20、8 20 長 | 土屋昊明 大九、三、二七 | 無 | |
| 20、5、30 鉄道第八聯隊転属 | 16、1、6 | 歩兵第一四九聯隊 一五、一二、九 | 神奈川縣横濱市中区竹ノ丸二四番地 | 同上 | 母 | 辻タケ | 昭15 | 一補衛長 18、12、9 | 辻一郎 大九、三、二九 | 無 | |
| 20、8、29 才十二軍司令官ノ定ムル兵站病院転属 | 15、9、6 | 野戦重砲一八聯隊 一五、八、一 | 山梨縣東八代郡英村四三番地 | 同上 | 父 | 土田豊平 | 昭14 | 一補衛 20、8 20 長 | 土屋新武 大八、六、二三 | 無 | |
| 同右 | 18、10、1 | 気球聯隊 一八、九、二七 | 東京都板橋区志村前野町八四〇番地 | 同上 | 養父 | 角田常三郎 | 昭11 | 二補衛 20、6、1 長 | 角田新一 大四、一二、六 | 無 | 20.7.1 進級 |
| 20、8、29 第一五一兵站病院転属 | 18、8、24 | | 愛知縣名古屋市中川区青池町二丁目九五番地 | 同上 | 母 | 都築たつ | | 筆生 20、8、20 | 都築光夫 昭四、六、二七 | 有 | 20.4.5 昇給 20.8.20 〃 |
| 20、8、29 第一五一兵站病院転属 | 18、8、10 | | 神奈川縣鎌倉郡片瀬町片瀬千七二三番地 | 同上 | 父 | 土屋市太郎 | | 技術雇員 20、8、20 | 土屋一光 大六、八、三一 | 無 | 20.4.5 昇給 20.8.20 〃 |

ツ

117

| | | | | | | | | | | | |
|---|---|---|---|---|---|---|---|---|---|---|---|
| 20.8.29 第一五一兵站病院転属 | 17.6.26 | | 滋賀県大津市山上町六三三番地 | 滋賀県大津市下堅田町二六番地 | 父 | 辻井音次郎 | | 技術雇員 五一、6.20 20.8.20 | 辻井春雄 大一二、二、二三 | 有 | 20.4.5 昇給 20.8.20 〃 |
| 20.8.29 第一五五兵站病院転属 | 15.3.23 | 菊地部隊 一四、一一、一五 | 岡山県真庭郡勝山町大字三田五八番地 | 北支済南市三大馬路緯九路仁和宿舎 | 妻 | 辻 佳野 | | 自動車操縦者 七五、6.20 20.8.20 | 辻 伊佐夫 明四三、6、一四 | 無 | 20.4.5 昇給 20.8.20 〃 |
| 20.8.29 第一五四兵站病院転属 | 18.2.16 | | 熊本県熊本市池田町一、一二〇番地 | | 母 | 津野田トク | | 打字員 五二、6.20 20.8.20 | 津野田久 明四二、九、二 | 有 | |
| 20.8.29 第一五三兵站病院転属 | 20.7.10 | 中支那部隊 一九、一二、二七 | 熊本県球磨郡一勝地村大字一勝地丁一二四〇番地 | | 父 | 告 熊平 | 昭18 | 現衛 1.20 20.8 120ヤ 上 | 告ヅ 萬作 大二、一二、一五 | 無 | |

| | | | | |
|---|---|---|---|---|
| （欄外） | 20.5.30 鉄道第一八聯隊転属 | 20.5.30 鉄道第一八聯隊転属 | 20.8.29 第一六六兵站病院転属 | 20.8.29 第一九四兵站病院転属 |
| 編入年月日 | 18.5.8 | 18.10.1 | 18.10.1 | 18.10.1 |
| 前所属及其編入年月日 | 野戦重砲兵第八聯隊 一八、三、二一 | 気球聯隊 一八、九、二〇 | 気球聯隊 一八、九、二〇 | 気球聯隊 一八、九、二〇 |
| 本籍（在留地） | 茨城県真壁郡下館町丙五七番地 | 長野県更級郡信級村五三一八番地 | 東京都牛込区榎町三一番地 | 富山県東礪波郡福野町苗島四八八六番地 |
| 留守担当者 住所 | 同 | 大阪府大阪市阿部野区阪南町中町四丁目一五番地 | 愛知県丹羽郡布袋町曽本 | 同 |
| 留守担当者 続柄 | 上 父 | 兄 | 妻 | 上 父 |
| 留守担当者 氏名 | 寺田尚義 | 寺島重雄 | 寺澤みや子 | 寺島瀧次郎 |
| 徴集年 | 昭16 | 昭14 | 昭11 | 昭17 |
| 任官年 | 昭19 | | | |
| 役種兵種官等級俸給 発令年月日 | 現 衛 伍 19.12.1 | 二国 衛 一 19.3.20 | 二補 衛 1.20 3.1 2.1.20 上 | 一補 衛 1.20 1.5.20 兵長 |
| 氏名 生年月日 | 寺田道雄 大五、一〇、一 | 寺島昇 大七、一二、五 | 寺澤末廣 大四、一二、二八 | 寺島富之助 大一〇、一〇、二 |
| 留守宅渡ノ有無 | 無 | 無 | 無 | 無 |
| 補修年月日 | | | | |

テ

留守名簿



119

# 留守名簿

ト

| | | | | | | |
|---|---|---|---|---|---|---|
| 転属 | 20.8.29第一五三兵站病院転属 | 20.8.29第一五一兵站病院転属 | 20.8.29第一五五兵站病院転属 | 20.6.4東北軍管区司令部転属 | 20.8.29第一五一兵站病院転属 | 20.8.[illegible]第一一六兵站病院転属 |
| 編入年月日 | 15.3.23 | 15.3.23 | 15.3.23 | 17.6.24 | 18.3.1 | 18.10.1 |
| 前所属及其編入年月日 | 池井部隊 一三、九、三〇 | 菊池部隊 一四、二、八 | 吉井部隊 一三、九、二五 | 歩兵第一五七聯隊 一七、五、二五 | 歩兵第二一一聯隊 一七、一、一 | 築城聯隊 一八、九、二〇 |
| 本籍（在留地） | 山口県豊浦郡神田村九七番屋敷 | 東京都荏原区平塚四丁目二七番地 | 東京都杉並区大宮前六丁目三九〇番地 | 埼玉県児玉郡八幡村大字上[illegible]場三九ノ一 | 東京都世谷区山下町一一番地 | 東京都日本橋区馬喰町三丁目二ノ一 |
| 留守擔當者 住所 | 朝鮮大邱府[illegible]村上町三四番地 | 東京都荏原区平塚町五ノ三七 | 同上 | 同上 | 同上 | 千葉県夷隅郡国吉町刈谷 |
| 續柄 | 母 | 文 | 文 | 兄 | 兄 | 文 |
| 氏名 | 豊永サク | 豊島泰次郎 | 土居源太郎 | 豊田藏吉 | 富岡次郎吉 | 富樫九八 |
| 徴集年 | 昭12 | 昭11 | | 昭12 | 昭16 | 昭11 |
| 任官年 | 昭15 | 昭13 | 昭15 | 昭15 | | |
| 役種兵種官等級俸月額発令年月日 | 現 衛 曹 二、19、9、30 | 現 衛 准 四、20、3、1 | 陸軍技師 20、6、30 | 豫 衛 軍 一、20、6、30 | 現 衛 長 20 | 二 補 衛 長 20、6、1 |
| 氏名 生年月日 | 豊永安雄 大六、七、三一 | 豊島泰成 大五、五、一五 | 土居博 大五、二、二三 | 豊田與吉 大六、五、一九 | 富岡健 大一〇、三、二〇 | 富樫和一 大五、一〇、三〇 |
| 留守宅渡ノ有無 | 有 | 有 | 有 | 無 | 無 | 無 |
| 補修年月日 | | 20.4.5 官等 20.6.1 現任 | 20.7.1 官等 | 20.6.30 等級 | | 20.5.30 現任 20.8.1 進級 |

120

| 備考 | 入営 | 部隊 | 本籍 | 留守宅 | 続柄 | 留守担当者 | | 階級 | 氏名 | 生年月日 | | |
|---|---|---|---|---|---|---|---|---|---|---|---|---|
| 20.8.29第一九四兵站病院転属 | 18.4.8 | 野戦重砲兵第八聯隊 一八、三、二 | 千葉県君津郡松丘村高水一七六番地 | 同 | 上 母 | 鴇田《トキダ》いく | 昭16 | 二補衛 20.6.1 卄上 | 鴇田《トキダ》竹雄 | 大元、三、四 | 無 | 20.7.1進級 |
| 20.8.29才十三軍司令官ノ定ムル兵站病院転属 | 18.6.14 | 氣球聯隊 一八、六、一 | 埼玉県北足立郡鴻巣町鴻巣三一六番地 | 同 | 上 妻 | 戸崎好子 | 昭12 | 一補衛 20.6.1 卄上 | 戸崎福義 | 大六、二、二六 | 無 | 20.7.1進級 |
| 20.8.29第一九四兵站病院転属 | 16.1.6 | 歩兵第一四九聯隊 一五、一二、九 | 埼玉県比企郡伊草村大字角泉七三番地 | 同 | 上 父 | 遠山清七 | 昭15 | 一補衛 20.8.20兵長 | 遠山幸雄 | 大九、三、六 | 無 | |
| 20.8.6陸軍軍医学校出張、内地滞留中存滞留地所管ノ司令官ノ定ムル部隊転属 | 15.9.6 | 野戦重砲兵第八聯隊 一五、八、一 | 神奈川県小田原市風祭一九七番地 | 同 | 上 父 | 戸倉房次郎 | 昭14 | 二補衛 20.8.20兵長 | 戸倉利雄 | 大八、八、一四 | 無 | |
| 20.8.29第一五一兵站病院転属 | 18.5.20 | 独歩第七八大隊 一八、二、一 | 東京都城東区北砂町八丁目一四一 | 同 | 上 母 | 外山テイ | 昭17 | 現衛 20.8.1 兵長 | 外山政三 | 大一一、九、二九 | 無 | 20.8.1進級 |
| 20.8.29第一五一兵站病院転属 | 18.8.24 | | 岐阜県武儀郡東武芸村谷口二六八番地 | 同 | 上 父 | 富成孫助 | | 衛生 [illegible] 20.8.20 | 富成政策 | 昭三、一、二五 | 有 | 20.4.5 兵分<br>20.8.20 〃 |
| 20.8.29第一五一兵站病院転属 | 16.4.2 | | 熊本県熊本市黒髪町大字宇留毛七二一番地 | 同 | 上 父 | 豊田多三 | | 自動車操縦者 [illegible] 20.8.20 | 豊田英夫 | 大六、二、二五 | 無 | 20.4.5 兵分<br>20.8.20 〃 |
| 20.4.4 解雇 | 15.3.23 | 菊池部隊 一四、三、二五 | 大阪市東淀川区本庄川崎町五丁目五番地 | 大阪府大阪市南区鍛冶屋町八番地 | 義弟 | 竹中了規 | | 技術雇員 七五〇〇 19.9.30 | 豊島明一 | 明三二、一二、三 | 無 | |

121

# 留守名簿

| 備考 | 編入年月日 | 前所属及其編入年月日 | 本籍（在留地） | 留守担当者 住所 | 続柄 | 留守担当者 氏名 | 徴集年 | 任官年 | 役種兵種官等 等級ニ等給 級俸月給額 發令年月日 | 氏名 生年月日 | 留守宅渡ノ有無 | 補修年月日 |
|---|---|---|---|---|---|---|---|---|---|---|---|---|
| 20、8、29 第一九八兵站病院転属。 | 15、3、23 | 吉村部隊 [redacted] 一三、九、二七 | 大分縣東國東郡旭日村次郎丸一〇一四ノ一番地 | 東京都目黒区緑ヶ丘二六四二〇 | 妻 | 長木幸子 | | 昭13 | 豫医大尉 一、19、4、30 | 長木大三 大三、三、一三 | 有 | |
| 20、8、29 第一九兵站病院転属。 | 15、3、23 | 西村(正)部隊 [redacted] 一三、九、二八 | 京都市東山區三條通北裏白川筋東入堀池町三、八八五 | 同上 | 妻 | 並河貴子 | 昭12 | 昭13 | 豫医大尉 二、20、4、30 | 並河靖 大二、一一、二七 | 有 | 20、7、1 等級 |
| 20、8、29 第一五二兵站病院転属 | 18、3、19 | 山砲兵第二七聯隊 一六、七、二四 | 岡山縣川上郡平莊村大字地頭一、三二七番地 | 岡山市六番町一〇番地 | 父 | 那須剛介 | | 昭15 | 豫醫大尉 三、19、9、15 | 那須毅 大四、三、九 | 有 | 届 |
| 20、8、29 第一五一兵站病院転属、 | 15、3、23 | 菊池部隊 [redacted] 一四、六、二八 | 東京都南多摩郡鶴川村大藏一、七六一番地 | 同上 | 母 | 中溝民子 | 昭13 | 昭15 | 豫医中尉 大尉 三、20、4、30、20 | 中溝保三 大四、三、一九 | 有 | 20、6、1 等級 |
| 20、8、29 第十二軍司令官ノ指定スル兵站病院転属 | 19、2、5 | 北支那方面軍司令部 一八、一一、二〇 | 京都市上京區椹木町通大宮西入中書町六七六、 | 京都市左京区下鴨西半木町一番地 | 母 | 中西佐久子 | 昭16 | 昭19 | 豫主少尉 19、7、1 | 中西陽一 大六、九、二三 | 有 | |
| 20、8、19 現地召集解除 | 19、4、12 | 北支那特別警備隊司令部 一九、二、一〇 | 富山縣婦負郡朝日村下條五六一番地 | 同上 | 父 | 中田重仁 | 昭17 | 昭20 | 予醫少尉 衛見士 20、3、10、22 | 中田重保 大九、二、二八 | 無 | 20、4、5 官等 |

十

122

| | | | | | | | | | | | | | |
|---|---|---|---|---|---|---|---|---|---|---|---|---|---|
| 20、4、1 四羅南陸軍病院転属、 | 15、3、23 | [redacted]西村(正)部隊 一三、九、二四 | 熊本県葦北郡佐敷町大字乙千屋一九九番地 | 朝鮮咸鏡南道高原郡上山面箭灘鉄道官舎 | 妻 | 中厚艶子 | 昭10 | 昭12 | 現 衛准尉 四、18、12、1 | 中厚貫 | 大四、九、一 | 無 | |
| 20、1、29 第十二軍司令官ノ定ムル兵站病院転属 | 17、12、15 | 宇都宮陸軍病院 一五、八、三〇 | 栃木県上都賀郡鹿沼町大字鹿沼一六一九番地 | 同 上 | 母 | 中山サク | 昭11 | 昭14 | 現 衛曹 二、18、8、1 | 中山勝吉 | 大五、九、五 | 有 | |
| 20、8、29 第五一兵站病院転属 | 17、6、4 | 陸軍軍医学校 一六、一、一〇 | 栃木県河内郡横川村大字江曽島一、一六八番地 | 同 上 | 兄 | 中山藤次郎 | | 昭17 | 陸軍技手 三、20、8、20 (四、18、8、31) | 中山春吉 | 明四一、三、二 | 無 | 20、8、29 級俸 |
| 20、6、4 西部軍管区司令部転属 | 15、9、6 | 野戦重砲兵第十七聯隊 一五、八、一 | 東京都荒川区三河島町四ノ三四四三番地 | 東京都荒川区三河島町五ノ二五八番地 | 父 | 中山寛造 | 昭14 | 昭17 | 豫 衛軍 二、19、12、1 | 中川享明 | 大八、一〇、九 | 無 | |
| 20、8、29 第十三軍司令官ノ定ムル兵站病院転属 | 18、7、21 | 独歩第三三大隊 一六、一二、一 | 東京都北多摩郡府中町八〇五九番地 | 同 上 | 父 | 中村米吉 | 昭14 | 昭16 | 現 主計曹長 三、20、8、1 | 中村俊郎 | 大八、六、九 | 無 | 20、8、1 進級 |
| 20、8、29 第一九兵站病院転属 | 15、3、23 | [redacted]菊池部隊 一[redacted]三、一六 | 東京都荒川区尾久町三丁目二、二五二番地 | 中華民国山西省太原市西羊市街一五號 | 妻 | 中島静子 | | 昭19 | 陸軍技手 五、20、3、31 | 中島徳藏 | 明四〇、四、一九 | 無 | 20、4、5 級俸 |
| 20、5、30 鉄道第一八聯隊転属 | 17、2、27 | 国府台陸軍病院 一七、一、一八 | 千葉県印旛郡白井村富塚七八九番地 | 同 上 | 父 | 中村明 | 昭15 | 昭19 | 豫 衛伍 17、3、1 | 中村貞夫 | 大九、一、八 | 無 | |
| 20、8、29 第十三軍司令官ノ定ムル兵站病院転属 | 17、6、24 | 歩一五七 一七、六、二五 | 東京都荏原区荏原三丁目一二三番地 | 東京都世田ヶ谷区玉川等々力町二丁目一、七〇八 | 兄 | 成田安雄 | 昭15 | 昭19 | 豫 衛伍 軍 19、3、11 三、20、8、1 | 成田菊治 | 大九、一一、二五 | 無 | 20、8、1 進級 |

123

# 留守名簿

十

| 記事 | 編入年月日 | 前所属及其編入年月日 | 本籍（在留地） | 留守擔當者住所 | 續柄 | 留守擔當者氏名 | 徴集年 | 任官年 | 役種兵種官等級俸給月額發令年月日 | 氏名 | 生年月日 | 留守宅渡ノ有無 | 補修年月日 |
|---|---|---|---|---|---|---|---|---|---|---|---|---|---|
| 20.5.30 鉄道第八聯隊轉屬 | 19.3.1 | 北京第一陸軍病院 一八、六、三〇 | 静岡縣富士郡北山村北山二九七〇番地 | 同上 | 父 | 内藤萬作 | 昭16 | 昭19 | 現衛伍 林19.3.1 | 内藤進 | 大一〇、六、六 | 無 | |
| 20.8.29 第四兵站病院轉屬 | 18.4.8 | 野戦重砲兵第八聯隊 一八、三、二〇 | 東京都城東区北砂町四丁目一四五三番地 | 同上 | 兄 | 中村佐吉 | 昭11 | 昭19 | 豫衛伍 軍曹 三.20.8.20 | 中村福太郎 | 大五、六、六 | 無 | |
| 20.8.29 第一五一兵站病院轉屬 | 15.9.6 | 歩兵第一五七聯隊 一五、八、一 | 千葉縣海上郡椎柴村野尻二五二番地 | 同上 | 弟 | 滑川貞行 | 昭11 | | 予衛伍 補衛長 19.20.8.20 | 滑川源衛 | 大五、九、七 | 無 | |
| 20.8.29 第十三軍司令官ノ定ムル兵站病院轉屬 | 17.6.24 | 國府台陸軍病院 一七、六、一 | 東京都杉並区高円寺六丁目六七八番地 | 同上 | 兄 | 中村清 | 昭15 | 昭20 | 豫衛伍 補衛長 軍曹 20.8.20 | 中村孝 | 大九、五、六 | 無 | 20.4.5 定等 |
| 20.8.29 第一五一兵站病院轉屬 | 15.9.6 | 横須賀重砲兵聯隊 一五、八、一 | 東京都深川区東陽町一丁目一五番地 | 長野縣下水内郡外様村上 中曽根萩原三九三方 | 義父 | 萩原三九三 | 昭14 | 昭20 | 予衛伍 補衛長 20.3.1 | 永田新太郎 | 大八、一一、一九 | 無 | 20.4.5 官等 20.6.1 週衛 |
| 20.8.29 第一六五兵站病院轉屬 | 17.6.24 | 歩一五七聯 一七、五、二五 | 神奈川縣足柄上郡金田村金子一六二九番地 | 同上 | 父 | 中根徳治郎 | 昭8 | | 予衛長伍 20.8.20 | 中根一 | 大三、三、二六 | 無 | |

124

| | | | | | | | | | | | | | |
|---|---|---|---|---|---|---|---|---|---|---|---|---|---|
| 20.8.29第一五二兵站病院転属、 | 15.9.6 | 歩一四九聯 一五、八、一 | 山梨県中巨摩郡豊村澤登 | 同 | 上 | 兄 | 名取武二郎 | 昭9 | 二補衛上長 20.8.8 | 名取邦雄 | 大三、六、二五 | 無 | |
| 20.8.29第一五一兵站病院転属 | 16.1.6 | 歩一四九聯 一五、一二、九 | 埼玉県比企郡北吉見村大字中曽根九七〇 | 同 | 上 | 父 | 長島一忠 | 昭15 | 一補衛長上 18.20.6.6.9.1 | 長島武治 | 大九、四、二 | 無 | 20.9.1官等 |
| 20.8.29第一六五兵站病院転属 | 20.1.31 | 独歩八一大 一九、一二、一八 | 埼玉県北埼玉郡手子林村大字萩島八二八番地 | 東京都向島区吾嬬町東五丁目一三番地 | 上 | 父 | 長島外佐吉 | 昭17 | 現衛一 18.20.5.18 | 長島晃 | 大一四、五、一六 | 無 | 20.6.1官等 |
| 20.5.30鉄道第一八聯隊転属、 | 17.6.24 | 歩一五七聯 一七、五、一五 | 東京都渋谷区新橋町二八番地 | 同 | 上 | 父 | 内藤豊治郎 | 昭15 | 一補衛上 19.8.1 | 内藤初次郎 | 大九、一二、一 | 無 | |
| 20.8.29第一六五兵站病院転属 | 18.10.1 | 氣球聯隊 一八、九、二〇 | 長野県更級郡稲荷山町三四六番地 | 同 | 上 | 母 | 永井千里 | 昭8 | 二補衛上 19.20.3.8.20.20 | 永井進 | 大二、三、二〇 | 無 | |
| 20.8.29第一五一兵站病院転属 | 18.10.1 | 氣球聯隊 一八、九、二〇 | 宮城県仙台市東三番丁一一〇番地 | 同 | 上 | 父 | 中村達二 | 昭11 | 二國衛上 19.20.3.5.20.1 | 中村三郎 | 大五、五、一五 | 無 | 20.6.1官等 |
| 20.8.29第一五二兵站病院転属 | 18.5.20 | 独歩第七八大隊 一八、六、一 | 横濱市港北区川和町一一五〇番地 | 同 | 上 | 父 | 長崎七五郎 | 昭17 | 現衛上 19.20.8.8.20 | 長崎七郎 | 大一二、五、二九 | 無 | |
| 20.8.29第一五一兵站病院転属 | 17.6.24 | 歩一五七聯 一七、五、二五 | 埼玉県秩父郡横瀬村五〇三〇ノ一 | 同 | 上 | 父 | 長島武雄 | 昭12 | 一補衛上長 18.20.8.20 | 長島日成 | 大六、二、一六 | 無 | |

125

# 留守名簿

| 欄外記入 | 編入年月日 | 前所属及其編入年月日 | 本籍（在留地） | 留守担当者 住所 | 続柄 | 留守担当者 氏名 | 徴集年 | 任官年 | 役種兵種官等級並ニ等級俸月給額発令年月日 | 氏名 | 生年月日 | 留守宅渡ノ有無 | 補修年月日 |
|---|---|---|---|---|---|---|---|---|---|---|---|---|---|
| 20.8.29第一六六兵站病院転属 | 20.1.31 | 独歩八一大隊 一九、一二、一八 | 埼玉県北葛飾郡堤郷村大字堤根四、四一四番地 | 同上 | 父 | 中村島太郎 | 昭19 | | 現 衛 20.11.5 18 卅 一 | 中村亀吉 | 大一三、六、二〇 | 無 | 20.6.1官等 |
| 20.8.29第一五一兵站病院転属 | 18.10.1 | 氣球聯隊 一八、九、二〇 | 長野県下伊那郡大鹿村大河原三九一三番地 | 大阪市都島区大東町一丁目三〇〇番地 | 妻 | 中根ふみゑ | 昭10 | | 二補衛長 20.6. 上 20 1 | 中根周吉 | 大四、五、二五 | 無 | 20.7.1官等 |
| 20.8.29第一八七兵站病院転属 | 20.1.31 | 独歩八一大隊 一九、一一、一八 | 東京都北多摩郡小平町野中新田善左エ門組四五七番地 | 同上 | 父 | 中島道吉 | 昭19 | | 現 衛 19.20.11.5 18 卅 一 | 中島守治 | 大一三、八、二一 | 無 | 20.6.1官等 |
| 20.8.29第五二兵站病院転属 | 20.1.31 | 独歩八一大隊 一九、一一、一八 | 東京都四谷区四谷四丁目五番地ノ三 | 同上 | 父 | 流丑太郎 | 昭19 | | 現 衛 20.11.5 18 卅 一 | 流清 | 大一二、一、二〇 | 無 | 20.6.1官等 |
| 20.8.29第一五三兵站病院転属 | 20.1.31 | 独歩八一大隊 一九、一二、一八 | 千葉県山武郡東金町東金一二四〇番地 | 同上 | 父 | 中村秀一 | 昭19 | | 現 衛 20.11.5 18 卅 一 | 中村義朗 | 大一四、八、二一 | 無 | 20.6.1官等 |
| 十 20.8.29第十二軍司令部兵站病院転属 | 18.10.1 | 野重八聯 一八、九、五 | 新潟県東頸城郡牧村大字東松ノ木六二五番地 | 同上 | 父 | 長瀬源一良 | 昭16 | | 予 衛 伍 補衛長 20.12 | 長瀬信行 | 大一〇、一〇、一六 | 無 | |

| | | | | | | | | | | | | |
|---|---|---|---|---|---|---|---|---|---|---|---|---|
| 20.8.29第一五六兵站病院転属 | 18.6.14 | 気球聯隊 一八六、一 | 埼玉県川口市大字辻一、五八七番地 | 埼玉県川口市上青木町二丁目山野仁三郎方 | 兄 | 中村久衛門 | 昭12 | 上補衛 上 保 20 | 中村長吉 | 大六、一、三〇 | 無 | |
| 20.8.29第一五三兵站病院転属 | 18.10.1 | 気球聯隊 一八九、二〇 | 富山県西礪波郡福岡國吉村手洗野一六ノ六〇三番地 | 富山県西礪波郡福田村和田町六番地 | 妻 | 中谷はる | 昭6 | 二補衛 上 保 20.3.8 20.20 | 中谷富蔵 | 明四四、九、一〇 | 無 | |
| 20.8.29第一五一兵站病院転属 | 15.9.6 | 歩兵五七聯隊 一五、八、一 | 千葉県千葉市矢作町四四三番地 | 同 | 父 | 長島彌助 | 昭11 | 一補衛 兵長 保 20.3.1 | 長島三男 | 大五、六、二〇 | 無 | 20.4.5官等 |
| 20.8.29第一五三兵站病院転属 | 18.4.8 | 野重八聯 一八、三、二一 | 横浜市南区中村町一丁目五五番地 | ~~神戸市湊東区荒田町三丁目二六七番地~~ 神戸市神戸区元町一ノ一四四. 元浜海一丁目町内会事務所 | 父 | 中島保三郎 | 昭16 | 豫衛伍 一補衛長 保 20.3.1 | 中島保雄 | 大一〇、九、九 | 無 | 20.4.5官等 |
| 20.8.29第一五二兵站病院転属 | 18.10.1 | 気球聯隊 一八、九、二〇 | 東京都芝区白金三光町三五一番地 | 同 | 父 | 内藤駒三郎 | 昭10 | 二補衛 長 保 20.3. 20.20 | 内藤幸政 | 大四、五、一 | 無 | 20.4.5官等 |
| 20.8.29第一六五兵站病院転属 | 18.10.1 | 気球聯隊 一八、九、二〇 | 山梨県北巨摩郡神山村北宮地一〇三二 | 同 | 兄 | 内藤勇 | 昭16 | 二補衛 長 保 20.3.8 20.20 | 内藤進 | 大一〇、五、五 | 無 | |
| 20.8.29第一五三兵站病院転属 | 17.6.24 | 歩一五七聯 一七五、二五 | 東京都荏原区平塚三丁目七〇八番地 | 同 | 母 | 滑川キク | 昭15 | 一補衛 長 | 滑川義雄 | 大九、六、二 | 無 | |
| 20.8.29第五三兵站病院転属 | 16.1.6 | 歩一四九聯 一五、一二、九 | 東京都八王子市本郷町七番地 | 神奈川県藤沢市藤沢五五六番地 | 父 | 中川浅吉 | 昭15 | 一補衛 保 20 予衛 20.8 | 中川兼行 | 大九、一〇、二九 | 無 | |

127

# 留守名簿

ナ

| 欄外記事 | 編入年月日 | 前所属及其編入年月日 | 本籍（在留地） | 留守担当者 住所 | 続柄 | 留守担当者 氏名 | 徴集年 | 任官年 | 役種兵種官等並ニ等級俸給月給額 発令年月日 | 氏名 生年月日 | 留守宅渡ノ有無 | 補修年月日 |
|---|---|---|---|---|---|---|---|---|---|---|---|---|
| 20、8、29 第一五三兵站病院転属 | 18、6、14 | 氣球聯隊 一八、六、一 | 埼玉縣足立郡鴻巣町大字鴻巣二九九八番地 | 横浜市神奈川区大口通六四番地 | 妻 | 長濱さかえ | 昭11 | | 豫衛伍 一補衛長 20、6、1 18、12、1 | 長濱正一 大四、一二、九 | 無 | 20、7、1官等 |
| 20、5、22 氣球聯隊転属 | 17、6、24 | 歩一五七聯 一七、五、二五 | 東京都芝区新橋四丁目一ノ二号 | 同 | 父 | 中西甚蔵 | 昭12 | | 一補衛上 15、3、15 | 中西留之助 大六、九、二 | 無 | |
| 20、8、10 北支那特別警備隊司令部転属 | 17、6、24 | 歩一五七聯 一七、五、二五 | 東京都王子区王子町三丁目五番地ノ三 | 同 福島縣會津若松市東栄町二丁目三四 遠山福造方 | 妻 | 仲丸イチノ | 昭12 | | 予衛伍 一補衛兵 18、11、25 20、6、1 上 | 仲丸秀雄 大六、三、二七 | 無 | 20、7、1官等 |
| 20、8、29 第一六一兵站病院転属 | 18、6、14 | 氣球聯隊 一八、六、一 | 横浜市戸塚区戸塚町三八番地 | 同 | 父 | 中村庄太郎 | 昭17 | | 一補衛上 20 | 中村登 大一一、六、四 | 無 | |
| 20、8、29 第一六二兵站病院転属 | 18、10、1 | 氣球聯隊 一八、九、二〇 | 東京都神田区神保町二丁目三八番地 | 同 | 父 | 中村三司 | 昭11 | | 二補衛上 20、8、3 20 | 中村欣司 大五、八、一一 | 無 | |
| 20、8、29 第一六七兵站病院転属 | 15、9、6 | 歩一五七聯 一五、八、一 | 千葉縣匝瑳郡共和村谷町場七四四番地 | 同 | 父 | 奈良源尉 | 昭11 | | 一補衛上長 20 | 奈良源兵衛 大五、一二、一二 | 無 | |

128

| | | | | | | | | | | | |
|---|---|---|---|---|---|---|---|---|---|---|---|
| 20.5.30鉄道八聯隊轉屬 | 18.10.1 | 氣球聯隊 一八、九、二〇 | 東京都大森區南千束町二八番地 | 福島縣河沼郡柳津町字一五河甲二、田崎方 | 妻 | 中村キヨ | 昭11 | 二補衛一 19.3.20 | 中村倉之助 | 大五、三、一五 | 無 |
| 20.8.29第一五一兵站病院轉屬 | 16.1.6 | 歩一四九聯隊 一五、一二、九 | 東京都江戸川区平井四ノ二〇一五番地 | 同上 | 兄 | 並木茂雄 | 昭15 | 一補衛 兵長 仲20.8.20 | 並木八郎 | 大九、九、五 | 無 |
| 20.8.29第十三軍司令官ノ定ムル兵站病院轉屬 | 17.6.24 | 歩一五七聯隊 一七、五、一五 | 千葉縣夷隅郡古澤村谷上一七九七番地 | 同上 | 母 | 永野あさ | 昭16 | 一補衛 兵長 20.8.20 | 永野幸雄 | 大六、九、二〇 | 無 |
| 同右 | 18.10.1 | 氣球聯隊 一八、九、二〇 | 宮城縣登米郡錦織村大字西郡字山居澤一二八番地 | 東京都蒲田区仲蒲田一丁目二ノ三 | 妻 | 中澤千文子 | 昭8 | 二國衛 兵長 仲20.8.20 | 中澤喜久雄 | 大元、一二、一二 | 無 |
| 同右 | 18.10.1 | 氣球聯隊 一八、九、二〇 | 長野縣北佐久郡小諸町乙一三一番地 | 同上 | 父 | 中澤代作 | 昭8 | 二補衛 上 仲20.8.20 | 中澤武夫 | 大六、一、一三 | 無 |
| 同右 | 18.10.1 | 氣球聯隊 一八、九、二〇 | 東京都蒲田區蓮沼町四六番地 | 同上 | 妻 | 中村繁子 | 昭11 | 二補衛 上 仲20.8.20 | 中村太郎吉 | 大五、五、一〇 | 無 |
| 20.8.29第一五一兵站病院轉屬 | 17.6.24 | 歩一五七聯隊 一七、五、二五 | 山梨縣北巨摩郡神山村北宮地六〇三番地 | 山梨縣東山梨郡塩山町若宮一三八七番地 | 妻 | 内藤ちゑ子 | 昭8 | 豫衛 兵長 仲20.8.20 | 内藤政二 | 大二、五、三 | 無 |
| 20.8.29第一五一兵站病院轉屬 | 18.3.1 | 歩一二一聯隊 一七、一二、一 | 埼玉縣入間郡大井村大字大井八五番地 | 同上 | 父 | 仲野四郎 | 昭16 | 現衛 伍長 仲20.3.1 | 仲野豊一 | 大六、五、一九 | 無 24.4.5官等 |

# 留守名簿

| 異動記事 | 編入年月日 | 前所属及其編入年月日 | 本籍（在留地） | 留守擔當者住所 | 續柄 | 留守擔當者氏名 | 徴集年 | 任官年 | 役種兵種官等級俸給月額發令年月日 | 氏名 | 生年月日 | 留守宅渡ノ有無 | 補修年月日 |
|---|---|---|---|---|---|---|---|---|---|---|---|---|---|
| 20.8.29 第一九四兵站病院転属 | 18.3.1 | 独歩四二大 一七、六、一七 | 茨城県北相馬郡高須村大字高須一一七番地 | 東京都日本橋区本町三丁目一二ノ三 | 父 | 中山隆治 | 昭16 | | 現衛長 20.8.20 予衛伍 | 中山正治 | 大七、六、七 | 無 | |
| 20.8.29 第十二軍司令官ノ定ムル兵站病院転属 | 18.3.5 | 独歩四四大 一五、一二、一二 | 千葉県東葛飾郡田中村小青田三九五番地 | 同上 | 父 | 中山要吉 | 昭15 | | 現衛 20.8.20 長 | 中山忠次郎 | 大九、三、二七 | 無 | |
| 同右 | 18.3.5 | 独歩四三大 一七、四、八 | 神奈川県横浜市神奈川区子安通三丁目三五二番地 | 同上 | 兄 | 中山高藏 | 昭16 | | 現衛長 20.2.1 | 中山政雄 | 大七、五、一二 | 無 | |
| 20.8.29 第一五一兵站病院転属 | 19.3.1 | 独歩五大 一八、一二、一二 | 山梨県北巨摩郡熱見村村山西割一八八〇番地 | 同上 | 母 | 永井さだ名 | 昭18 | | 現衛 20.8.20 上 | 永井文治 | 大一二、三、二七 | 無 | |
| 20.8.29 第一六一兵站病院転属 | 19.3.1 | 独歩五大 一八、一二、一二 | 山梨県中巨摩郡在家塚村一七七六 | 同上 | 母 | 中澤すが | 昭18 | | 現衛 現衛 20.8.20 上 | 中澤仲麻呂 | 大一二、三、三一 | 無 | |
| 20.8.29 第十二軍司令官ノ定ムル兵站病院転属 | 19.2.1 | 独歩五大 一八、一二、一二 | 山梨県東八代郡豊富村大鳥居五二四 | 同上 | 父 | 中澤正勝 | 昭18 | | 現衛 20.8.20 上 | 中澤桂 | 大一二、九、二一 | 無 | |

| | | | | |
|---|---|---|---|---|
| 20、8、29 第一五三兵站病院転属 | 20、8、29 第一六五兵站病院転属 | 20、8、29 第一五一兵站病院転属 | 20、8、2 解雇 | 応召休務 20、8、29 第一五三兵站病院転属 |
| 18、10、1 | 20、1、31 | 19、8、31 | 15、3、23 | 15、3、23 |
| 気球聯隊 一八九、二〇 | 独歩八一大 一九、二、一八 | | [redacted] 菊池部隊 一四六二四 | [redacted] 菊池部隊 一四六二八 |
| 富山県富山市今町三〇番地 | 千葉県君津郡富津町富津一八五番地 | 和歌山県有田郡廣村大字廣六九一番地 | 朝鮮京畿道京城府龍山区青葉町三ノ二四番地 | 滋賀県蒲生郡岡山村大字加茂二九八八番地 |
| 富山県婦負郡黒瀬谷村小長谷 | 同 | 同 | 京城府龍山区青葉町三ノ二一 | 同 |
| 妻 | 上 父 | 上 妻 | 父 | 上 父 |
| 長田かほり | 中村長太郎 | 中谷登志子 | 長田光泰 | 中川仁蔵 |
| 昭6 | 昭19 | | | |
| 二補衛 上 18 20 10 | 現衛一 20、5、18 18 11 18 | 技術雇員 六一〇〇 20、8、20 19 3 15 | 自動車操縦者 八一〇〇 20、8、1 20、3、31 19、3、30 | 技術雇員 五九〇〇 19、3、31 |
| 長田芳松 明四三、一二、二〇 | 中村繁 大一四、六、一九 | 中谷義雄 大八、六、二八 | 長田茂樹 大四、一〇、一八 | 中川吉一 大三、一二、二〇 |
| 無 | 無 | 有 | 無 | 無 |
| | 20、6、1 官等 | 20、4、5 昇給 20、8、29 〃 | 20、4、5 昇給 | |

131

# 留守名簿

二

| 備考 | 編入年月日 | 前所属及其編入年月日 | 本籍（在留地） | 留守担当者住所 | 続柄 | 留守担当者氏名 | 徴集年 | 任官年 | 役種兵種官等竝ニ等級俸月給額発令年月日 | 氏名 | 生年月日 | 留守宅渡ノ有無 | 補修年月日 |
|---|---|---|---|---|---|---|---|---|---|---|---|---|---|
| 20,8,29 北支那方面軍司令部転属 | 14,3,9 | 中支那派遣軍司令部 一四、一、五 | 兵庫県宍粟郡山崎町鹿沢一二〇番地 | ~~東京都杉並区荻窪一丁目八〇番地~~ 広島県世羅郡甲山町八一番地 | 妻 | 西村榮枝 |  | 大8 | 現医大佐 二、16.12.31 | 西村英二 | 明二四、一、二〇 | 有 | 20.4.5 住所 |
| 20,8,29 第一五一兵站病院転属 | 16,12,20 | 歩兵第二一聯隊 一六、一〇、二〇 | 兵庫県宍粟郡山崎町鹿沢一一〇番地 | ~~東京都杉並区荻窪一丁目八番地~~ 広島県世羅郡甲山町八一番地 | 妻 | 西村和枝 |  | 昭16 | 現医~~中尉~~大尉 ~~三、17.9.30~~ 20.6.1 | 西村祥三 | 大七、三、二三 | 有 | 20.4.5 住所 20.7.1 官等 |
| 20,3,26 戦病死（実務なし） | 18,3,19 | 北京陸軍病院 一七、一二、二六 | 福岡県糸島郡前原町大字前原一、三〇四 | 東京都大森区田園調布二ノ三一 福岡県三井郡小郡村 | 父 | 西原雄次郎 |  | 昭17 | 予医中尉 一、19.1.31 | 西原不二雄 | 大七、六、三 | 有 | 20.8.7 住所 |
| 20,8,29 第一六六兵站病院転属 | 15,3,23 | [redacted] 菊地部隊 一四、二、八 | 岡山県上房郡中井村大字津々一、四六六 | 同上 | 母 | 西すが |  | 昭18 | 予衛~~少尉~~中尉 ~~二、20.4~~ 9.20 | 西頼夫 | 明四一、一、三 | 有 | 20.6.1 官等 |
| 20,8,29 第二五兵站病院転属 | 18,4,8 | 宇都宮陸軍病院 一八、一、一五 | 長野県小県郡塩川村大字藤原田二五五 | 同上 | 父 | 西澤幾茂 | 昭12 | 昭14 | 現衛曹 一、18.12.31 | 西澤大六 | 大六、一、二八 | 有 |  |
| 20,8,29 第一六六兵站病院転属 | 15,3,23 | 西村(正)部隊 [redacted] 一三、九、二七 | 三重県牟婁郡新鹿村大字波田須八二九 | 同上 | 父 | 西村芳治郎 | 昭12 | 昭14 | 現衛~~曹~~少尉 20.8.3/20 | 西村博 | 大六、六、一三 | 有 |  |

132

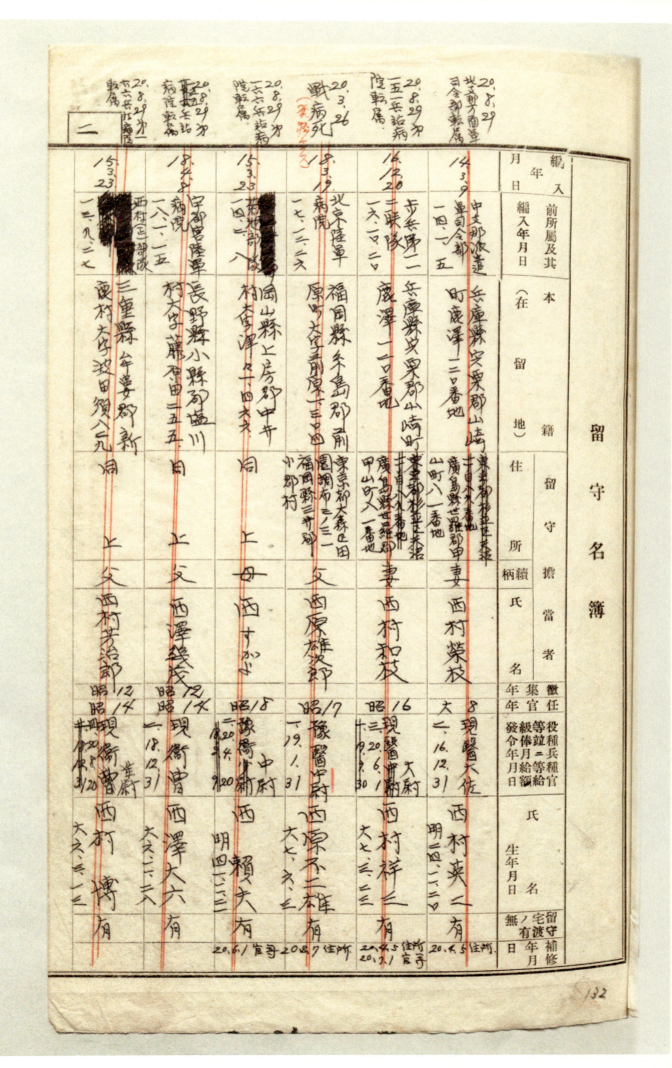

| | | | | | | | | | | | | | |
|---|---|---|---|---|---|---|---|---|---|---|---|---|---|
| 20.5.22 朶球聯隊転属 | 20.1.31 | 独歩八一大 一九、一一、一八 | 山梨縣東山梨郡菱山村三三三一番地 | 同 | 上 | 父 | 西矢吉治 | 昭19 | 19.11.18 現 衛 上 | 西矢盛茂 | 大一四、七、一 | 無 | |
| 20.8.29 北 支軍司令官指定兵站病院転属 | 20.1.31 | 独歩八一大 一九、一一、一八 | 千葉縣長生郡本納町本納二二五四 | 東京都淀橋区柏木三ノ三八三 | | 母 | 錦織テル | 昭19 | 20.5.18 現 衛 卅 一 | 錦織璋 | 大一四、一〇、二八 | 無 | 20.6.1 官等 |
| 20.8.29 北 一八八兵站病院転属 | 20.1.31 | 独歩八一大 一九、一一、一八 | 埼玉縣入間郡豊岡町大字高倉五〇 | 同 | 上 | 父 | 西澤源次 | 昭19 | 20.5.18 現 衛 卅 一 | 西澤素一 | 大一三、六、三〇 | 無 | 20.6.1 官等 |
| 20.8.29 才 一五五兵站病院転属 | 15.9.6 | 野重一八聯 一五、八、一 | 東京都荒川区南千住町十一丁目三三五番地 | 同 | 上 | 父 | 西宮末次郎 | 昭14 | 20.8.1 一補 衛 上長 | 西宮實 | 大八、一〇、二 | 無 | |
| 20.8.29 北 二軍司令官指定兵站病院転属 | 15.9.6 | 野重一八聯 一五、八、一 | 神奈川縣横須賀市逸見町二六六番地 | 同 | 上 | 父 | 西村兼之助 | 昭14 | 20.8.1 一補 衛 上長 | 西村松枝 | 大八、六、二 | 無 | |
| 20.8.29 北 一八八兵站病院転属 | 15.9.6 | 歩一五七聯 一五、八、一 | 千葉縣香取郡多古町一鍬田一三五ノ六番地 | 同 | 上 | 養父 | 二宮作太郎 | 昭11 | 20.8.1 一補 衛 上長 | 二宮清吉 | 大五、六、一 | 無 | |
| 20.8.29 北 一八八兵站病院転属 | 16.1.6 | 歩一四九聯 一五、一二、九 | 埼玉縣秩父郡大滝村大字大滝一〇七五七 | 同 | 上 | 父 | 西井儀平 | 昭15 | 予 衛 伍 18.8.1 補 衛 上長 20.8.1 | 西井正吉 | 大九、五、一五 | 無 | |
| 20.8.29 北 一六六兵站病院転属 | 18.10.1 | 野重八聯 一八、九、五 | 山梨縣中巨摩郡御影村上高砂九〇四 | 同 | 上 | 父 | 西野茂 | 昭16 | 20.3.1 現 衛 上長 伍 | 西野満 | 大一〇、六、三〇 | 無 | 20.4.5 降 |

133

二

# 留守名簿

| 區分 | 1 | 2 | 3 | 4 |
| --- | --- | --- | --- | --- |
| 異動 | 20、8、29 第一五一兵站病院轉属 | 20、8、29、第一五一兵站病院転属 | 20、8、29 第一五一兵站病院転属 | 20、8、29 第一五一兵站病院転属、 |
| 編入年月日 | 17、12、16 | 15、3、23 | 15、3、23 | 15、3、23 |
| 前所属及其編入年月日 | | 菊池部隊 [redacted] 一四、六、廿日 | 菊池部隊 [redacted] 一四、三、一〇 | 菊池部隊 [redacted] 一四、三、一〇 |
| 本籍（在留地） | 東京都本郷区本郷二丁目三ノ一五 | 福岡縣大牟田市本町二丁目五 | 福岡縣大牟田市本町二丁目五 | 福岡縣大牟田市本町二丁目五 |
| 留守擔當者 住所 | 同上 栃木縣河内郡豊郷村字下川俣四九七青柳とし方 | 北京市東交民巷紫光藍西村公館 | 北京市東交民巷紫光藍西村公館 | 北京市東交民巷紫光藍西村公館 |
| 留守擔當者 續柄 | 父 | 妻 | 夫 | 父 |
| 留守擔當者 氏名 | 庭野茂 | 西濱タヨ | 西濱光藏 | 西濱光藏 |
| 徴集年 任官年 | | | | |
| 役種兵種官等竝ニ等給 級俸月給額 發令年月日 | 筆生 陸軍公仕 20、8、20 三四五〇 20、3、31 ?19、9、30 | 守衛 守衛傭 三〇、〇 20、8、20 ?21、1、10 | 女子雑仕 四六〇 20、8、20 ?20、3、31 ?19、9、30 | 女子雑仕 四六〇 20、8、20 ?20、3、31 ?19、9、30 |
| 氏名 生年月日 | 庭野馨 昭三、一二、一五 | 西濱光藏 明六、三、二 | 西濱タヨ 明三、六、一八 | 西濱キミ 大六、三、一五 |
| 留守宅渡ノ有無 | 有 | 無 | 無 | 無 |
| 補修年月日 | 20、4、5 住所 20、8、21 官等 | 20、4、5 20、8、29 | 20、4、5 20、8、29 | 20、4、5 20、8、29 |

134

又

20、8、29 第一六五兵站病院転属

20、8、29 第五一兵站病院転属

20、8、29 第十方面司令官ノ定ムル兵站病院転属

# 留守名簿

| 編入年月日 | 前所属及其編入年月日 | 本籍（在留地） | 留守擔當者 住所 | 續柄 | 氏名 | 徴集年 任官年 | 役種兵種官等級俸月給額發令年月日 | 氏名 生年月日 | 留守宅渡ノ有無 | 補修年月日 |
|---|---|---|---|---|---|---|---|---|---|---|
| 18、5、20 | 独歩七八大 一八、六、一 | 神奈川縣三浦郡葉山町下山口一四九五 | 同上 | 父 | 沼田音吉 | 昭17 昭19 | 現衛伍長 軍曹 三級 20、8、20 | 沼田榮太郎 大一〇、一〇、二 | 無 | |
| 16、1、6 | 歩二四九聯 一五、一二、九 | 埼玉縣入間郡古谷村大字古谷上四一〇七 | 同上 | 父 | 沼田平助 | 昭15 | 一補衛兵長 昭20、8、20 | 沼田音次 大九、九、二七 | 無 | |
| 15、3、23 | [redacted]吉村部隊 一三、一二、一四 | 神奈川縣三浦郡葉山町下山口一九三四 | 同上 | 父 | 沼田粂八 | | 業務手 自動車操縦 20、8、20 | 沼田篤之助 大四、三、二一 | 無 | 20.5.29 |

135

ネ

# 留守名簿

| 編入年月日 | 前所属及其編入年月日 | 本籍（在留地） | 留守擔當者 住所 | 續柄 | 氏名 | 徴集年 | 任官年 | 役種兵種官等並ニ等給級俸月給額發令年月日 | 氏名 生年月日 | 留守宅渡ノ有無 | 留守補修年月日 | 備考 |
|---|---|---|---|---|---|---|---|---|---|---|---|---|
| 15、9、6 | 歩一四九聯 一五、八、一 | 神奈川県三浦郡三崎町字日之出二九 | 同 上 | 父 | 根岸覺三郎 | 昭14 | 昭19 | 豫衛伍 19、8、1 | 根岸正 大八、三、六 | 無 | | 20、6、4東北軍管区司令部転属、 |
| 20、1、31 | 独歩八一大 一九、二、一八 | 千葉県市原郡市原村能満一一六七 | 同 上 | 父 | 根本吉松 | 昭19 | | 現衛卄一 内20、11、5、18 18 | 根本常春 大四、一、六 | 無 | 20、6、1官手 | 20、8、29第一五三兵站病院転属 |
| 20、1、31 | 独歩八一大 一九、二、一八 | 山梨県甲府市深町三一八、 | 同 上 | 父 | 根津善重 | 昭19 | | 現衛卄一 内20、11、5、18 18 | 根津文雄 大一三、八、三 | 無 | 20、6、1官手 | 20、8、29第一五一兵站病院転属 |
| 18、10、1 | 気球聯隊 一八、九、二 | 福島県西白河郡小田川村大字宮根字南街道端一一二 | 東京都王子区稲付町四丁目五八五、 | 妻 | 根本もと | 昭8 | | 一国衛卄上 内20 | 根本重田力 大三、六、二五 | 無 | | 20、8、29第一五三兵站病院転属 |



136

# 留守名簿

| 転属 | 編入年月日 | 前所属及其編入年月日 | 本籍（在留地） | 留守擔當者 住所 | 續柄 | 氏名 | 徴集年 | 任官年 | 役種兵種官等級俸給月額發令年月日 | 氏名生年月日 | 留守宅ノ渡有無 | 補修年月日 |
|---|---|---|---|---|---|---|---|---|---|---|---|---|
| 20.8.29 第一九四兵站病院轉属 | 16.12.20 | 歩七九聯 一六、一〇、一五 | 東京都芝区西久保櫻川町一五 | 同上 | 母 | 野口ハル | | 昭16 | 豫 医中尉 一八、一、31 | 野口龍雄 大五、八、一 | 有 | |
| 20.8.29 第一一六兵站病院転属 | 18.11.8 | 京都陸軍病院 一七、四、二〇 | 富山県射水郡下村加茂四四九六ノ三 | 同上 | 妻 | 野口まさゑ | 昭11 | 昭13 | 現 衛准 四、20、3、1 現 衛曹 19、6、30 | 野口繁徳 大六、一、一〇 | 有 | 20.4.5皮等 |
| 20.8.29 第八兵站病院転属 | 17.6.24 | 歩一五七聯 一七、五、二五 | 東京都北多摩郡調布町布田小島分三一〇 | 同上 | 父 | 野澤福壽 | 昭8 | 昭14 | 豫 衛曹長 四 19、8、30 六 20、8、30 | 野澤安太郎 大六、五、二二 | 無 | 20.6.30第故 |
| 20.8.29 第八七兵站病院転属 | 20.1.31 | 独歩八一六 一九、二、二八 | 東京都日本橋区蠣殻町一丁目五ノ三 | 同上 | 父 | 野田乞一 | 昭19 | | 現 衛 一 20、5、18 19、5、18 | 野田重治 大四、一、五 | 無 | 20.6.1賞等 |
| 20.8.29 第一一兵站病院転属 | 16.3.20 | 歩三一一聯 一七、二、五 一七、六、一五 | 千葉県香取郡橘村新宿一三一二ノ二 | 同上 | 父 | 野澤新太郎 | 昭15 | | 二 補衛長 19、4、20 | 野澤千蔵 大九、七、一九 | 無 | |
| 20.8.29 第一五五兵站病院転属 | 17.6.24 | 歩一五七聯 一七、五、二五 | 東京都北多摩郡保谷町大字上保谷一二三六番地 | 同上 東京都北多摩郡田無町二二七 | 兄 | 野口定久 | 昭15 | | 二 補衛長 20、5、20 19、8、20 | 野口一郎 大九、九、一一 | 無 | |

1

137

| | | | | | | | | | | |
|---|---|---|---|---|---|---|---|---|---|---|
| 20.8.29 第十二軍司令官ノ定ムル兵站病院転属 | 17.6.24 | 歩兵第一五七聯隊 一七、五、五 | 埼玉県北埼玉郡荒木村大字荒木三六八番地 | 同上 | 父 | 野口和吉郎 昭16 | 一補衛生長 20.8.1 20 | 野口栄吉 大一〇、七、一 | 無 | |
| 20.8.29 第五五兵站病院転属 | 18.10.1 | 気球聯隊 一八、九、二〇 | 東京都中野区鷺宮二丁目六二八番地 | 新潟県西頸城郡能生谷村大字溝尾 斉藤三郎方 | 妻 | 野口ホツ子 昭11 | 二補衛二長 20.6.1 201 | 野口照行 大五、四、一 | 無 | 20.7.1 昇給 |
| 20.8.29 第五一兵站病院転属 | 18.6.14 | 気球聯隊 一八、六、一 | 埼玉県北足立郡大和町大字下新倉二三〇三番地 | 埼玉県北足立郡大和町大字下新倉二三〇三 野浦方 東京都 十月廿 番地 | 妻 | 野浦ハツ子 昭11 | 一補衛生長 20.8.1 20 | 野浦新八 大五、一一、三 | 無 | 20.6.1 叙位 |
| 20.8.29 第一六一六兵站病院転属 | 15.9.6 | 野戦重砲兵第十七聯隊 一五、八、一 | 東京都板橋区南大泉町一八九九番地ノ二 | 同上 | 父 | 野瀬条次郎 昭14 | 一補衛生長 20.8.1 20 | 野瀬孝一 大八、五、二八 | 無 | |
| 20.8.29 第一兵站病院転属 | 16.9.1 | | 石川県金沢市石浦町七九番地ノ一 | 中華民国華北省石門市北大街二三号 | 妻 | 野田君子 | 調理指導号 20.8.20 | 野田鉄五郎 明二六、五、二 | 無 | 20.4.5 昇給 |

138

八

# 留守名簿

| 編入年月日 | 前所属及其編入年月日 | 本籍（在留地） | 留守擔當者 住所 | 續柄 | 留守擔當者 氏名 | 徴集年 任官年 | 役種兵種官等級俸給月額 發令年月日 | 氏名 生年月日 | 留守宅渡ノ有無 | 補修年月日 | 摘要 |
|---|---|---|---|---|---|---|---|---|---|---|---|
| 17.3.20 | 宇都宮陸軍衛生学校 一七、四、一七 | 埼玉県大宮市大字大宮二一一番地 | 東京都杉並区阿佐ヶ谷二丁目六三二番地 | 父 | 橋本要十郎 | 昭10 | 現医少佐 昭一四、四、三〇 | 橋本泰男 明四〇、一〇、二三 | 有 | 20.7.1 筆者 | 20.8.29.才一九四兵站病院転属 |
| 16.12.20 | 歩兵第五二聯隊補充隊 一六、一〇、三〇 | 北海道空知郡砂川町字南本町五〇番地 | 同 | 上 母 | 播いよ | 昭16 | 予医少尉 昭一七、九、三〇 | 播倉三 大七、三、一〇 | 有 | | 二〇、八、二九才十二軍司令官ノ定ムル兵站病院ニ転属 |
| 17.11.20 | 相模陸軍病院 一七、七、三一 | 東京都神田区東松下町二八番地 | 同 | 上 祖父 | 濱田端 | 昭16 昭18 | 予薬少尉 18.12.1 | 濱田直柄 大一〇、一〇、二五 | 有 | | 同右 |
| 17.11.20 | 高田陸軍病院 一七、一〇、一七 | 長野県飯田市大字上飯田二五二五番地 | 長野県飯田市大字上飯田二五二五番地 | 母 | 原礼枝 | 昭16 昭18 | 予薬少尉 18.12.1 | 原恵音 大八、三、一二 | 有 | 5.30 帰郷 | 20.8.29才一五三兵站病院転属 |
| 18.3.23 | [redacted] 菊池部隊 一四、一二、一 | 福島県南会津郡大宮村大字水根沢字高森一番地 | 東京都目黒区中根町一〇八番地 | 弟 | 馬場文義 | 昭19 | 陸軍技師 昭一九、一一、二〇 | 馬場卓義 大六、四、二 | 有 | 20.6.1 転出者 | 20.8.29.才一五一兵站病院転属 |
| 17.6.24 | 歩兵第一五七聯隊 一七、五、二五 | 千葉県長生郡長柄村山根九〇番地ノ二 | 同 | 上 妻 | 畠山倉 | 昭2 昭14 | 陸衛軍曹 昭二〇、三、一 | 畠山誠 明四〇、五、八 | 有 | 20.4.5 除隊 | 20.8.29才一五一兵站病院転属 |



139

| | | | | | | | |
|---|---|---|---|---|---|---|---|
| 20、8、29才一九四兵站病院転属 | [illegible]病院転属 | 20、5、29才一五一兵站病院転属 | 20、8、29才一六一兵站病院転属 | 20、5、29才一五五兵站病院転属 | 昭和二〇、七、一三 無期徴役ニ處セラレ兵役ヲ離ル | 20、8、29才一五三兵站病院転属 | 20、8、29才一六五兵站病院転属 |
| 18、1、6 | 18、3、1 | 17、2、27 | 18、4、8 | 17、2、5 | 18、2、28 | 18、5、20 | 19、10、1 |
| 歩兵才一四九聯隊 一五、一二、九 | 歩兵才三二一聯隊 一七、一、一五 | 国府台陸軍病院 一七、一、八 | 野戦重砲才八聯隊 一八、三、二〇 | 関東軍防疫部 一四、四、一〇 | 才三師団才二野戦病院 一七、六、四 | 独歩才七八大隊 一八、六、一 | 気球聯隊 一八、九、二〇 |
| 神奈川県横浜市中区中田町二三二九番地 | 神奈川県愛甲郡南毛利村愛甲一六九〇番地 | 東京都日本橋区本町四丁目九番地ノ一 | 新潟県刈羽郡上小国村大字諏訪井甲二〇九番地 | 佐賀県佐賀郡中川副村大字早津江一五一〇番地 | [redacted]千葉県千葉郡[redacted] | 東京都西多摩郡瑞穂町大字箱根ヶ崎二三九番地 | 福島県伊達郡半田村大字谷地字南三三番地 |
| 同 | 同 | 東京都神田区旭町八番地 | 同 | 同 | 同 | 同 | 同 |
| 上 | 上 | | 上 | 上 | 上 | 上 | 上 |
| 父 | 父 | 母 | 母 | 父 | 父 | 父 | 妻 |
| 長谷川義春 | 萩原康重 | 長谷川ナイ | 長谷川ツサ | 八谷善五郎 | [redacted] | 原嶋松五郎 | 羽根田マサ |
| 昭15 昭18 | 昭15 昭19 | 昭12 昭19 | 昭12 昭19 | 昭14 | 昭12 | 昭17 | 昭8 |
| 二、19、12、31 豫衛軍 | 三、20、8、1 豫衛伍 軍 | 三、20、8、1 豫衛伍 軍 | 三、20、8、20 豫衛伍 軍曹 | 三、20、3、31 陸軍技手 | 二 衛上 20、2、1 | 現 衛上 20、5、20 | 二 国衛仕 20、6、20 |
| 長谷川榮 大九、七、一四 | 萩原一郎 大九、六、四 | 長谷川欣三 大六、三、八 | 長谷川久司 大六、一一、二七 | 八谷五郎 明四〇、一、二 | 林克己 大六、一〇、三 | 原嶋勝二 大二、六、一 | 羽根田清吉 大三、六、三 |
| 無 | 無 | 無 | 無 | 有 | 無 | 無 | 無 |
| | 20、8、1進級 | 20、8、1進級 | | 20、4、5 [illegible] | | | |

140

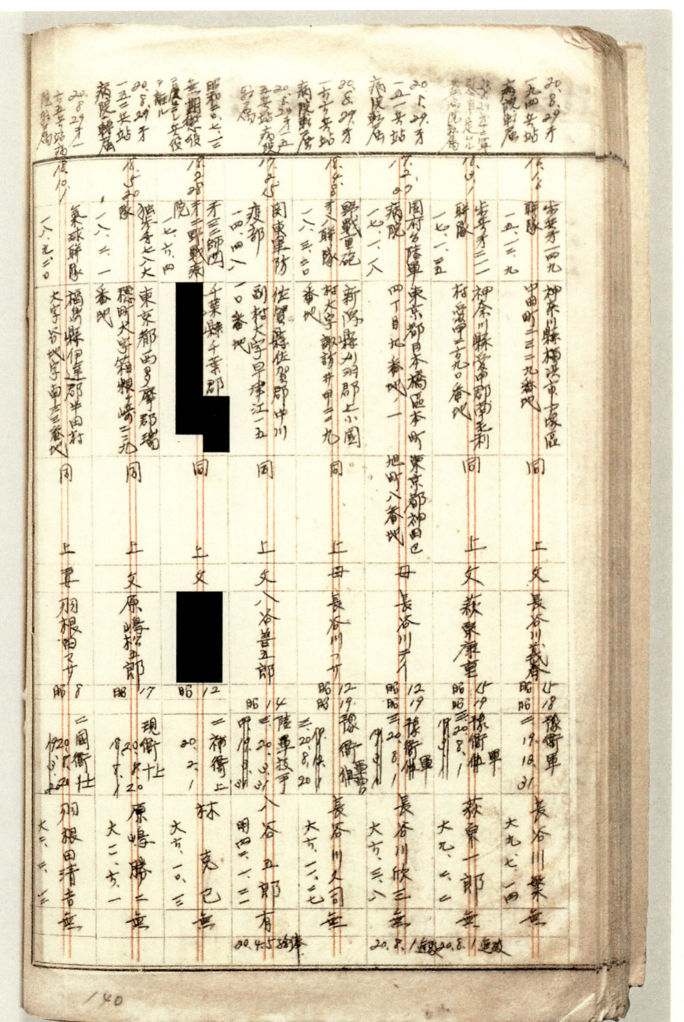

# 留守名簿

八

| 転属記事 | 編入年月日 | 前所属及其編入年月日 | 本籍（在留地） | 留守担当者 住所 | 続柄 | 留守担当者 氏名 | 徴集年 任官年 | 役種兵種官等級俸給月額発令年月日 | 氏名 生年月日 | 留守宅渡ノ有無 | 補修年月日 |
|---|---|---|---|---|---|---|---|---|---|---|---|
| 20、8、29、第一五三兵站病院転属 | 18、4、8 | 野戦重砲兵第八聯隊 一八、三、二一 | 東京都王子区稲付町四丁目五六四 | 東京都王子区赤羽町三ノ五三六 土屋楽方 | 父 | 長谷川森蔵 | 昭、16 | 豫衛伍 一補衛長 20、4、1 | 長谷川森一 大一〇、一一、二九 | 無 | 20、6、1 追及 20、7、1 現在 |
| 20、8、29、第一八兵站病院転属 | 18、10、1 | 気球聯隊 一八、九、二〇 | 宮城県玉造郡岩出山町字下川原町四四番地 | 同上 | 養父 | 迫長太郎 | 昭 8 | 一国衛上 20、8、1 | 迫勉 大三、一、一五 | 無 | |
| 20、8、29、第一六五兵站病院転属 | 16、1、6 | 歩兵第四九聯隊 一五、一二、九 | 東京都中野区江古田四丁目一六八一番地 | 東京都中野区江古田三丁目一〇三二番地 | 父 | 橋本金太郎 | 昭 15 | 一補衛長 20、5、20 | 橋本榮吉 大九、三、三〇 | 無 | |
| 20、5、30 鉄道第一八聯隊転属 | 17、6、24 | 歩兵第一五七聯隊 一七、五、二五 | 埼玉県入間郡毛呂山町大字前諏訪八一三番地ノ一 | 同上 | 母 | 初野ツヤ | 昭 16 | 一補衛上 20、2、1 | 初野輝雄 大一〇、四、二三 | 無 | |
| 20、6、4 朝鮮軍管区司令部 | 15、9、6 | 歩兵第一五七聯隊 一五、八、一 | 千葉県印旛郡本埜村大字萩原七〇番地ノ二 | 同上 | 妻 | 蓮見ゑつ | 昭 11 | 豫衛伍 一補衛長 19、11、1 20、8、3 | 蓮見五郎 大五、二、一五 | 無 | 20、8、5 [illegible] |
| 20、8、29、第一九四兵站病院転属 | 18、3、1 | 第三二師団第一野戦病院 一七、六、三 | 千葉県夷隅郡植野村上植野八七〇番地 | 同上 | 父 | 長谷川市平 | 昭 11 | 二補衛長 20、8、1 | 長谷川等 大五、五、四 | 無 | |

141

| | | | | | | | | | | | |
|---|---|---|---|---|---|---|---|---|---|---|---|
| 20、8、29 第一五五兵站病院戦傷 | 18、6、14 | 気球聯隊 一八六、一 | 埼玉県比企郡伊奈村大字大針一四六番地 | 同 上 | 父 | 濱野定吉 | 昭 11 | 一 補衛上 19 20、12、20 | 濱野保藏 大五、一、二五 | 無 | |
| 20、8、29 第一五五兵站病院戦傷 | 18、10、1 | 気球聯隊 一八九、二〇 | 富山県射水郡小松町下条新一七四番地 | 同 上 | 妻 | 林とし | 昭 6 | 二 補衛 19 20、8、20 十上 | 林茂 明四四、一〇、一〇 | 無 | |
| 20、8、29 第一四兵站病院戦病 | 16、1、6 | 歩兵第四九聯隊 一五、一三九 | 東京都麹町区飯田町一丁目二三番地ノ七 | 同 上 | 母 | 早川サイ | 昭 15 | 一 補衛 20、6、20 上長 | 早川保雄 大九、六、一二 | 無 | |
| 20、8、29 第十三軍司令官指定兵站病院戦病 | 18、10、1 | 気球聯隊 一八九、二〇 | 山梨県南都留郡下吉田町五五三八番地 | 同 上 | 父 | 早川宮治 | 昭 15 | 二 補衛 20、8、20 十上 | 早川弥多ル 大九、一、一 | 無 | |
| 同 右 | 18、10、1 | 気球聯隊 一八九、二〇 | 宮城県本吉郡階上村字波路杉下一六七番地ノ一 | 宮城県本吉郡階上村字波路杉下一六八番地ノ二 | 兄 | 畠山吉之助 | 昭 8 | 二 国衛 20、8、20 十上 | 畠山武志 大二、九、一 | 無 | |
| 同 右 | 18、8、1 | 独歩第四三大隊 一七、一一、一〇 | 東京都深川区永代二丁目二八番地ノ二 | 千葉県銚子市竹町一五二七 同 石毛直蔵 | 父 | 林恭蔵 | 昭 16 | 現衛 20、8、20 上長 | 林清次郎 大一〇、二、一五 | 無 | 20、6、1現在 |
| 20、8、29 第一六六兵站病院戦病 | 18、10、1 | 野戦重砲第八聯隊 一八、九、五 | 富山県西礪波郡福岡町上蓑八七七番地 | 同 上 | 兄 | 萩野清治 | 昭 17 | 二 補衛 20、8、20 十上 | 萩野健二 大二、一〇、一三 | 無 | |
| 20、8、29 第一五一兵站病院戦病 | 17、2、27 | 国府台陸軍病院 一六、一〇、二〇 | 東京都麻布区山元町五五番地 | 埼玉県大里郡寄居町金尾 同 | 妻 | 馬場しゲ | 昭 12 | 一 補衛 20、10、20 上長 | 馬場英一 大六、五、二九 | 無 | 20、5、30現在 |

142

| 八 | | | | | |
|---|---|---|---|---|---|
| 20.8.29 第一五一兵站病院転属 | 同右 | 20.8.29 第一六五兵站病院転属 | 20.8.29 第一五五兵站病院転属 | 20.8.29 第一五三兵站病院転属 | 20.8.29 第一六五兵站病院転属 |

# 留守名簿

| 編入年月日 | 前所属及其編入年月日 | 本籍（在留地） | 留守担当者 住所 | 続柄 | 留守担当者 氏名 | 徴集年 任官年 | 役種兵種官等級並ニ等級俸月給額 発令年月日 | 氏名 | 生年月日 | 留守宅渡ノ有無 | 補修年月日 |
|---|---|---|---|---|---|---|---|---|---|---|---|
| 18.6.14 | 気球聯隊 一八、六、一 | 東京都足立区千住大川町七番地 | 同上 | 父 | 服部時次郎 | 昭16 | 一、補衛 上 18.12.1 | 服部孝吉 | 大一〇、二、一八 | 無 | |
| 16.1.6 | 歩兵第一四九聯隊 一五、一二、九 | 東京都王子区十条仲原一丁目一四番地 | 同上 | 父 | 林常次郎 | 昭15 | 一 補衛 卅 長 20.6.1 | 林弘 | 大九、六、二 | 無 | 20.7.1 追及 |
| 20.1.31 | 独歩第八一一大隊 一九、一一、一八 | 東京都京橋区越前堀二丁目五番地ノ一一 | 同上 | 父 | 原萬藏 | 昭19 | 現衛 卅 一 20.5.18 | 原儀男 | 大四、九、二四 | 無 | 20.6.1 追及 |
| 20.1.31 | 独歩第八一一大隊 一九、一一、一八 | 東京都四谷区南元町一九番地ノ四 | 東京都品川区五反田一丁目一五〇番地 | 父 | 蜂屋孝 | 昭19 | 現衛 卅 一 20.5.18 | 蜂屋一郎 | 大一四、五、一七 | 無 | 20.6.1 追及 |
| 20.1.31 | 独歩第八一一大隊 一九、一一、一八 | 千葉県市原郡東海村島野六七三番地 | 同上 | 父 | 橋本七三 | 昭19 | 現衛 卅 一 20.5.18 | 橋本徹夫 | 大一四、一〇、三 | 無 | 20.6.1 追及 |
| 20.1.31 | 独歩第八一一大隊 一九、一一、一八 | 東京都江戸川区西小松川三丁目一一〇二番地 | 同上 | 父 | 服部要 | 昭19 | 現衛 卅 一 20.5.18 | 服部圭祐 | 大一四、五、一九 | 無 | 20.6.1 追及 |

143

| 上欄 | 年月日 | 部隊 | 本籍 | 留守宅住所 | 続柄 | 留守担当者 | | 階級 | 氏名・生年月日 | | 下欄 |
|---|---|---|---|---|---|---|---|---|---|---|---|
| 20、8、29、才一八七兵站病院転属 | 20、1、31 | 独歩第八一大隊 一九、一一、一八入 | 東京都豊島区池袋三丁目一四八〇番地 | 東京都豊島区高松町一丁目三〇 ~~富山県下新川郡櫻井町~~ | 父 ~~叔父~~ | 丸山信義 ~~荻住長四郎~~ | 昭19 | 現衛 #一 20.5.18 | 荻住秀一 大四、三、二八 | 無 | 20.5.30 現住者 20.6.1 |
| 20、8、29才一五一兵站病院転属 | 20、1、31 | 独歩第八一大隊 一九、一一、一八入 | 山梨県東山梨郡中牧村西保下一〇五一番地 | 同 | 父 | 萩原鶴友 | 昭19 | 現衛 #一 20.5.18 | 萩原筠 大四、三、二六 | 無 | 20.6.1 進級 |
| 20、8、29才一八七兵站病院転属 | 20、1、31 | 独歩第八一大隊 一九、一一、一八入 | 東京都目黒区東町一二四三番地 | 東京都王子区豊島町十丁目二〇番地 | 従兄 | 長谷川泰一 | 昭19 | 現衛 #一 20.5.18 | 長谷川健一 大四、八、一八 | 無 | 20.6.1 進級 |
| 20、8、29才一五一兵站病院転属 | 20、1、31 | 独歩第八一大隊 一九、一一、一八入 | 東京都小石川区久堅町八三番地 | 東京都滝野川区西東町一七四番地 | 母 | 張椿ます | 昭19 | 現衛 #一 20.5.18 | 張椿武男 大四、九、一四 | 無 | 20.6.1 進級 |
| 20、8、29才十五兵站病院転属 | 20、1、31 | 独歩第八一大隊 一九、一一、一八入 | 埼玉県南埼玉郡和土村大字笹久保新田一〇八八番地 | 同 | 父 | 橋本濱三郎 | 昭19 | 現衛 #一 20.5.18 | 橋本正雄 大一二、八、二九 | 無 | 20.6.1 進級 |
| 20、8、29才十五軍司令官ノ定ムル兵站病院転属 | 20、1、31 | 独歩第八一大隊 一九、一一、一八入 | 埼玉県埼玉郡[illegible]村二八二九番地 | 同 | 父 | 長谷川清作 | 昭19 | 現衛 #一 20.5.18 | 長谷川操男 大一二、一一、一〇 | 無 | 20.6.1 進級 |
| 20、8、29才十五軍司令官ノ定ムル兵站病院転属 | 18、10、1 | 気球聯隊 一八、九、二〇 | 東京都本郷区駒込西片町二〇番地 | 同 | 父 | 林紫之郎 | 昭10 | 補衛 #上 20 | 林正吾 大四、一、一〇 | 無 | |
| 20、8、29才十五軍司令官ノ定ムル兵站病院転属 | 18、10、1 | 気球聯隊 一八、九、二〇 | 宮城県黒川郡大衡村奥田在家二〇番地 | 同 | 母 | 早坂セキ | 昭11 | 二國衛 上 [illegible] | 早坂辰治 大五、三、七 | 無 | |

144

# 留守名簿

八

| 欄外記事 | 編入年月日 | 前所属及其編入年月日 | 本籍（在留地） | 留守擔當者 住所 | 續柄 | 留守擔當者 氏名 | 徴集年 | 任官年 | 役種兵種官等級等又ハ等級俸月給額發令年月日 | 氏名 | 生年月日 | 留守宅渡ノ有無 | 補修年月日 |
|---|---|---|---|---|---|---|---|---|---|---|---|---|---|
| 20.8.29 ヵ一六七兵站病院轉屬 20.8.19解傭 | 20.1.31 | 独歩第八一大隊 一九、一一、八 | 山梨縣南都留郡東桂村鹿留六一八八番地 | 同 | 母 | 秦すか | 昭19 | | 現衛＊一 20.5.18 | 秦辰彌 | 大一四、三、二五 | 無 | 20.6.1追政 |
| 20.8.19解傭 | 19.4.13 | | 朝鮮平安北道寧邊郡藥山面龍登洞六〇六番地 | 朝鮮江原道平康郡南面鶴日里二區峯涼洞 | 父 | 張村箕麟 | | | 自動車手 18.5.20、20.3.31 | 張村芝花 | 大九、一、一 | 無 | 20.3.31昇給 |
| 20.8.29 ヵ一五一兵站病院轉屬 | 19.6.19 | | 福岡縣門司市大字門司三四四八番地 | 愛媛縣宇摩郡長津村二〇六二番地 | 母 | 濱崎ヤヱ子 | | | 打字手 20.8.20 | 濱崎正恵 | 大八五、二、二三 | 有 | 20.4.5昇給 20.8.20 |
| 同右 | 15.4.16 | | 群馬縣利根郡川田村大字上川田一一一番地 | 同 | 兄 | 原勇吉 | | | 自動車操縦者 20.8.20 | 原徳朝 | 大五、五、二 | 無 | 20.4.5昇給 20.8.20 |
| 同右 | 17.7.18 | | 青森縣北津輕郡小泊村三八四番地 | 北京市外五道巷安里六号 | 妻 | 長谷川みさを | | | 技術雇員 20.8.20 | 長谷川久治 | 大五、四、九 | 無 | 20.4.5昇給 20.8.20 20.6.1現住 |
| 20.7.3解雇 | 15.8.30 | | 岐阜縣山縣郡櫻尾村大字椎倉二三四番地 | 岐阜縣岐阜市上加納町山町五三番地 | 父 | 服部鉄治郎 | | | 事務雇員 20.3.31 | 服部利夫 | 大四、一一、八 | | 20.4.5昇給 |

145

| | | | |
|---|---|---|---|
| 20、8、29才一五一兵站病院転属 | 20、8、29才一五三兵站病院転属 | 20、8、29才一五三兵站病院転属 | 20、7、10應召 休職中 20、8、29才一九四兵站病院転属 |
| 17.6.14 | 15.3.23 | 15.6.1 | 17.9.19 |
| | [redacted] 池井部隊 一三九、二七 | | |
| 長野縣小縣郡青木村大字田沢七一三番地 | 千葉縣千葉郡二宮町米園台三〇〇番地 | 福岡縣直方市大字山部一八九番地 | 朝鮮平壌府磚九町一五八番地 |
| 同 | 同 | 福岡縣直方市須崎町一丁目一八九番地 | 北京市内四区棉花胡同七号 |
| 上 文 林清勝 | 上 兄 林清一 | 弟 橋口豊 | 文 萩原義雄 |
| 技術雇員 四九〇〇 20.8.20 四六〇〇 19.9.30 四八〇〇 20.3.31 | 陸軍技手 自動車操縦手 五、 20.7.31 | 技術雇員 五三〇〇 19.7.30 | 傭人(通譯) 四四〇〇 20.3.31 四六〇〇 19.9.30 |
| 林利直 大一二、七、一 | 林二郎 明四四、九、一四 | 橋口孝一郎 大二、三、二八 | 萩原健市 大三、六、二四 |
| 有 | 無 | 有 | 無 |
| 20.4.5 昇給 20.8.20 〃 | 20.7.31 官等 | | 20.4.5 昇給 |

| 上欄 | 編入年月日 | 前所属及其編入年月日 | 本籍（在留地） | 留守擔當者 住所 | 續柄 | 氏名 | 徴集年 | 任官年 | 役種兵種官等級等給月給額 發令年月日 | 氏名 生年月日 | 留守宅渡有無 | 補修年月日 |
|---|---|---|---|---|---|---|---|---|---|---|---|---|
| 20、5、15、東部軍管区司令部転属 | 16、12、22 | 陸軍兵器本部 兼陸軍軍医学校 一五、四、一 | 千葉縣館山市船形四四三番地 | 同上 | 父 | 平野巳之吉 | | 昭13 | 現医少佐 二、20、4、30 | 平野晟 明四四、五、八 | 有 | 20.7.1 等給 |
| 20、6、29 第十二軍司令官ノ定ムル兵站病院転属 | 15、7、22 | 歩兵第八聯隊補充隊 一五、五、一五 | 京都府何鹿郡山家村字廣瀬小字宮之前三番地 | 同上 | 父 | 廣瀬卯一郎 | | 昭15 | 豫医大尉 三、19、9、15 | 廣瀬一郎 大二、二、二六 | 有 | |
| 同 石 | 19、2、28 | 潞安陸軍病院 一八、六、一〇 | 鹿児島縣伊佐郡大口町里五〇七番地 | 同上 | 父 | 平田柳石 | 昭10 | 昭12 | 現衛曹 准 四、20、3、1 | 平田政利 大七、八、二四 | 有 | 20.4.5 [illegible] |
| 20、8、29、第一六二兵站病院転属 | 17、6、24 | 歩兵第一五七聯隊 一七、五、二五 | 山梨縣南巨摩郡睦合村南部八四五一ノ一番地 | 同上 | 妻 | 樋口春子 | 昭6 | 昭10 | 豫衛軍曹長 四、20、8、20 | 樋口榮 明四四、九、七 | 有 | 20.7.1 [illegible]等 |
| 20、8、29、第一九四兵站病院転属 | 16、1、6 | 歩兵第一四九聯隊 一五、三、九 | 東京都浅草区象潟二ノ一一 | 千葉縣木更津市仲片町一四五四 大野忠次方 | 妹 | 平井千代子 | 昭5 | 昭18 | 豫衛軍 二、19、12、31 | 平井達治 大九、一〇、八 | 無 | 20.7.15 現在 |
| 20、8、29 第一五五兵站病院転属 七 | 17、6、24 | 歩兵第一五七聯隊 一七、五、二五 | 埼玉縣入間郡[illegible]村大字上[illegible]一八一ノ二番地 | 同上 | 兄 | 平本初太郎 | 昭16 | 昭19 | 豫衛伍 軍 三、20、8、1 | 平本為作 大六、一一、一三 | 無 | 20.8.1 進級 |

147

| | | | | | | | | | | | | |
|---|---|---|---|---|---|---|---|---|---|---|---|---|
| 20.8.29.才一五一兵站病院[illegible] | 15.9.6 | 野戦重砲兵才一七聯隊 | 一五、八、一 | 東京都向島区隅田町四ノ九七番地 | 東京都赤坂区福吉町一番地 | 文 | 日向紫 | 昭14 昭18 | 三 豫衛伍 甲 19.5.1 20.5.1 | 日向榮一 | 大八、八、二三 | 無 20.4.5[illegible] |
| 20.8.29.才一五一兵站病院[illegible] | 15.9.6 | 野戦重砲兵才一七聯隊 | 一五、八、一 | 東京都荒川区南千住町五ノ一四二番地 | 東京都中野区宮園通五ノ五四番地 日本洋裁学校内 | 文 | 廣田慶次郎 | 昭14 | 予備 十補衛長 19.5.1 20.8.1 | 廣田常吉 | 大八、二、一九 | 無 |
| 20.8.29.才一二一兵站病院[illegible] | 20.1.31 | 独歩八一大隊 | 一九、一一、一八 | 山梨県甲府市百石町四一三番地 | 神奈川県横浜市神奈川区反田二番地 | 文 | 平原[illegible]造 | 昭19 | 現衛 #一 19.5.1 20.5.16 | 平原[illegible] | 大四、一〇、一二 | 無 20.6.1追及 |
| 20.8.29.才一八七兵站病院[illegible] | 20.1.31 | 独歩八一大隊 | 一九、一一、一八 | 東京都本郷区駒込動坂町三五九番地 | 同上 | 養文 | 平野勇吉 | 昭19 | 現衛 #一 19.5.1 20.5.18 | 平野一雄 | 大四、五、二四 | 無 20.6.1追及 |
| 20.8.29.才一五三兵站病院[illegible] | 18.10.1 | 気球聯隊 | 一八、九、二〇 | 山梨県東山梨郡松里村七一番地 | 同上 | 文 | 廣瀬娟供《ヨシトモ》 | 昭15 | 二補衛長 19.9.1 20.9.20 | 廣瀬俊男 | 大九、一一、三〇 | 無 |
| 20.8.29.才一五三兵站病院[illegible] | 18.10.1 | 気球聯隊 | 一八、九、二〇 | 長野県小県郡塩川村大字塩川一〇三四番地 | 大阪市住吉区万代東町一ノ一八番地 廣田寛之助方 | 妻 | 廣川しげ子 | 昭9 | 二補衛長 上 19.9.20 20.6.1 | 廣川繁雄 | 大三、九、一五 | 無 20.7.1追及 |
| 20.8.29.才一六六兵站病院[illegible] | 18.10.1 | 気球聯隊 | 一八、九、二〇 | 長野県佐久郡青沼村大字入沢六一四番地 | 同上 | 母 | 日向あつみ | 昭14 | 二国衛上 19.5.20 20.8.20 | 日向健二 | 大八、一一、七 | 無 |
| 20.8.29.才十三軍司令官ノ[illegible]兵站病院[illegible] | 17.6.24 | 歩才一三七聯隊 | 一七、六、二二 | 東京都世田谷区野沢町一ノ二七〇番地 | 同上 | 文 | 平岩涼吉 | 昭15 | 一補衛長 20.2.1 20.8.20 | 平岩保次郎 | 大九、二、二一 | 無 |

148

# 留守名簿

| 編入年月日 | 前所属及其編入年月日 | 本籍（在留地） | 留守擔當者 住所 | 續柄 | 氏名 | 徵集年 | 任官年 | 役種兵種官等級俸月給額發令年月日 | 氏名生年月日 | 留守宅ノ有無 | 補修年月日 | （欄外） |
| --- | --- | --- | --- | --- | --- | --- | --- | --- | --- | --- | --- | --- |
| 18、4、8 | 野戦重砲兵第八聯隊 一八、三、二一 | 埼玉縣浦和市常盤町四丁目五二番地 | 同上 | 母 | 肥塚千里 | 昭15 | | 二 補衛長 二 補衛上 20、6、1 | 肥塚武 大七、七、二七 | 無 | 20.7.1 進級 | 20、8、29、ヲ一五五兵站病院転属 |
| 18、10、1 | 野戦重砲兵第八聯隊 一八、六、二八 | 東京都世田谷区玉川奥沢町二丁目一四番地 | 同上 | 父 | 廣田芳長 | 昭16 | | 二 補衛上 20、7、15 | 廣田彰 大六、二、一六 | 無 | 20.7.20 進級 | 20、8、29ヲ一五五兵站病院転属 |
| 18、10、1 | 気球聯隊 一八、九、二〇 | 宮城縣玉造郡岩出山町字上川原一二四番地 | 同上 | 妻 | 平山梅 | 昭10 | | 二 国衛上 20、1、20 | 平山俊一 大三、六、二〇 | 無 | | 20、8、29ヲ十五軍司令官ノ定ムル兵站病院転属 |
| 18、10、1 | 気球聯隊 一八、九、二〇 | 東京都王子区豊島二丁目一一三番地 | 同上 | 父 | 廣野助七 | 昭11 | | 二 補衛上 20、8、20 | 廣野典男 大四、三、一六 | 無 | | 同右 |
| 15、9、6 | 歩兵第五七聯隊 一五、八、一 | 千葉縣香取郡佐原町イ四一四九番地 | 千葉縣千葉市辨天町四三九番地 | 兄 | 菱木一男 | 昭11 | | 一 補衛長 20、8、20 | 菱木寅雄 大五、三、一〇 | 無 | | 20、8、29ヲ一九四兵站病院転属 |
| 16、1、6 | 歩兵第四九聯隊 一五、六、九 | 神奈川縣平塚市平塚一、九七一番地 | 神奈川縣中郡比々多村串橋九八番地 | 母 | 平川クマ | 昭15 | | 一 補衛長 19、12、9 | 平川三郎 大九、一一、二四 | 無 | | 右同 |

七

149

| | | | | | | | | | | | |
|---|---|---|---|---|---|---|---|---|---|---|---|
| 20.8.29才一九四兵站病院轉屬 | 16.1.6 | 歩才一四九联隊 一五、一二、九 | 神奈川縣横浜市南区南太田町一丁目九三番地 | 同上 | 父 | 平井芳吉 | 昭15 | 一補衛長 20.8.20 | 平井欣一 | 大九、八、一四 | 無 |
| 20.8.29才一九四兵站病院轉屬 | 16.1.6 | 歩才一四九联隊 一五、一〇、九 | 東京都荏原区荏原六丁目六五番地 | 同上 | 母 | 平野ヨシ | 昭15 | 一補衛長 18.12.9 20.8.20 | 平野政治 | 大九、八、八 | 無 |
| 20.8.29才十三軍司令官ノ定ムル兵站病院転屬 | 17.6.24 | 歩才一五七联隊 一七、五、二五 | 埼玉縣入間郡所沢町大字久米六二八番地 | 同上 | 父 | 比留間五右郎 | 昭12 | 一補衛長 20.6.1 | 比留間美佐雄 | 大六、九、二八 | 無 20.7.1進級 |
| 同右 | 18.10.1 | 気球联隊 一八、九、二〇 | 富山縣下新川郡魚津町大字岡町一六番地 | 同上 | 父 | 廣野巴 | 昭6 | 二補衛上 1920.3.1 | 廣野良晴 | 明四四、三、三 | 無 |
| 20.8.29才一八八兵站病院転屬 | 17.6.24 | 歩才一五七联隊 一七、五、二五 | 東京都世田谷区上馬町三丁目一〇〇二番地 | 同上 | 父 | 平山豊治 | 昭15 | 一補衛長 1920.8.20 | 平山登 | 大九、八、四 | 無 |
| 20.8.29才一六六兵站病院転屬 | 18.6.14 | 気球联隊 一八、六、一 | 東京都下谷区中御徒町一ノ二五番地 | 東京都浅草区鳥越町一ノ七番地 | 主人 | 高木信久 | 昭15 | 一補衛長 1920.8.20 | 平川喜一 | 大九、三、三 | 無 |
| 20.3.24解雇 | 15.3.23 | 一四、三、八 | 朝鮮慶尚北道高霊郡高霊面横田洞二八〇番地 | 北京市内二区皮倉胡同一〇号 | 妻 | 廣田富子 | | 雇員(通譯) 15.3.31 | 廣田英治 | 明四五、一、二五 | 無 20.3.23 |
| 20.8.29才一九四兵站病院転屬 | 15.3.23 | 一六、九、二七 | 山梨縣南都留郡盛田村粤堤四一番地 | 中華民国山西省大同市上寺街一〇号 | 妻 | 鬆櫛雪江 | | 業務手 自動車技手 | 鬆櫛惠作 | 明四三、一二、二七 | 無 20.7.5昇給 |

150

# 留守名簿

七

| | | | | |
|---|---|---|---|---|
| （欄外） | 20.8.29 第一五三兵站病院転属 | 20.6.26 解傭 | 20.5.23 解傭 | 19.12.30 戦病死 (1) 運城陸病 (アメーバ赤痢) |
| 編入年月日 | 15.3.23 | 19.7.20 | 20.3.26 | |
| 前所属及其編入年月日 | 菊地部隊 二四、三、四 | | | |
| 本籍（在留地） | 青森縣青森市大字大野長島一五番地（天津特別市第三区蕭穆路七〇号） | 朝鮮全羅南道長興郡長興邑東洞里一七四番地 | 新潟縣中頸城郡下黒川百木三四番地 | 東京都神田区松枝町一九 |
| 留守擔當者 住所 | 同 | 同 | 北京市内二区興隆街甲二二号 | 東京都神田区松枝町一二五 |
| 續柄 | 妻 | 兄 | 父 | 妻 |
| 留守擔當者 氏名 | 平田ヨシ | 平山暎二《エイジ》 | 平田軍一 | 冨美枝 |
| 徴集年 任官年 | | | | |
| 役種兵種官等級 等俸給 發令年月日 | 業務手 七〇〇 20.8.20 | 自動車操縦手 六〇〇 20.3.31 | 筆生 三〇〇 20.3.26 | 衛上（衛長） |
| 氏名 生年月日 | 平田林三郎 明三六、五、一 | 平山常大 大八、六、一六 | 平田一孝 昭三、三、二 | 平井典寛 大二、一、五 |
| 留守宅渡ノ有無 | 無 | 無 | 無 | |
| 補修年月日 | 20.4.5 昇給 | 20.4.5 昇給 | | 21.1.25 |

151

44年5月3日審判確定
14年7月10日死亡とみなされる
中国江蘇省

12

岩手県東磐井郡大東町猿沢字町方

岩手県東磐井郡千厩町字北方86の4

兄藤田藤吉

征一

藤田福治

152

＊付箋をめくった状態

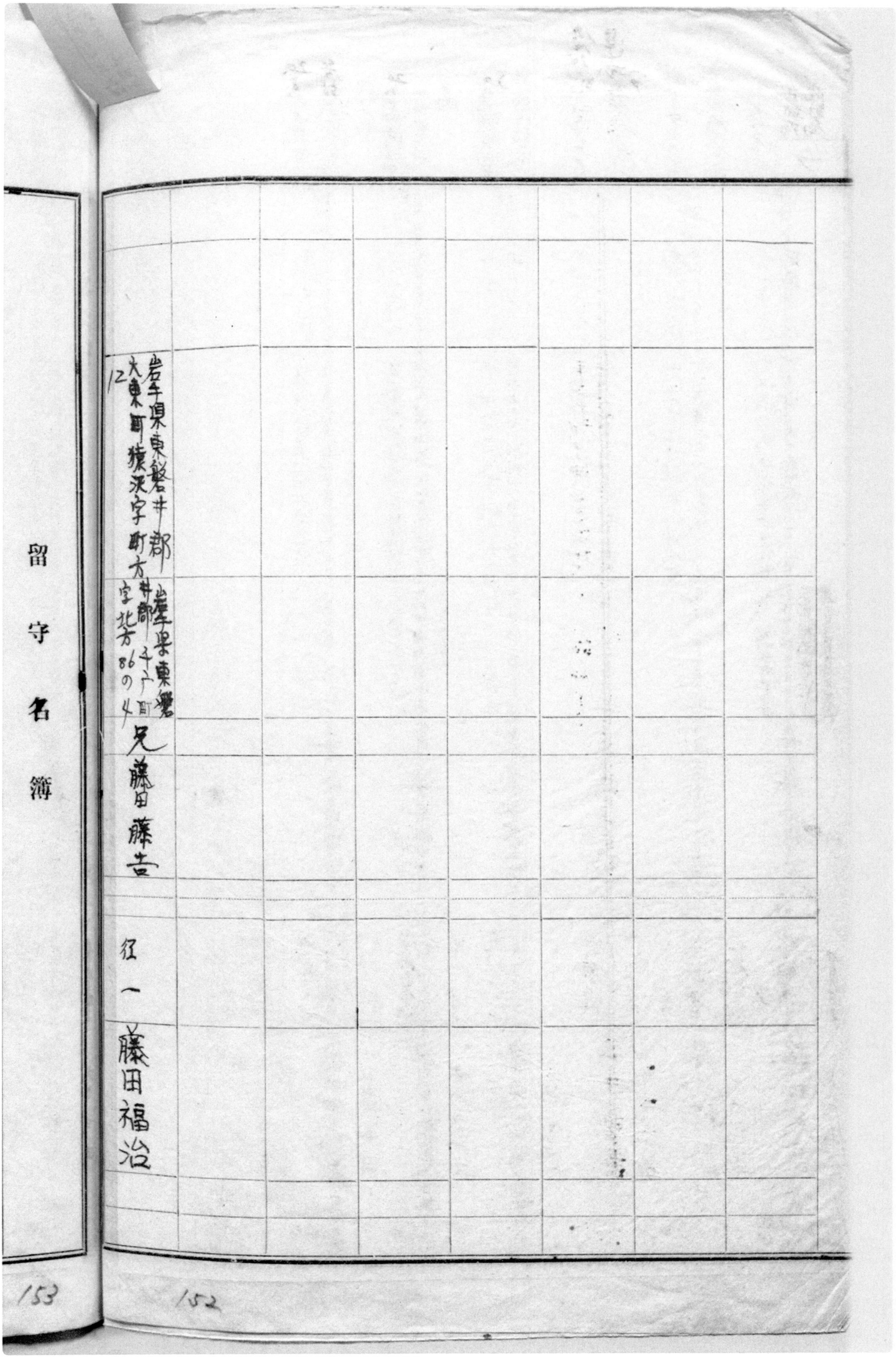

留守名簿

12 岩手県東磐井郡大東町猿沢字町方

岩手県東磐井郡千厩町字北方86の4

兄 藤田藤吉

征一

藤田福治

153

152

# 留守名簿

7

| 備考 | 編入年月日 | 前所属及其編入年月日 | 本籍（在留地） | 留守担当者 住所 | 続柄 | 氏名 | 徴集年 | 任官年 | 役種兵種官等級等ニ等給ニ月額発令年月日 | 氏名 生年月日 | 留守宅渡ノ有無 | 補修年月日 |
|---|---|---|---|---|---|---|---|---|---|---|---|---|
| 20.8.29才一六一兵站病院轉属 | 14.7.20 | 歩兵第一三聯隊 一四、五、五 | 福岡縣若松市安政町二丁目開三八番地 | 大分縣中津市東本町坪坂まん方 | 妻 | 福田静子 | | 昭14 | 豫医大尉 二、19.9.30 | 福田武夫 大四、九、二四 | 有 | |
| 20.8.29才一九四兵站病院轉属 | 18.6.2 | 第八師団部隊 一六、七、二八 | 愛媛縣碧海郡高浜町大字高浜字四辻五一番地ノ三 | 愛媛縣豊橋市往完町往還東四七番地河西はる乏方 | 妻 | 福井みわ | | 昭14 | 現衛大尉 二、20.1.31 三、18.12.1 | 福井利三 明四二、一〇、八 | 有 | |
| 20.8.29才一九四兵站病院転属 | 17.10.12 | 捜索第五聯隊 一六、四、一〇 | 山口縣吉敷郡秋穂町大字秋穂東本郷五二〇一番地 | 同上 | 父 | 藤田新太郎 | 昭15 | 昭17 | 豫主中尉 二、19.9.15 | 藤田勝平 大六、六、一八 | 有 | |
| 20.8.29才一五三兵站病院転属 | 15.11.23 | 園田部隊 一三、九、三〇 | 秋田縣平鹿郡吉田村中吉田字上藤根七番地 | 同上 | 父 | 藤王忠五郎 | 昭11 | 昭13 | 現衛准 四、19.8.1 | 藤王忠太郎 大六、一一、六 | 有 | |
| 20.8.29才一五一兵站病院転属 | 15.11.23 | 菊地部隊 一四、二、八 | 埼玉縣秩父郡荒川村大字上田野一三五六番地 | 同上 | 兄 | 藤代宇三 | 昭11 | 昭14 | ~~現衛曹~~ 准 20.8.1 | 藤代浚助 大五、九、二五 | 有 | 20.8.1進級 |
| 20.8.29才一八七兵站病院転属 | 18.6.1 | 歩兵第三二一聯隊 一七、二、一 | 埼玉縣北埼玉郡羽生町大字羽生四二三〇番地 | 埼玉縣羽生町大字羽生一〇三 ~~東京都…~~ | 母 | 藤村みよ | 昭16 | 昭19 | 現衛伍 軍 三、20.8.1 | 藤村光男 大一〇、九、一 | 無 | 20.6.1現任 20.8.1進級 |



153

| 備考 | 年月日 | 所属部隊 | 番号 | 本籍 | 留守宅 | 続柄 | 留守担当者 | 昭 | 階級 | 氏名 | 生年月日 | | 記事 |
|---|---|---|---|---|---|---|---|---|---|---|---|---|---|
| 20.8.29 第一六五兵站病院転属 | 20.1.31 | 独歩第八一大隊 | 一九、一一、八 | 東京都麹町区九段四丁目八番地ノ一 | 茨城県小[illegible]市南三ノ丸鉄道官舎 | 伯父 | 伊藤[illegible]郎 | 昭19. | 現 衛一 20.5.18 | 福岡一雄 | 大一三、三、五 | 無 | 20.6.1 進級 |
| 20.8.29 第一五一兵站病院転属 | 20.1.31 | 独歩第八一大隊 | 一九、一一、八 | 東京都牛込区余丁町六四番地 | 東京都渋谷区千駄ヶ谷二丁目三三番地 | 従兄 | 矢島武次 | 昭19. | 現 衛一 20.5.18 | 福田榮一 | 大一四、二、一六 | 無 | 20.6.1 進級 |
| 20.8.29 第十二軍司令官(定)九兵站病院転属 | 17.6.24 | 歩兵第一五七聯隊 | 一七、五、二五 | 山梨県北都留郡小菅村四八九九番地 | 山梨県北都留郡上野原町四〇七番地 | 妻 | 古家ハル | 昭10 | 豫 衛長 20.[illegible].1 | 古家長年 | 大四、六、一六 | 無 | 20.4.5 進級 |
| 20.8.29 第一五三兵站病院転属 | 18.5.27 | 歩兵第二一二聯隊 | 一七、二、一 | 東京都目黒区下目黒三丁目六〇七番地 | 富山県婦負郡杉原村杉田藤沢二一六 大阪府大阪市西成区南通五丁目 | 父 | 藤澤芳太郎 | 昭16 | 現 衛上長 20.8.20 | 藤澤大作 | 大六、三、一六 | 無 | 20.6.1 現在 |
| 20.8.29 第一九四兵站病院転属 | 15.9.6 | 野戦重砲第一七聯隊 | 一五、八、一 | 埼玉県南埼玉郡川柳村大字麦塚六番地 | 埼玉県南埼玉郡川柳村大字麦塚六番地 | 父 | 藤波重次郎 | 昭14 | 一補 衛上長 20.8.20 | 藤波藤藏 | 大八、三、一六 | 無 | |
| 20.8.29 第一四?兵站病院転属 | 16.8.6 | 歩兵第一四九聯隊 | 一五、一二、九 | 東京都中野区本町通五丁目一三番地 | 同上 | 父 | 深澤[illegible]五郎 | 昭15 | 豫 一補 衛伍長 20.3.1 | 深澤[illegible]八 | 大九、三、三一 | 無 | 20.4.5 發令 |
| 20.8.29 第一五一兵站病院転属 | 18.4.8 | 野戦重砲兵第八聯隊 | 一八、三、二〇 | 福島県安積郡上河内村大字河内字上熊三九番地 | 同上 | 妻 | 古川トメ | 昭7 | 豫 衛長伍 20.6.1 | 古川三十[illegible] | 大八、九、三 | 無 | 20.7.1 進級 |
| 20.8.29 第一五二兵站病院転属 | 17.12.27 | 関府陸軍病院 | 一六、一〇、二〇 | 東京都京橋区月島通四丁目五番地 | 新潟県中頸城郡大濱村字市振 福田郡治方 | 弟 | 福田鉄太郎 | 昭12 | 一補 豫 衛長伍 20.6.[illegible] | 福田又四郎 | 大六、三、五 | 無 | 20.7.1 進級 |

154

# 留守名簿

| 備考 | 編入年月日 | 前所属及其編入年月日 | 本籍（在留地） | 留守擔當者住所 | 續柄 | 留守擔當者氏名 | 徴集年 | 任官年 | 役種兵種官等級俸給額発令年月日 | 氏名生年月日 | 留守宅渡ノ有無 | 補修年月日 |
|---|---|---|---|---|---|---|---|---|---|---|---|---|
| 20.8.29第一五一兵站病院転属 | 19.3.1 | 独歩第五大隊 一八、一二、一 | 山梨縣東山梨郡西保村北原二四八九番地 | 同上 | 父 | 藤原光義 | 昭18 | | 現衛上長 19.12.8 12.20 | 藤原近文 大一二、四、一〇 | 無 | |
| 20.8.29第十二軍司令官ノ定ムル兵站病院転属 | 20.1.31 | 独歩第八一大隊 一九、一一、八 | 山梨縣中巨摩郡落合村落合一二二一番地 | 同上 | 父 | 深澤幸作 | 昭19 | | 現衛#一 19.20.5.18 | 深澤勝男 大一四、六、一五 | 無 | 20.6.1 進級 |
| 20.8.29第一八七兵站病院転属 | 20.1.31 | 独歩第八一大隊 一九、一一、八 | 山梨縣東八代郡一宮村下矢作一六三番地 | 山梨縣甲府市上一條町五五番地 | 母 | 藤田ミネ | 昭19 | | 現衛#一 19.20.5.18 | 藤田完策 大一四、四、二四 | 無 | 20.6.1 進級 |
| 20.8.29第一六五兵站病院転属 | 20.1.31 | 独歩第八一大隊 一九、一一、八 | 東京都麹町区九段一丁目一二番地ノ一〇 | 東京都牛込区小川町一丁目一三 藤巻忍方 同上 | 兄 | 藤巻貞郎 | 昭19 | | 現衛#一 19.20.5.18 | 藤巻力雄 大一四、一、一五 | 無 | 20.5.30 現役 20.6.1 進級 |
| 20.8.29第十二軍司令官ノ定ムル兵站病院転属 | 15.9.6 | 野戦重砲兵第七聯隊 一五、八、一 | 埼玉縣南埼玉郡蒲生村大字大蒲生四五一七番地 | 同上 | 母 | 福井コト | 昭14 | | 二補衛上長 18.20.8.8.12 | 福井延吉 大八、二、二四 | 無 | |
| 同右 | 17.6.24 | 歩兵第一五七聯隊 一七、五、二五 | 埼玉縣入間郡所沢町大字所沢五三〇番地 | 同上 | 父 | 藤野平三郎 | 昭12 | | 一補衛上長 20.2.1.20 | 藤野盛三郎 大六、六、二七 | 無 | |

7

155

| | | | | | | | | | | | | |
|---|---|---|---|---|---|---|---|---|---|---|---|---|
| 20.8.29第十一軍司令官ノ定ムル兵站病院転属 | 18.2.28 | 歩兵第二一〇聯隊 一七、六、一 | 神奈川縣足柄下郡湯河原町宮上四七五番地 | 静岡縣静岡市長沼六三五番地 | 義兄 | 岡崎敬一 | 昭16 | 現 衛生伍長 20.8.20 | 古屋正作 | 大一〇、一、一五 | 無 | |
| 20.8.29第一六六兵站病院転属 | 19.3.1 | 独歩第十五大隊 一八、一二、一二 | 山梨縣北巨摩郡増富村比志四三二一番地 | 同上 | 父 | 藤原治義 | 昭18 | 現 衛生上 20.4.30 | 藤原文治 | 大三、六、二二 | 無 | 20.5.30追叙 |
| 20.8.10北支那特別警備隊転属 | 19.9.1 | 独立歩兵第五大隊 一八、一二、一二 | 山梨縣南都留郡禾生村古川渡八四九番地 | 同上 | 父 | 藤本良一 | 昭18 | 現 衛生一 19.6.12 | 藤本清一 | 大一一、五、一七 | 無 | |
| 20.8.29第一九八兵站病院転属 | 20.1.31 | 独歩第八一大隊 一九、一一、一八 | 東京都荒川区町屋二丁目一九九番地 | 東京都荒川区町屋二丁目四〇一 同上 | 兄 | 古川昌樹 | 昭19 | 現 衛生一 20.5.18 | 古川廣重 | 大一四、一一、一二 | 無 | 20.6.1追叙 20.6.1現住 |
| 20.8.29第一五一兵站病院転属 | 18.8.24 | | 愛知縣名古屋市東区赤萩町二丁目二五番地ノ一 | 同上 | 父 | 古橋信一 | | 陸軍筆生 20.8.20 | 古橋忠光 | 明四、九、一二 | 有 | 20.4.5昇給 |
| 20.8.29第十方面軍司令官ノ定ムル兵站病院転属 | 15.3.26 | | 熊本縣天草郡中村四〇九八番地 | 中華民國河南省新郷縣新郷同慶里一四号 | 妻 | 福田よし子 | | 自動車操縦者 20.8.20 | 福田力松 | 大四、六、一五 | 無 | 20.4.5昇給 |
| 同右 | 15.3.26 | | 大分縣大野郡野津村大字老松三七七〇番地 | 中華民國河南省新郷縣新郷同慶里一五〇号 | 妻 | 藤原タカヨ | | 自動車操縦者 20.8.20 | 藤原利男 | 大四、三、一七 | 無 | 20.4.5昇給 |
| 應召休務中 [illegible] | 16.3.28 | | 鳥取縣気高郡神戸村大字岩坪五八八番地 | 兵庫縣神戸市灘区琵琶町三丁目二〇番地ノ三七 | 母 | 福島のぶ | | 事務雇員 六五〇〇 19.3.31 | 福島定實 | 大三、一二、一 | 無 | |

156

ホ

# 留守名簿

| 附記 | 編入年月日 | 前所属及其編入年月日 | 本籍（在留地） | 留守擔當者住所 | 續柄 | 留守擔當者氏名 | 徴集年 | 任官年 | 役種兵種官等級竝ニ等給月額ニ年月日發令 | 氏名 生年月日 | 留守宅渡ノ有無 | 補修年月日 |
|---|---|---|---|---|---|---|---|---|---|---|---|---|
| 20、8、29第十二軍司令官ノ定ムル兵站病院転属 | 18、3、18 | 金澤陸軍病院 一八、三、二 | 長野縣上伊那郡中箕輪村一三五四八番地 | 東京都杉並区阿佐ヶ谷六丁目二四五番地 | 養父 | 堀口正文 | 昭6 | | 豫 衛 医少尉 20、3、22 休3、4 | 堀口武二郎 明四四、一、二〇 | 有 | 20.4.5 官等 |
| 20、8、29第一五一兵站病院転属 | 15、3、25 | 菊池部隊 一四、一一、三〇 | 宮城縣名取郡増田町増田一〇番地 | 同上 | 妻 | 星みのる | | 昭14 | 陸軍技手 三、19、9、30 | 星清八 明三七、二、三 | 有 | |
| 20、8、29第一五一兵站病院転属 應召休務中 | 15、2、23 | 西村（正）部隊 一三、九、二七 | 新潟縣西蒲原郡米納津村大字佐渡山八六三番地ノ乙 | 同上 | 父 | 星野林松 | | 昭17 | 陸軍技手 五、19、3、31 | 星野友一 明四〇、九、一五 | 無 | |
| 20、8、29第一五五兵站病院転属 | 15、3、23 | 菊池部隊 一四、五、二四 | 東京都本郷区菊坂町五二番地 | 同上 | 父 | 本田鉄一 | 昭14 | 昭16 | 現 衛 軍曹 二、20、3、1 休3、31 | 本田功四郎 大六、八、一九 | 無 | 20.4.5 官等 |
| 20、8、29第十二軍司令官ノ定ムル兵站病院転属 | 19、3、1 | 電信第五聯隊 一七、一、一〇 | 鹿児島縣噌唹郡末吉町深川一三二番地 | 同上 | 父 | 堀之園十助 | 昭16 | 昭19 | 豫 衛 軍 伍 三、20、8、1 休3、1 | 堀之園茂 大一〇、二、一五 | 無 | 20.8.1 進級 |
| 20、8、29第一八七兵站病院転属 | 17、6、24 | 歩兵第一五七聯隊 一七、五、二五 | 埼玉縣秩父郡野上町大字長瀞一五四二番地ノ一 | 同上 | 父 | 堀口仁平 | 昭12 | | 豫 衛 伍長 20、6、1 休4、15 | 堀口弘 大六、一、七 | 無 | 20.7.1 進級 |

157

| | | | | | | | | | | | |
|---|---|---|---|---|---|---|---|---|---|---|---|
| 20、8、29第一九八兵站病院転属 | 16、1、6 | 歩兵第一四九聯隊 一五、一二、九 | 千葉県安房郡千倉町平舘七八四番地ノ一 | 同上 | 母 | 堀江あき | 昭15 | 豫 衛伍 20、3、1 | 堀江安雄 大九、一、三一 | 無 | 20.4.5 官等 |
| 20、8、29第十二軍司令官ノ定ムル兵站病院転属 | 20、1、31 | 独歩八一大隊 一九、一二、一八 | 山梨県南都留郡河口村一〇九〇番地 | 静岡県田方郡韮山村南條七三三番地ノ | 姉 | 本庄愛子 | 昭19 | 現 衛 20、5、18 ＃一 | 本庄一雄 大一三、二、一四 | 無 | 20.6.1 進級 |
| 20、5、30鉄道第八聯隊転属 | 20、1、31 | 独歩第八一大隊 一九、一二、一八 | 東京都城東区亀戸町一丁目七〇 | 愛知県岡崎市若松町菅林三五番地 | 父 | 星野角七 | 昭19 | 現 衛 20、5、18 ＃一 | 星野英一 大一四、二、二七 | 無 | 20.6.1 進級 |
| 20、8、29第一五一兵站病院転属 | 20、1、31 | 独歩第八一大隊 一九、一二、一八 | 東京都目黒区中目黒二丁目四八八番地 | 同上 | 父 | 堀越清三 | 昭19 | 現 衛 20、5、18 ＃一 | 堀越進 大一四、七、二〇 | 無 | 20.6.1 進級 |
| 20、8、29第一六五兵站病院転属 | 18、6、14 | 気球聯隊 一八、六、一 | 埼玉県北足立郡草加町字神明町六六番地 | 同上 | 兄 | 堀井三郎 | 昭11 | 一、補 衛上 19、8、1 | 堀井初太郎 大五、三、二〇 | 無 | |
| 20、8、29第一九八兵站病院転属 | 18、10、1 | 氣球聯隊 一八、九、二〇 | 東京小石川区氷川下町四七番地 | 同上 | 妻 | 堀澤タツエ | 昭11 | 二、補 衛伍長 | 堀澤善次郎 大四、一二、一四 | 無 | |
| 20、8、29第一八八兵站病院転属 | 20、1、31 | 独歩第八一大隊 一九、一二、一八 | 山梨県東八代郡石和町市部九三七番地 | 山梨県甲府市酒折町四九 | 父 | 堀内義蔵 | 昭19 | 現 衛 20、5、18 ＃一 | 堀内文雄 大四、一二、一四 | 無 | 20.6.1 進級 |
| 20、8、29第一二五兵站病院転属 | 20、1、31 | 独歩第八一大隊 一九、一二、一八 | 東京都豊島区西巣鴨三丁目六四九番地 | 同上 | 母 | 細貝セイ | 昭19 | 現 衛 20、5、18 ＃一 | 細貝茂 大一四、五、五 | 無 | 20.6.1 進級 |

# 留守名簿

| 備考 | 編入年月日 | 前所属及其編入年月日 | 本籍（在留地） | 留守担当者 住所 | 留守担当者 続柄 | 留守担当者 氏名 | 徴集年 任官年 | 役種兵種官等級俸給月額等発令年月日 | 氏名 生年月日 | 留守宅渡ノ有無 | 補修年月日 |
|---|---|---|---|---|---|---|---|---|---|---|---|
| 20.8.29 第一六六兵站病院転属 | 16.1.6 | 歩兵第一四九聯隊 一五.一二.九 | 東京都荒川区尾久町三丁目二五二番地 | 同上 | 父 | 本多新右エ門 | 昭15 | 一補衛 長 20 | 本多榮治 大九.八.二八 | 無 | |
| 20.8.29 第一九四兵站病院転属 | 18.4.8 | 野戦重砲兵第八聯隊 一九.三.二一 | 千葉県香取郡橘村石出一一四〇番地ノ二 | 千葉県香取郡橘村石出一三七二番地 | 従兄 | 保立政一 | 昭15 | 二補衛 上 20.6.1 | 保立隆 大九.二.二〇 | 無 | 20.7.1進級 |
| 20.8.29 第一九四兵站病院転属 | 15.9.6 | 野戦重砲兵第十七聯隊 一五.八.一 | 埼玉県北足立郡伊奈村大字小室六一五八番地 | 同上 | 祖父 | 細田新五郎 | 昭14 | 二補衛 上 20.3.20 | 細田武芳 大八.一〇.二三 | 無 | 20.4.5進級 |
| 20.8.29 第十三軍司令官ノ定ムル兵站病院転属 | 16.1.6 | 歩兵第一四九聯隊 一五.一二.九 | 東京都江戸川区小岩田町七丁目三三一〇番地 | 東京都足立区小右エ門町四二六番地 | 兄 | 日比谷平八 | 昭15 | 一補衛 長 18.6.9 | 星野義男 大九.二.八 | 無 | |
| 20.5.30 鉄道第一八聯隊転属 | 18.10.1 | 気球聯隊 一八.九.二〇 | 長野県上伊那郡美篶村一〇七七三番地口號 | 同上 | 父 | 堀内代太郎 | 昭10 | 二補衛一 19.3.20 | 堀内正年 大四.一〇.一五 | 無 | |
| 20.8.29 第十三軍司令官ノ定ムル兵站病院転属 | 19.6.24 | 歩兵第一五七聯隊 一七.五.二七 | 山梨県北巨摩郡龍岡村下條東割九六〇番地 | 同上 | 妻 | 堀川ふさ子 | 昭8 | 豫衛 長 20.8 | 堀川章則 大二.四.二五 | 無 | |

水

159

| | | | | | | | | | | | |
|---|---|---|---|---|---|---|---|---|---|---|---|
| 20.8.10 北支那特別警備隊転属 | 18.10.1 | 気球聯隊 一八、九、二〇 | 東京都目黒区上目黒五丁目二三五七番地 | 神奈川県小田原市緑三丁目四九三番地 古屋方 | 妻 | 星野賀子 | 昭10 | 二補衛一 19.3.20 | 星野信太郎 大四、三、一 | 無 | |
| 20.5.30 鉄道第一八聯隊転属 | 17.6.24 | 歩兵第一五七聯隊 一七、五、二五 | 埼玉県北足立郡北本宿村大字高尾三五七七番地ノ一 | 同 | 父 | 堀口丑郎 | 昭16 | 一補衛上 20.2.1 | 堀口武次 大一〇、四、二 | 無 | |
| 20.8.29 第一七五兵站病院転属 | 19.3.1 | 独歩第五大隊 一八、一二、一二 | 山梨県東山梨郡松里村下柚木八一九番地 | 同 | 母 | 堀井とら | 昭18 | 現衛一 19.6.2 | 堀井金良 大一二、三、一〇 | 無 | |
| 20.8.29 第一五一兵站病院転属 | 20.1.31 | 独歩第八一大隊 一九、一一、一八 | 東京都小石川区戸崎町一四番地 | 同 | 母 | 堀越よし | 昭19 | 現衛卅一 20.5.18 | 堀越明夫 大一四、六、二 | 無 | 20.6.1 進級 |
| 20.8.19 解傭 | 19.3.21 | | 熊本県飽託郡高橋町二一六番地 | 北京市内一区東堂子胡同五號 | 父 | 堀川與一 | | 筆生 三三.九.〇 20.3.31 | 堀川富美 昭二、一〇、六 | 無 | 20.4.5 昇給 |
| 20.6.25 應召休務中 20.8.29 第五一兵站病院解傭 | 15.3.26 | | 山梨県北都留郡島田村新田四一七番地 | 同 | 父 | 細川周作 | | 自動車操縦者 20.3.31 | 細川作市 大四、四、二 | 有 | 20.4.5 昇給 |
| 20.8.29 第一九四兵站病院転属 | 16.4.2 | | 秋田県平鹿郡浅舞町浅舞字浅舞一八八番地 | 同 | 父 | 本戸岳四郎 | | 自動車操縦者 20.8.20 | 本戸易治 大五、二、二〇 | 無 | 20.4.5 昇給 20.8.20 〃 |

160

# 留守名簿

| 転属記事 | 編入年月日 | 前所属及其編入年月日 | 本籍（在留地） | 留守擔當者 住所 | 續柄 | 留守擔當者 氏名 | 徴集年 | 任官年 | 役種兵種官等級俸月給額 發令年月日 | 氏名 生年月日 | 留守宅渡ノ有無 | 補修年月日 |
|---|---|---|---|---|---|---|---|---|---|---|---|---|
| 20.8.1 第二野戦鉄道司令部ニ転属 | 18.11.20 | 歩兵第三九聯隊 一四、一〇、一六 | 兵庫県加古郡母里村蛸草二二八番地 | 同上 | 父 | 松尾重作 | | 昭14 | 現医少佐 20、1、31 | 松尾梅雄 明四五、三、二 | 有 | |
| 20.8.29 ケ一〇五一兵站病院転属 | 15.3.23 | 満地[redacted]部隊 一四、二、八 | 石川県羽咋郡東増穂村字給分三八番地 | 同上 | 母 | 松本たつ | 昭2 | 昭14 | 予衛中尉 20、4、30 19、8、8 | 松本寿夫 明四〇、一〇、二三 | 有 | 20.7.1[illegible] |
| 20.8.29 司令官ノ定ムル兵站病院転属 | 18.8.10 | 気球聯隊 一八、八、五 | 東京都本郷区向ヶ岡弥生町二番地 | 千葉県君津郡大貫町千種新田七五七番地 | 父 | 馬渕成蔵 | 昭8 | | 予医少尉 20、3、22 予衛見士 18、8、5 | 馬渕昌市 大二、八、三 | 無 | 20.4.5[illegible] |
| 20.8.29 ケ一〇五三兵站病院転属 | 18.8.10 | 気球聯隊 一八、八、五 | 宮城県仙台市北六番丁五四番地 | 千葉県銚子市新生町一丁目一二 山形県北村山郡尾花沢町[illegible] | 妻 | 間山朝技 | 昭13 | | 予医少尉 20、3、22 予衛曹長 18、8、5 | 間山哲男 大四、二、八 | 無 | 20.4.5[illegible] 20.6.11 現[illegible] |
| 20.8.29 ケ一〇五三兵站病院転属 | 15.3.23 | [redacted]吉林[redacted]部隊 一三、九、四 | 鹿児島県出水郡三笠村江内四一七八番地 | 同上 | 父 | 松元其吉 | 昭9 | 昭20 | 現衛少尉 20、2、1 | 松元重雄 大三、三、二五 | 有 | |
| 20.8.29 ケ一〇五一兵站病院転属 マ | 15.3.23 | 満地[redacted]部隊 一四、三、八 | 栃木県河内郡城山村大字飯田九六番地 | 同上 | 妻 | 松島満喜子 | 昭10 | 昭13 | 現衛准尉 19、8、1 | 松島富次 大四、二、二〇 | 有 | 20.5.30 現[illegible] |

2.1 / 21

161

| | | | | | | | | | | | |
|---|---|---|---|---|---|---|---|---|---|---|---|
| 20.8.6 陸軍軍医学校ニ出張内地滞留中ニ付満洲地所要ヨリ司令部ニ九部隊ニ転属 | 17.6.24 | 歩兵第一五七聯隊 一七五二五 | 神奈川県足柄下郡下中村上町九八五番地 | 同 | 上 父 | 真壁力蔵 | 昭6 昭12 | 二 19.12.31 豫衛曹 | 真壁國雄 明四四、四、元 | 有 | |
| 20.8.29 オ一五五兵站病院転属 | 17.11.20 | 陸軍兵技学校 一五一二一 | 鳥取県東伯郡長瀬村大字北下四五番地ノ二 | 同 | 上 父 | 前田政雄 | 昭17 | 四 20.8.20 現技軍曹長 | 前田義晴 大二、二、一〇 | 無 | |
| 20.6.4 朝鮮軍ニ転属 | 18.4.8 | 國府台陸軍病院 一七八二一 | 埼玉県大里郡奏村大字日向一四二一番地 | 同 | 上 妻 | 増田イネ | 昭9 昭14 | 二 19.9.30 豫衛軍 | 増田欣之助 大三、一〇、一四 | 無 | |
| 20.8.29 オ一五三兵站病院ニ転属 | 17.2.27 | 國府台陸軍病院 一七一一〇 | 千葉県印旛郡久住村大生一八三番地 | 東京都深川区高橋四丁目一九番地豊葉荘四 | 父 | 松島七五三 | 昭15 昭19 | 三 19.3.1 20.8.1 豫衛軍 | 松島隆治 大九、一、二四 | 無 | 20.8.1進級 |
| 20.6.4 東北軍ニ転属 | 15.9.6 | 歩兵第一四九聯隊 一五八一 | 山梨県甲府市穴切町七五番地 | 同 | 上 姉 | 中村小さ子 | 昭9 昭19 | 19.8.1 豫衛伍 | 松田規夫 大三、九、二一 | 無 | |
| 20.8.29 オ一六〇兵站病院ニ転属 | 18.4.8 | 野重砲第八聯隊 一八二二〇 | 東京都本郷区湯島切通坂町七番地 | 横浜市鶴見区鶴見町三八六番地 | 妻 | 槇田菊子 | 昭10 昭19 | 三 20.8.20 豫衛軍 | 槇田三郎 大四、四、二六 | 無 | |
| 20.8.29 オ一八八兵站病院ニ転属 | 19.3.1 | 北京第一陸軍病院 一七六三〇 | 静岡県駿東郡富岡村柳沢六七二番地ノ二 | 同 | 上 父 | 益田太作 | 昭16 昭19 | 19.3.1 現衛伍 三 20.8.1 現衛軍 | 益田武夫 大一〇、七、二 | 無 | 20.8.1進級 |
| 20.8.29 オ一五一兵站病院ニ転属 | 18.1.6 | 歩兵第一四九聯隊 一五一二九 | 東京都向島区寺島町東一丁目九番地 | 東京都向島区寺島町一丁目三二番地 | 兄 | 松坂豊蔵 | 昭15 | 一 20.8.20 補衛伍長 | 松坂虎之助 大九、二、一八 | 無 | |

162

# 留守名簿

| | 1 | 2 | 3 | 4 | 5 | 6 |
|---|---|---|---|---|---|---|
| （欄外） | 20.8.29 オ一五一 兵站病院ニ転属 | 20.8.29 オ八七 兵站病院転属 | 20.8.29 オ一六六五 兵站病院転属 | 20.8.29 オ一五三 兵站病院ニ転属 | 20.8.29 オ八七 兵站病院転属 | 20.8.29 オ一五五 兵站病院ニ転属 |
| 編入年月日 | 18.6.14 | 20.1.31 | 20.1.31 | 20.1.31 | 20.1.31 | 20.1.31 |
| 前所属及其編入年月日 | 気球聯隊 一八.六.一 | 独歩第八一大隊 一九.一二.一八 | 独歩第八一大隊 一九.一二.一八 | 独歩第八一大隊 一九.一二.一八 | 独歩第八一大隊 一九.一二.一八 | 独歩第八一大隊 一九.一二.一八 |
| 本籍（在留地） | 神奈川県横浜市港北区元保町八四五番地 | 千葉県君津郡馬来田村真里谷三八四〇番地 | 東京都深川区木場三丁目一三番地ノ二 | 埼玉県川口市幸町一丁目三六番地 | 東京都本郷区駒込東片町六六番地 | 埼玉県大宮市大字三三五九番地 |
| 留守担当者 住所 | 神奈川県川崎市小田町一三一番地 | 同上 | 北海道札幌市南三條東四丁目 | 同上 | 神奈川県茅ヶ崎町東海岸通一一三五番地 | 同上 |
| 続柄 | 兄 | 父 | 姉 | 父 | 母 | 父 |
| 氏名 | 大村常吉 | 前田健三 | 松屋スエ | 間宮留八 | 松井タマ | 前原卯平 |
| 徴集年 任官年 | 昭17 | 昭19 | 昭19 | 昭19 | 昭19 | 昭19 |
| 役種兵種官等級 俸給月額 発令年月日 | 一補 衛生兵長 20.8.20 | 現衛一 20.5.18 現衛二 19.11.18 | 現衛一 20.5.18 現衛二 19.11.18 | 現衛一 20.5.18 現衛二 19.11.18 | 現衛一 20.5.18 現衛二 19.11.18 | 現衛一 20.5.18 現衛二 19.11.18 |
| 氏名 生年月日 | 大村清吉 大二.四.三 | 前田善男 大四.八.七 | 松屋忠之助 大四.五.六 | 間宮四郎 大三.五.一四 | 松井重治 大五.一〇.一五 | 前原正権 大一三.七.二二 |
| 留守宅渡ノ有無 | 無 | 無 | 無 | 無 | 無 | 無 |
| 留守補修年月日 | | 20.6.1 進級 | 20.6.1 進級 | 20.6.1 進級 | | 20.6.1 進級 |

マ

163

| | | | | | | | | | | |
|---|---|---|---|---|---|---|---|---|---|---|
| 20.8.29 第一五一兵站病院転属 | 20.8.31 | 独歩第八二一大隊 一九.一二.一八 | 東京都麻布区永坂町四五番地 | 同 | 上 父 | 松岡正吉 | 昭19 | 現衛一 20.5.18 19.11.18 現衛二 | 松岡清 大一三.四.一 | 無 |
| 20.8.29 第一八八兵站病院転属 | 18.10.1 | 気球聯隊 一八.九.一〇 | 山梨県北巨摩郡良麻村小倉二五二四番地 | 山梨県甲府市穴切町九番地 | 父 | 丸茂宥好 | 昭16 | 二補衛 20.5.3 20.8.20 上 | 丸茂義宥 大一〇.三.三 | 無 |
| 20.8.29 第一五一兵站病院転属 | 16.6.6 | 歩兵第一四九聯隊 一五.一二.九 | 埼玉県入間郡吾妻村大字久米一八一九番地 | 同 | 上 母 | 松田ヤナ | 昭15 | 一補衛 20.5.17 20.8.20 兵伍 | 松田眞一 大八.一二.一四 | 無 |
| 20.8.29 第六六兵站病院転属 | 18.10.1 | 気球聯隊 一八.九.二〇 | 山梨県中巨摩郡南湖村西南湖四二〇四番地 | 同 | 上 祖母 | 松田きの | 昭15 | 二補衛 20.5.9 20.8.20 長 | 松田健一 大九.一〇.三 | 無 |
| 20.8.29 第一九四兵站病院転属 | 18.6.14 | 気球聯隊 一八.六.一 | 神奈川県横浜市戸塚区阿久和町二四七一番地 | 同 | 上 父 | 増田清次 | 昭17 | 一補衛長 20.6.1 | 増田三男 大一一.九.一六 | 無 |
| 20.8.29 第十三軍司令官ノ定ムル兵站病院転属 | 18.4.8 | 野戦重砲第八聯隊 一八.三.二一 | 埼玉県川口市大字鳩ケ谷一〇四五番地 | 同 | 上 叔父 | 宇田川萬之助 | 昭15 | 補衛長 20.5.15 20.8.20 | 増田福藏 大九.三.三 | 無 |
| 同 右 | 16.1.6 | 歩兵第一四九聯隊 一五.一二.九 | 東京都浅草区日本堤町一丁目一番地ノ二 | 東京都杉並区大宮前六丁目三九一番地 | 主人 | 里見愛吉 | 昭15 | 一補衛長 20.5.17 20.8.20 | 松島富雄 大九.六.七 | 無 |
| 20.8.29 第一五一兵站病院転属 | 17.3.5 | 独歩第四三大隊 一七.四.八 | 東京都荒川区尾久町三丁目六三三番地 | 同 | 上 父 | 松村栄次郎 | 昭16 | 現衛長 20.5.20 現衛伍 | 松村清治 大一〇.一一.一 | 無 |

20.7.20進級

20.7.1進級

20.6.1進級

164

# 留守名簿

| 編入年月日 | 前所属及其編入年月日 | 本籍（在留地） | 留守担当者 住所 | 続柄 | 留守担当者 氏名 | 徴集年 | 任官年 | 役種兵種官等並ニ等給級俸月給額発令年月日 | 氏名 生年月日 | 留守宅渡ノ有無 | 補修年月日 | 欄外記入 |
|---|---|---|---|---|---|---|---|---|---|---|---|---|
| 18.10.1 | 氣象班隊 一八九二〇 | 山梨縣東山梨郡神金村上萩原一二一九番地 | 同 上 | 父 | 丸山德継 | 昭15 | | 二補衛長 20.3.20 | 丸山八郎 大八.一二.一五 | 無 | 20.4.5進級 | 20.8.29才一六六兵站病院転属 |
| 20.1.31 | 独歩第八一大隊 一九.二.二八 | 東京都赤坂町新町三丁目六〇 | 同 上 | 父 | 政田清太郎 | 昭19 | | 現衛一 20.5.18 現衛上 18 | 政田清治 大一四.一〇.六 | 無 | 20.6.1進級 | 20.8.29才十三軍司令官ノ定ムル兵站病院転属 |
| 20.1.31 | 独歩第八一大隊 一九.一二.一八 | 埼玉縣入間郡奥富村大字下奥富七六五番地 | 同 上 | 母 | 松本きち | 昭19 | | 現衛一 20.5.18 現衛上 18 | 松本緑三 大一三.六.三 | 無 | 20.6.1進級 | 20.8.29才一九四兵站病院転属 |
| 20.1.31 | 独歩第八一大隊 一九.六.六 | 東京都渋谷区穏田二丁目七〇 | 同 上 | 父 | 柵木達郎 | 昭19 | | 現衛一 20.6.18 現衛上 18 | 柵木實 大一四.一〇.一八 | 無 | 20.6.1進級 | 20.8.29才一九七兵站病院転属 |
| 18.8.24 | | 岐阜縣武儀郡洞戸村菅谷一〇〇七番地ノ二 | 同 上 | 父 | 松田卯吉 | | | 陸軍公仕 二〇.五.三.31 | 松田建 明四一.一〇.二〇 | 有 | 20.4.5昇給 | 20.8.29才一五三兵站病院転属 |
| 18.8.24 | | 岐阜縣武儀郡洞戸村菅谷一五二番戸 | 同 上 | 父 | 松田佐平 | | | 陸軍公仕 二四五.17.9.30 | 松田展 大一五.一〇.四 | 有 | | 20.3.28依願解傭 |

マ

165

| | | | | | | | | | |
|---|---|---|---|---|---|---|---|---|---|
| 20.8.29ヤ五一 兵站病院転房 | 15.7.22 | 岩手縣二戸郡福岡町字横丁二四番地ノイ号 | 同 | 上 兄 | 松葉與三郎 | 自動車操縦者 20.8.20 七四〇〇 20.3.31 19.9.30 | 松葉與助 大六、五、五 | 無 | 20.4.5昇給 |
| 20.8.29ヤ五五 兵站病院転房 | 15.6.17 | 廣島縣御調郡美郷村字本郷四三一六番地 | 同 | 上 兄 | 毎田勝次 | 自動車操縦者 20.8.20 20.3.31 七〇〇 19.9.30 | 毎田 明 大三、九、二〇 | 無 | 20.4.5昇給 |
| 20.8.29ヤ五三 兵站病院転房 | 15.12.5 | 兵庫縣多可郡西脇町上野村六番屋敷 | 同 | 上 兄 | 前田忠太郎 | 自動車操縦者 20.8.20 七七〇〇 20.3.31 19.9.30 | 前田正次 明四二、五、三 | 無 | 20.4.5昇給 20.9.10昇給 |
| 20.8.31ヤ一五三 兵站病院転房 | 15.6.17 | 千葉縣印旛郡八街町七一四番地 | 同 | 上 養父 | 松本逸信 | ~~運轉兵~~ 技術雇員 20.8.20 六六〇〇 | 松本寅松 大三、一、二五 | 無 | 20.8.20昇給 |
| 20.8.31ヤ一六一 兵站病院転房 | 17.2.20 | 平安北道義州郡義州邑南門洞三〇六番地 | 滿洲國哈爾濱市馬家溝已陵街一四番地七 | 上 父 | 松澤光明 | 通譯員 20.8.20 七一〇〇 20.3.31 19.9.30 | 松澤武志 大九、一、一四 | 無 | 20.4.1昇給 20.8.20昇給 |
| 20.8.29ヤ五四 兵站病院転房 | 16.4.2 | 佐賀縣唐津市郭内東唐津三番地 | 同 | 上 父 | 松成與三郎 | 自動車操縦者 20.8.20 七四〇〇 20.3.31 19.9.30 | 松本政雄 大六、一〇、五 | 無 | 20.4.5昇給 20.8.20昇給 |
| 20.8.1ヤ一五四 兵站病院転房 | 16.4.2 | 秋田縣由利郡直根村下直根字逆小屋六番地 | 中華民國山西省太原市新成東街一号 | 妻 | 眞坂きみ | 自動車操縦者 20.8.20 七六〇〇 20.3.31 七二〇〇 19.9.30 | 眞坂吉三 大六、九、三〇 | 無 | 20.4.5昇給 20.8.20昇給 |
| 20.8.29ヤ一五四 兵站病院転房 | 15.6.20 | 佐賀縣西松浦郡松浦村大字桃川五九三八番地 | 同 | 上 叔父 | 松尾市松 | 自動車操縦者 20.8.20 七六〇〇 20.3.31 19.9.31 | 松尾兼雄 大二、二、五 | 有 | 20.4.5昇給 20.8.20昇給 |

166

マ

# 留守名簿

| | 1 | 2 | 3 | | | |
|---|---|---|---|---|---|---|
| （欄外） | 20.8.29 第五兵站病院へ転属 | [illegible] 20.8.29 第五一兵站病院転属 | 20.8.29 第一六大兵站病院転属 | | | |
| 編入年月日 | 20.4.26 | 19.7.24 | 20.6.3 | | | |
| 前所属及其編入年月日 | | | | | | |
| 本籍（在留地） | 廣島縣高田郡三田村中田四番屋敷 | 京都府京都市中京区壬生森町二一番地 | 鹿児島縣揖宿郡喜入村前之濱七八六番地 | | | |
| 留守担当者 住所 | 仝 | 中華民國北平市大安里[illegible] | 同 | | | |
| 留守担当者 続柄 | 父 | 妻 | 父 | | | |
| 留守担当者 氏名 | 松本唯天 | 升田みよ子 | 松元敏影 | | | |
| 徴集年 | | | | | | |
| 任官年 | | | | | | |
| 役種兵種官等級俸給額 等ニ等給 月給 発令年月日 | 電信手 ~~三六五〇 20.4.26~~ 四二〇〇 20.8.20 | 技術雇員 五〇〇円 19.3.31 | 臨時傭人 三六〇円 20.6.2 | | | |
| 氏名 生年月日 | 松本千里 大四、四、一四 | 升田彌三吉 明四五、六、二 | 松元弘子 大四、五、二 | | | |
| 留守宅渡ノ有無 | 有 | 無 | 無 | | | |
| 補修年月日 | | | | | | |

167

# 留守名簿

| 上欄 | 編入年月日 | 前所属及其編入年月日 | 本籍（在留地） | 留守擔當者 住所 | 續柄 | 氏名 | 徴集年 | 任官年 | 役種兵種官等級俸給月額発令年月日 | 氏名 生年月日 | 留守宅渡ノ有無 | 補修年月日 |
|---|---|---|---|---|---|---|---|---|---|---|---|---|
| 20.8.29ヶ入 兵站病院転属 | 15.3.23 | [redacted]部 菊池 隊 一四、二、八 | 鹿児島県鹿児島市吉野町九四一二番地 | 同 | 妻 | 宮元光子 | 昭11 | 昭13 | 現衛准 四、20、3、1 / 現衛曹 十19.4.31 | 宮元満雄 大五、九、一 | 有 | 20.4.5官吉 |
| 20.8.29ヶ五四 兵站病院転属 | 15.3.23 | [redacted]部 菊池 隊 一四、二、八 | 熊本県玉名郡玉名村大字玉名一〇二六番地 | 同 | 父 | 宮川一椎 | 昭11 | 昭13 | 現衛准 四、20、8、1 / 現衛曹、1 | 宮川正明 大五、二、二〇 | 有 | 20.8.1進級 |
| 20.8.29ヶ一六五 兵站病院転属 | 17.6.24 | 歩兵第二五七聯隊 一七、五、二五 | 山梨県南都留郡明見村大明見二〇二番地 | 同 | 妻 | 宮下よし子 | 昭8 | 昭13 | 予衛軍曹長 木20、6、30 / 四 衛二、19、20、8、6、2030 / 木19.4.31 | 宮下俊治 大二、二、四 | 有 | 20.6.30昇級 |
| 20.8.29第十二軍司令官ノ定ムル兵站病院転属 | 19.3.1 | 天津陸軍病院 一七、五、四 | 福岡県嘉穂郡穂波町大字腸生二一三番地 | 同 | 父 | 三木律一 | 昭16 | 昭19 | 現衛軍 三、20、8、1 / 現衛伍 19.3.1 | 三木將男 大一〇、七、二七 | 無 | 20.8.1進級 |
| 20.8.29ヶ一五四 兵站病院転属 | 18.3.5 | 独歩第四二大隊 一五、一二、一三 | 埼玉県児玉郡児玉町大字児玉一四七番地 | 埼玉県児玉郡児玉町大字児玉一七二番地ノ一 | 父 | 宮崎才司 | 昭15 | 昭19 | 現衛伍 三、20、8、20 / 現衛伍留書 | 宮崎良治 大九、六、一 | 無 | |
| 20.6.4東北方面軍司令部転属 三二 | 15.8.21 | 野戦重砲兵第十八聯隊 一五、八、一 | 神奈川県鎌倉市大町一一九七番地 | 神奈川県鎌倉市大町一一二〇番地 | 父 | 三留金太郎 | 昭14 | 昭19 | 予衛伍 19、3、1 | 三留正八 大八、三、五 | 無 | |

168

| 記事 | 年月日 | 部隊 | 本籍 | 留守宅 | 続柄 | 留守担当者 | 昭 | 階級 | 氏名・生年月日 | 有無 | 備考 |
|---|---|---|---|---|---|---|---|---|---|---|---|
| 20.6.4.朝鮮軍管区司令部へ転属 | 15.9.6 | 歩兵第一五七聯隊 一五、八、一 | 千葉県夷隅郡瑞澤村佐貫一五三二番地 | 同 | 上 妻 | 宮崎たみ | 昭11 昭19 | 豫衛伍 19.8.1 | 宮崎佐市 大五、二、六 | 有 | |
| 20.8.29第六五兵站病院転属 | 18.4.8 | 野戦重砲兵第八聯隊 一八、三、三 | 東京都世田谷区烏山町五九二番地 | 同 | 上 養父 | 水野玉吉 | 昭16 昭20 | 豫衛伍 20.6.1 一補衛長 19.1.15 | 水野献之助 大一〇、四、二 | 無 | 20.6.1進級 |
| 20.8.29第六五兵站病院転属 | 16.1.6 | 歩兵第四九聯隊 一五、一二、九 | 東京都深川区福住町一丁目三番地ノ三 | 千葉県船橋市宮本町一ノ一九二番地 | 父 | 宮崎方次 | 昭15 昭20 | 豫衛伍 20.3.1 一補衛長 19.9.1 | 宮崎秀太郎 大九、一、二〇 | 無 | 20.4.5進級 20.6.1現住 |
| 20.8.1第一五一兵站病院転属 | 18.4.8 | 野戦重砲兵第八聯隊 一八、三、三 | 東京都神田区神保町三丁目一七番地ノ四 | 神奈川県鎌倉郡片瀬町三七四二番地 | 父 | 水城逸三 | 昭15 昭20 | 豫衛伍 20.3.1 豫衛伍長 20.8.20 三補衛長 18.8.1 | 水城勲 大七、一〇、八 | 無 | 20.4.5官等 |
| 20.8.29第一六五兵站病院転属 | 20.1.31 | 独歩八一大隊 一九、一二、一八 | 埼玉県大里郡本郷村大字山河二九六番地 | 同 | 上 父 | 三ツ橋丑之助 | 昭19 | 現衛一 20.5.18 現衛上 19.11.18 | 三ツ橋節義 大一三、八、二 | 無 | 20.6.1進級 |
| 20.8.29第一六六兵站病院転属 | 20.1.31 | 独歩八一大隊 一九、一二、一八 | 東京都浅草区三筋町三丁目四一番地ノ一 | 栃木県芳賀郡大内村上大田和山ノ下 東京都浅草区馬道一丁目三番地 | 母 | 三ケ原セイ | 昭19 | 現衛一 20.5.18 現衛上 19.11.18 | 三ケ原郁明 大一二、三、二六 | 無 | 20.6.1現住 ノ担当者 |
| 20.6.4.東北軍管区司令部へ転属 | 15.9.6 | 野戦重砲兵第一八聯隊 一五、八、一 | 山梨県東八代郡鶯宿村六七七番地 | 神奈川県横濱市神奈川区白幡南町八九番地 | 母 | 宮川きさの | 昭14 昭20 | 豫衛伍 20.3.1 一補衛長 19.8.1 | 宮川力 大七、一二、一〇 | 無 | 20.6.1官等 |
| 20.5.30鉄道第八聯隊へ転属 | 18.10.1 | 気球聯隊 一八、九、二七 | 長野県更級郡塩崎村二一番地 | 同 | 上 妻 | 宮崎ちとせ | 昭9 | 二補衛一 19.3.20 | 宮崎選 大三、三、一二 | 無 | |

169

# 留守名簿

三

| 上欄記事 | 編入年月日 | 前所属及其編入年月日 | 本籍（在留地） | 留守担当者 住所 | 続柄 | 留守担当者 氏名 | 徴集年 任官年 | 役種 兵種 官等 級俸 月給額 発令年月日 | 氏名 生年月日 | 留守宅渡ノ有無 | 補修年月日 |
|---|---|---|---|---|---|---|---|---|---|---|---|
| 20、8、29 第一五一兵站病院転属 | 17、3、1 | 独歩第五大隊 一八、一二、一三 | 山梨県南都留郡鳴澤村七九九番地ノ内一 | 同上 | 父 | 三浦金重 | 昭18 | 現 衛長 20、6、1 / 現 衛十 17、12、1 | 三浦宗一 大一二、八、九 | 無 | 20.7.1 進級 |
| 20、8、29 第一五二兵站病院転属 | 18、5、20 | 独歩第七八大隊 一八、二、一 | 神奈川県高座郡茅ヶ崎町四七二番地 | 同上 | 父 | 三留徳次郎 | 昭17 | 現 衛生兵上 20、5、20 / 18 | 三留芳雄 大二、三、三 | 無 | |
| 20、8、29 第一五一兵站病院転属 | 19、3、1 | 独歩第五大隊 一八、一二、三 | 山梨県南都留郡鳴澤村一八一六番地ノ一 | 同上 | 父 | 三浦安永 | 昭18 | 現 衛上 20、4、30 / 現 衛十 19、6、1 | 三浦勝晴 大一二、六、七 | 無 | 20.5.31 進級 |
| 20、8、29 第十二方面軍司令官ノ定ムル兵站病院転属 | 20、1、31 | 独歩八一大隊 一九、二、二八 | 東京都世田谷区深澤町二丁目四五番地ノ四 | 同上 | 父 | 三田松五郎 | 昭19 | 現 衛一 20、5、18 / 現 衛十 19、1、18 | 三田猛夫 大一二、六、二 | 無 | 20.6.1 進級 |
| 20、8、2 依願解雇 | 19、4、6 | | 朝鮮慶尚北道大邱府鳳山町一六一 | 北京市外五区作民路泰安里六號 | 妻 | 南光恵 | | 事務雇員 五七、〇〇 20、3、31 / 五三、〇〇 19、9、30 | 南榮治 大一〇、二、五 | 無 | 20.4.5 昇級 |
| 20、8、29 第一五二兵站病院転属 | 15、3、26 | | 福岡市北惠本町八〇一番地 | 同上 | 兄 | 見上松雄 | | 自動車操縦者 七〇、〇〇 20、8、20 / 六五、〇〇 20、3、31 / 六〇、〇〇 19、11、30 | 見上一雄 大六、二、一五 | 有 | 20.4.5 昇級 20.8.10 昇級 |

| | | | | | | | | | | | |
|---|---|---|---|---|---|---|---|---|---|---|---|
| 20.8.27 第一五二兵站病院転属 | 15.3.23 | 北支那防疫部 西六二九 | 山形県東置賜郡糠野目村大字糠野目 四六一番地 | 同上 | 村長 | 本間貞吉 | 技術雇員 五五.〇〇 20.8.20 五〇.〇〇 20.3.31 四五.〇〇 19.9.30 | 宮城はつゑ | 明四二.八.三一 | 無 | 20.4.5 号給 20.8.10 号給 |
| 20.6.21 依願解傭 | 18.6.5 | | 京都府京都市左京区高野清水町 二九番地 | 京都府京都市左京区田中西樋町七二番地 | 父 | 宮本林蔵 | 筆生 四三.〇〇 20.3.31 四〇.〇〇 19.9.30 | 宮本恵子 | 大一三.一一.五 | 有 | 20.4.5 号給 |
| 20.8.29 第一九四兵站病院転属 | 16.4.2 | | 秋田県由利郡川内村小川字男鹿内 一〇番地 | 中華民国山西省太原市新民北街三八号 | 妻 | 三船敏子 | 自動車操縦者 七六.〇〇 20.8.20 廿六.〇〇 20.3.31 廿六.〇〇 19.9.30 | 三船伍郎太 | 大四.三.二九 | 無 | 20.4.5 号給 20.8.10 号給 |
| 20.2.20 解傭 | 18.2.1 | | 朝鮮慶尚南道咸陽郡咸陽面白川里一三〇一番地 | 朝鮮慶尚南道馬山府寿町一〇〇番地 | 兄 | 南方賛作 | 調理手 四〇.〇〇 19.9.30 | 南方温平 | 大九.七.一五 | 無 | |

171

# 留守名簿

| 上欄記事 | 編入年月日 | 前所属及其編入年月日 | 本籍（在留地） | 留守擔當者 住所 | 續柄 | 留守擔當者 氏名 | 徴集年 任官年 | 役種兵種官等 等級俸給月給額 發令年月日 | 氏名 生年月日 | 留守宅渡ノ有無 | 補修年月日 |
|---|---|---|---|---|---|---|---|---|---|---|---|
| 20.8.29第一五一兵站病院転属 | 18.10.1 | 氣球聯隊 一八、九、二〇 | 山梨縣中巨摩郡稲積村成島八四七番地 | 同 | 上兄 | 宮澤正義 | 昭15 | 二補衛卄上 19.3.20 20.8.20 | 宮澤富岳 大九、三、三 | 無 | |
| 20.8.29第一五一兵站病院転属 | 18.5.20 | 独歩第七八大隊 一八、二、一 | 千葉縣印旛郡公津村下方九六四番地 | 千葉縣印旛郡公津村宗吾四六五番地ノ二 | 父 | 宮本一郎 | 昭17 | 現衛上 20.8.1 現衛十 18.5.1 | 宮本武 大一〇、一一、一〇 | 無 | 20.8.1[illegible]放 |
| 20.5.30鉄道第　入聯隊転属 | 18.5.20 | 独歩第七八大隊 一八、二、一 | 千葉縣千葉郡津田沼町久々田六八番地 | 同 | 上父 | 三代川万次郎 | 昭17 | 現衛一 18.8.1 | 三代川正次 大二、九、二五 | 無 | |
| 20.5.30鉄道第　入聯隊ニ転属 | 18.10.1 | 氣球聯隊 一八、九、二〇 | 山梨縣南都留郡明見村小明見四五八八番地 | 同 | 上父 | 宮下謹吾 | 昭15 | 二補衛一 19.3.20 | 宮下源藏 大九、九、六 | 無 | |
| 20.8.29第一六六兵站病院転属 | 18.10.1 | 氣球聯隊 一八、九、二〇 | 山梨縣西山梨郡住吉村上一九九一番地 | 同 | 上母 | 宮田よ祢 | 昭15 | 二補衛卄上 19.3.20 20.5.20 | 宮田高吉 大九、六、一五 | 無 | |
| 20.8.29第十一軍司令官ノ定ムル兵站病院転属 | 18.10.1 | 氣球聯隊 一八、九、二〇 | 山梨縣東山梨郡中牧村第一四八番戸 | 同 | 上父 | 三島春清 | 昭15 | 二補衛卄上 19.3.20 20.8.20 | 三島重武 大九、二、一〇 | 無 | |

172

| | | | | | | | | | | |
|---|---|---|---|---|---|---|---|---|---|---|
| 20.8.29 第一六六兵站病院転属 | 18.10.1 | 気球聯隊 一八、五、一〇 | 福島県石城郡田人村大字旅人字熊ノ倉三三番地ノ一 | 同 上 | 妻 | 緑川トミ | 昭10 | 二国衛上 20.5 | 緑川恭賢 大四、八、一二 | 無 |
| 20.8.29 第一五四兵站病院転属 | 18.10.1 | 気球聯隊 一八、九、二〇 | 山梨県北巨摩郡穂坂村長久保三五四番地 | 同 上 | 父 | 三浦朝次郎 | 昭15 | 二補衛廿上 20.8.20 | 三浦健蔵 大五、二、一七 | 無 |
| 20.8.29 第一九四兵站病院転属 | 18.9.6 | 歩兵第一五七聯隊 一五、八、一 | 千葉県海上郡船木村中島四二〇番地 | 同 上 | 父 | 宮内己之助 | 昭11 | 二補衛長伍 20.8.20 | 宮内庄司 大五、三、二 | 無 |
| 20.8.29 第一五四兵站病院転属 | 17.6.24 | 歩兵第一五七聯隊 一七、五、二五 | 埼玉県入間郡吾野村坂元六二八番地ノ四 | 同 上 | 父 | 宮下常次郎 | 昭12 | 一補衛長 20.6.1 | 宮下理一 大六、二、二 | 無 |
| 20.8.29 第十二軍司令官ノ定ムル兵站病院転属 | 18.10.1 | 気球聯隊 一八、九、二〇 | 山梨県北都留郡初狩村下初狩三八六番地 | 同 上 | 母 | 宮崎さく | 昭16 | 二補衛上 20.5.1 | 宮崎酉吉 大一〇、八、六 | 無 |
| 20.8.29 第一五二兵站病院転属 | 17.3.1 | 独歩第五大隊 一八、一二、一二 | 山梨県東山梨郡日川村上栗原九五七番地 | 同 上 | 母 | 宮澤やす | 昭18 | 現衛長 20.6.12 | 宮澤幸 大一二、三、三 | 無 |
| 20.8.29 第一五一兵站病院二転属 | 18.6.14 | 気球聯隊 一八、六、一 | 神奈川県横浜市保土ヶ谷区帷子町二丁目五一番地 | 神奈川県中郡二宮町梅沢七七八番地 | 叔父 | 西山栄造 | 昭17 | 一補衛伍長 20.8.20 | 宮田宏 大一二、九、一八 | 無 |
| 20.8.29 第十二軍司令官ノ定ムル兵站病院転属 | 17.6.24 | 歩兵一五七聯隊 一七、五、二五 | 東京都蒲田区北糀谷一ノ一一番地 | 静岡県小笠郡六郷村上本所一一三九番地 | 義兄 | 落合政雄 | 昭12 | 予衛長 20.6.1 | 宮崎春芳 大六、六、二〇 | 無 |

207.1進級

2461進級 2471進級

173

# 留守名簿

| 欄外 | 編入年月日 | 前所属及其編入年月日 | 本籍（在留地） | 留守担当者 住所 | 続柄 | 留守担当者 氏名 | 徴集年 | 任官年 | 役種兵種官等級並ニ等給俸月額発令年月日 | 氏名 生年月日 | 留守宅渡ノ有無 | 補修年月日 |
|---|---|---|---|---|---|---|---|---|---|---|---|---|
| 20、8、29 才一五二兵站病院ニ転属 | 16、12、22 | 歩兵第七九聯隊 一六、六、三〇 | 岡山県上房郡上有漢村九五〇一番地 | | 父 | 村田奈太郎 | 11 | 昭16 | 現医少佐 20、6、10 現医大尉 19、9、30 | 村田英太郎 大六、一、二 | 有 | 20.7.1 官等 |
| 20、8、29 才一五一兵站病院ニ転属 | 15、3、23 | [redacted]隊 一四、二、八 | 京都府船井郡檜山村和田大下一二番地 | 同 | 父 | 村井已之助 | 昭10 | 昭14 | 現衛准 四、20、3、1 現衛曹 17、12、31 | 村井峰太郎 大四、一二、八 | 有 | 20.4.5 官等 |
| 20、8、29 才十三軍司令官ノ定ムル兵站病院転属 | 15、3、23 | [redacted] 一三、八、二二 | 山口県玖珂郡由宇町四七七一番地 | 同 | 父 | 村田實 | 昭11 | 昭13 | 現衛准 四、20、3、1 現衛曹 17、6、30 | 村田葆 大五、九、二一 | 有 | 20.4.5 官等 |
| 同 右 | 15、9、6 | 野戦重砲兵第三聯隊 一五、八、一 | 埼玉県北足立郡蕨町大字蕨二三番地 | 同 | 養父 | 村松茂平 | 昭14 | 昭17 | 予衛軍 二、19、12、31 | 村松義雄 大八、一〇、二三 | 無 | |
| 同 右 | 17、2、27 | 国府台陸軍病院 一七、一、一八 | 東京都麹町区麹町一丁目三番地ノ二 | 群馬県佐波郡豊受村馬見塚 | 父 | 村上義博 | 昭12 | 昭19 | 予衛軍 三、20、8、1 予衛伍 19、8、1 | 村上幸彦 大六、三、二 | 無 | 20.8.1 進級 |
| 20、8、29 才一九八兵站病院転属 ム | 17、3、1 | 張家口陸軍病院 一七、五、一〇 | 新潟県柏崎市岬町四五二番地 | 同 | 父 | 村山源太郎 | 昭17 | 昭19 | 予衛軍 三、20、8、1 予衛伍 19、11、3 | 村山精知 大五、一、二五 | 無 | 20.8.1 進級 |

174

| 死亡 | 入隊 | 部隊 | 本籍 | 住所 | 続柄 | 氏名 | 年 | 階級 | 本人氏名・生年月日 | 備考 | |
|---|---|---|---|---|---|---|---|---|---|---|---|
| 20、8、29 オ一九四 兵站病院[illegible] | 17、6、24 | 歩兵第一五七聯隊 一七、六、二五 | 山梨県中巨摩郡今諏訪村字下今諏訪四七七番地 | 同 | 上 父 | 向山孝一 | 昭17 昭17 | 豫衛伍 軍曹 三、20、8、20 | 向山孝文 大二、一一、一〇 | 無 | |
| 20、8、29 オ一八八 兵站病院[illegible] | 17、2、27 | 國府台陸軍病院 一六、一〇、二〇 | 東京都荏原区豊町三丁目三十三番地 | 東京都世田ヶ谷区玉川奥沢町一丁目四〇二番地 | 上 父 | 宗田新一郎 | 昭15 昭17 | 豫衛伍 19、3、1 | 宗田盛一郎 大九、六、一〇 | 無 | 20.5.3 現任 |
| 20、8、29 オ一九八 兵站病院[illegible] | 18、10、1 | 氣球聯隊 一八、九、二〇 | 石川県金沢市長町河岸二一番地 | 同 | 上 父 | 村田佐次郎 | 昭16 | 二補衛 長 三補衛上 | 村田清 大一〇、六、一八 | 無 | |
| 20、8、29 オ一六七 兵站病院[illegible] | 20、1、31 | 独歩第八一大隊 一九、一一、一八 | 東京都渋谷区代々木深町一六六番地 | 同 | 上 父 | 杉野彌三郎 | 昭19 | 現衛一 19、3、20 現衛二 19、11、18 20、6、18 | 杉野武彦 大一四、九、八 | 無 | 20.6.1 進級 |
| 20、8、29 オ一九四 兵站病院[illegible] | 16、1、6 | 歩兵第四九聯隊 一五、一二、九 | 千葉県印旛郡永治村和泉五八四番地 | 同 | 上 父 | 武藤榮太郎 | 昭15 | 一補衛 兵長 20、12、9 | 武藤信夫 大九、五、二二 | 無 | |
| 20、8、29 オ一九四 兵站病院[illegible] | 17、6、24 | 歩兵第一五七聯隊 一七、五、二五 | 東京都西多摩郡東秋留村二宮二二四一番地 | 同 | 上 父 | 村上万次郎 | 昭15 | 二補衛 兵長 20、8、20 | 村上弟夫 大九、七、二四 | 無 | |
| 20、8、29 オ一九四 兵站病院[illegible] | 18、10、1 | 氣球聯隊 一八、九、二〇 | 福島県信夫郡松川町字中町六一番地 | 東京都江戸川区東船堀町四〇六番地 | 妻 | 村上フミ | 昭10 | 三國衛上 20、8、20 | 村上功二 大四、三、二五 | 無 | |
| 20、8、29 オ一八八 兵站病院[illegible] | 18、6、14 | 氣球聯隊 一八、六、[illegible] | 神奈川県横濱市神奈川区反町七七番地 | 同 | 上 母 | 岡田やす | 昭17 | 予衛伍 補衛兵長 20、6、1 | 村田良二 大一一、三、三〇 | 無 | 20.7.1 進級 |

175

□ム

# 留守名簿

| 備考 | 編入年月日 | 前所屬及其編入年月日 | 本籍（在留地） | 留守擔當者 住所 | 留守擔當者 續柄 | 留守擔當者 氏名 | 徴集年 | 任官年 | 役種兵種官等竝ニ等級俸月給額發令年月日 | 氏名 生年月日 | 留守宅渡ノ有無 | 補修年月日 |
|---|---|---|---|---|---|---|---|---|---|---|---|---|
| 20、8、29 ヵ一六五 兵站病院轉属 | 20、1、31 | 独歩第八一大隊 一九、二、二八 | 東京都豊島區巣鴨町三丁目二番地 | 東京都王子區十條仲原三丁目一番地ノ一〇 | 父 | 宗方房信 | 昭19 | | 現衛廿一 20、1、18 19、[illegible] | 宗方房夫 大一四、三、一七 | 無 | 20.6.1 進級 |
| 20、5、[illegible] ヵ一五一号 [illegible]病院轉属 | 19、6、17 | | 愛媛縣越智郡伯方町大字木浦甲三三九二番地 | 同上 | 父 | 村上喜八 | | | 打字手 [illegible] 20 8 10 [illegible] 131 | 村上當子 昭三、三、一日 | 有 | 20.4.5 昇級 20 [illegible] 20 昇級 |
| 20、8、29 ヵ一六五 兵站病院轉属 | 15、3、23 | 北支那防疫部 一四、三、一 | 北海道上川郡鷹栖村字近文十線五號一番地 | 北支済南市三大馬路緯九路仁[illegible]宿舎 | 母 | 武藤クラ | | | 技術雇[illegible] [illegible] 20 8 20 [illegible] 303 | 武藤惣太 明三五、九、一 | 無 | 20.4.5 昇給 20.8.20 昇給 |

176

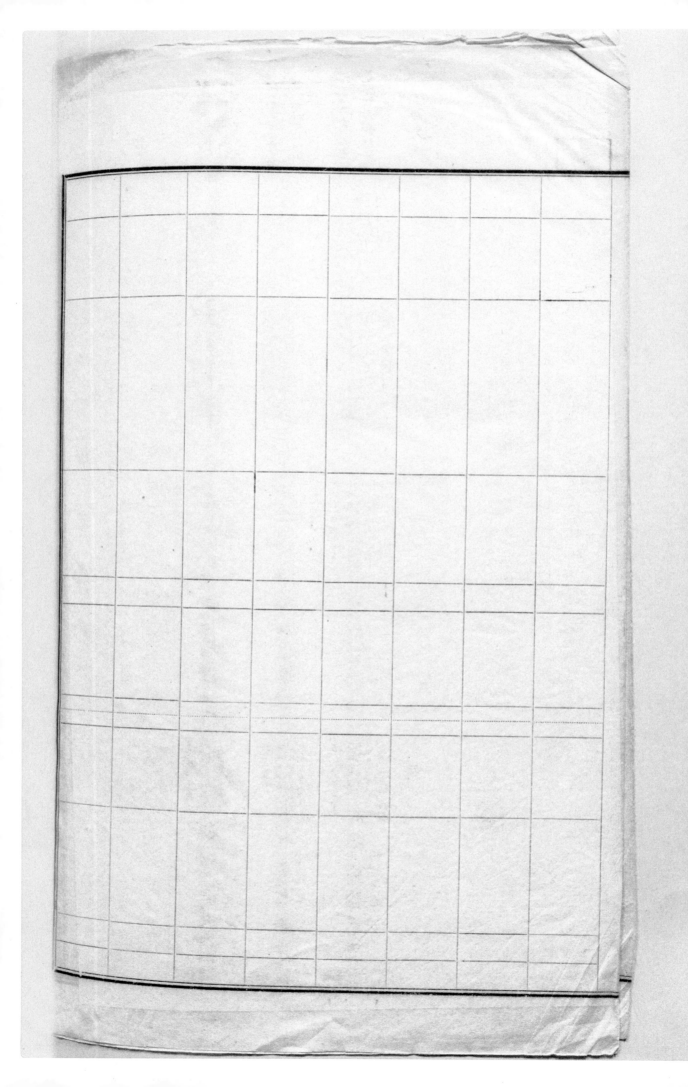

# 留守名簿

メ

20.8.29第十三軍司令官ノ定ムル兵站病院ニ屬

| | |
|---|---|
| 編入年月日 | 19.3.1 |
| 前所屬及其編入年月日 | 張家口陸軍病院 一七、五、一〇 |
| 本籍（在留地） | 福島縣南會津郡伊北村大字只見字沖一四五〇番地 |
| 留守擔當者 住所 | 同 |
| 留守擔當者 續柄 | 父 |
| 留守擔當者 氏名 | 目黒千代次 |
| 徴集年 | 昭16 |
| 任官年 | 昭19 |
| 役種兵種官等竝ニ等級俸給月額發令年月日 | 豫衛伍軍 二、20.8.1 19.3.1 |
| 氏名 生年月日 | 目黒芳美 大一〇、八、一七 |
| 留守宅渡ノ有無 | 無 |
| 補修年月日 | 20.8.1 進級 |

177

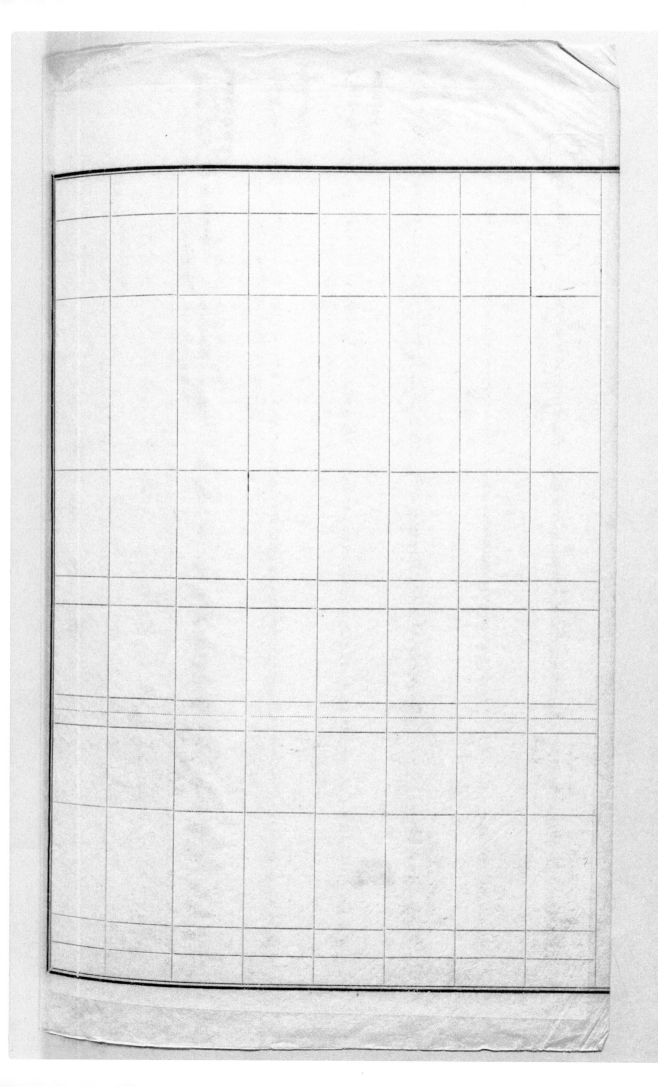

# 留守名簿

モ

| 上欄記入 | 編入年月日 | 前所属及其編入年月日 | 本籍（在留地） | 留守担当者 住所 | 続柄 | 氏名 | 徴集年 | 任官年 | 役種兵種官等級俸月給額発令年月日 | 氏名 生年月日 | 留守宅渡ノ有無 | 補修年月日 |
|---|---|---|---|---|---|---|---|---|---|---|---|---|
| 20、6、4、西部軍[illegible]司令部転属 | 15、3、23 | 第[illegible]部隊 一三、七、三〇 | 熊本縣上益城郡六嘉村大字北甘木一〇五七番地 | 同上 | 母 | 森田登代 | 昭10 | 昭12 | 現衛准 四、17、12、1 | 森田義人 大、四、九、二 | 有 | |
| 20、5、29 ケ一六六 兵站病院転属 | 15、3、23 | [illegible]隊 一四、三、八 | 奈良縣吉野郡大塔村大字中峯一四二番地 | 同上 | 母 | 森岡りく | 昭11 | 昭14 | 現衛准 四、20、3、1 大17、12、31 | 森岡正行 大五、七、二七 | 有 | 20.4.5 官等 |
| 20、6、4 東海軍司令部転属 | 15、9、6 | 歩兵第一四九聯隊 一五、八、一五 | 神奈川縣横濱市磯子区磯子町字廣地一六五番地 | 同上 | 父 | 森岡清蔵 | 昭9 | 昭17 | 予衛軍 二 19、12、31 | 森岡清 大元、一、六 | 無 | |
| 20、5、29 ケ一九四 兵站病院転属 | 19、3、1 | 兗州陸軍病院 一七、四、二九 | 鹿児島縣姶良郡重富村脇元一八四六番地 | 同上 | 父 | 森勇太郎 | 昭16 | 昭19 | 現衛伍軍 三、20、8、1 19、3、1 | 森益雄 | 無 | 20.8.1 進級 |
| 20、5、29 ケ一六七 兵站病院転属 | 18、10、1 | 気球聯隊 一八、九、二〇 | 東京都本所区緑町一丁目二番地一 | 同上 | 父 | 森田利吉 | 昭11 | | 二補衛兵長 20、6、1 | 森田忠平 大五、八、二五 | 無 | 20.7.1 進級 |
| 同右 | 20、1、31 | 独歩第八一大隊 一九、二、一八 | 千葉縣長生郡豊岡村東生町三〇五八番地 | 同上 | 父 | 森川留吉 | 昭19 | | 現衛生一 20、5、18 19、11、18 | 森川榮 大、四、八、二五 | 無 | 20.6.1 進級 |

| | | | | | | | | | | | |
|---|---|---|---|---|---|---|---|---|---|---|---|
| 20、8、29 オ一八八兵站病院転属 | 15、9、6 | 野戦重砲兵第一八聯隊 一五、八、一 | 神奈川県中郡西秦野村沼澤二一一二番地 | 同上 | 父 | 諸星九蔵 | 昭14 | 二補衛長 20、8、20 | 諸星直吉 大八、二、二七 | 無 | |
| 20、8、29 オ一九四兵站病院転属 | 17、6、24 | 歩兵第一五七聯隊 一七、五、二五 | 東京都瀧ノ川区西ヶ原町二八二番地 | 同上 | 父 | 森勝太郎 | 昭16 | 一補衛長 19、2、1 20、2、1 | 森嘉勝 大一〇、九、三 | 無 | |
| 20、8、29 オ一九四兵站病院転属 | 18、10、1 | 気球聯隊 一八、九、四 | 宮城県伊具郡藤尾村藤田淵内六一番地 | 同上 | 父 | 森慶三郎 | 昭10 | 二國衛上 19、3、8 20、2、1 | 森厚 大四、八、二 | 無 | |
| 20、8、29 オ一五一兵站病院ニ転属 | 20、1、31 | 独歩八一大隊 一九、一二、一八 | 東京都足立区興野町六七八番地 | 同上 | 父 | 森泉欽一郎 | 昭19 | 現衛上一 19、11、18 20、5、18 | 森泉孝信 大一三、三、三 | 無 | 20、6、1進級 |
| 20、8、29 第十五軍司令官ノ定ムル兵站病院転属 | 20、1、31 | 独歩八一大隊 一九、一二、一八 | 東京都浅草区石濱町二丁目一七番地ノ四 | 東京都葛飾区堀切町東四ノ五班十五組 上 | 父 | 師岡喜九郎 | 昭19 | 現衛上一 19、11、18 20、5、18 | 師岡正一 大一三、八、一六 | 無 | 20、5、30現在 20、6、1進級 |
| 20、8、29 オ一六五兵站病院転属 | 20、1、31 | 独歩第八一大隊 一九、一二、一八 | 山梨県甲府市千塚町一九九七番地ノ三 | 同上 | 母 | 森澤ヤス | 昭19 | 現衛上一 19、11、18 20、5、18 | 森澤秀雄 大四、一二、二九 | 無 | 20、6、1進級 |
| 20、8、29 オ一九四兵站病院転属 | 20、1、31 | 独歩第八一大隊 一九、一二、一八 | 埼玉県南埼玉郡大山村大字下大崎一四七八番地 | 同上 | 父 | 本澤庄五郎 | 昭19 | 現衛上一 19、11、18 20、5、18 | 本澤博文 大一三、九、一〇 | 無 | 20、6、1進級 |
| 20、8、29 オ一五一兵站病院転属 | 20、1、31 | 独歩第八一大隊 一九、一二、一八 | 千葉県長生郡一松村一〇八七番地 | 同上 | 父 | 諸岡安三郎 | 昭19 | 現衛上 19、11、18 20、5、18 | 諸岡義雄 大一四、八、一七 | 無 | 20、6、1進級 |

モ

# 留守名簿

| 欄 | 1 | 2 | 3 | 4 | 5 | 6 |
|---|---|---|---|---|---|---|
| (欄外) | 20.8.29 第一五三兵站病院轉属 | 20.8.29 第一五二兵站病院轉属 | 20.6.30 鉄道第一八聯隊轉属 | 20.8.29 第一五一兵站病院轉属 | 20.8.29 第十三方面軍司令官ノ定ムル兵站病院轉属 | |
| 編入年月日 | 20.1.31 | 20.1.31 | 18.10.1 | 18.2.14 | 19.6.10 | |
| 前所屬及其編入年月日 | 独歩第八一大隊 一九、一二、一八 | 独歩第八一大隊 一九、一二、一八 | 氣球聯隊 一八、九、二〇 | | | |
| 本籍(在留地) | 埼玉縣比企郡小川町大字小川八七五番地 | 東京都麻布區笄町一一二九番地 | 山梨縣南巨摩郡五開村十谷二八〇一番地 | 京都府京都市左京區岡崎最勝寺町二番地 | 秋田縣秋田郡昭和町飯田川飯塚字飯塚五七番地 | |
| 留守擔當者 住所 | 同 | 同 | 同 | 京都府京都市伏見區深草極川町二二番地 | 同 | |
| 留守擔當者 續柄 | 上 父 | 上 父 | 上 父 | 母 | 上 叔父 | |
| 留守擔當者 氏名 | 森澤次郎 | 望月忠一郎 | 望月恒次郎 | 森静子 | 門間慶吉 | |
| 徴集年 任官年 | 昭19 | 昭19 | 昭16 | 昭17 | | |
| 役種兵種官等竝ニ等級俸月給額發令年月日 | 現 衛キ一 20.5.18 伍 | 現 衛キ一 20.5.18 伍 | 二補衛一 19.3.20 | 技術雇員 20.8.20 [illegible] | 自動車操縦者 [illegible] | |
| 氏名 生年月日 | 森延次 大一三、三、二八 | 望月光 大一四、六、二七 | 望月周一 大一〇、一、二七 | 森登 大二、二、三 | 門間耕治 大六、一三、二 | |
| 留守宅渡ノ有無 | 無 | 無 | 無 | 有 | 無 | |
| 補修年月日 | 20.6.1 進級 | 20.6.1 進級 | | 20.4.5 昇給 20.8.10 給額 20.8.20 昇級 | 20.4.5 昇給 20.8.20 〃 | |



180

# 留守名簿

ヤ

| （異動） | 編入年月日 | 前所属及其編入年月日 | 本籍（在留地） | 留守担当者 住所 | 続柄 | 氏名 | 徴集年 | 任官年 | 役種兵種官等級俸給額発令年月日 | 氏名 | 生年月日 | 留守宅渡ノ有無 | 補修年月日 |
|---|---|---|---|---|---|---|---|---|---|---|---|---|---|
| 20.6.2第二野鉄道司令部転属 | 17.9.19 | 山砲兵第二五聯隊 一六、七、二八 | 和歌山県那賀郡西貴志村大字岸宮一〇五九番地 | 同上 | 父 | 山野善之進 | | 昭14 | 現主少佐 20.1.31 中18.10.1 | 山野武夫 | 大三、六、六 | 有 | 20.4.5 |
| 20.8.29第一六五兵站病院転属 | 16.12.20 | 歩兵第七八聯隊 一六、一〇、二〇 | 福岡県築上郡西吉富村大字尻高二九七番地 | 朝鮮京城府敦岩町二五〇番地 | 妻 | 矢野スガ子 | | 昭16 | 豫医中尉 18.1.31 | 矢野眞澄 | 大四、五、二七 | 有 | |
| 20.8.29第一五二兵站病院転属 | 18.6.25 | 第三六師団野戦病院 一八、六、二〇 | 富山県富山市牛島一三〇六番地 | 同上 | 父 | 柳田俊禎 | | 昭14 | 昭16 19.9.30 豫薬中尉 | 柳田純孝 | 大六、二、一三 | 有 | |
| 20.8.29第十二軍司令官ノ定ムル兵站病院転属 | 18.11.30 | 独立歩兵第八六大隊 一八、五、一八 | 新潟県古志郡十日町村大字庄田八三五番地 | 同上 | 妻 | 矢尾板昌子 | 昭11 | 昭19 | 豫医少尉 19.11.15 | 矢尾板正典 | 大一、二、一三 | 有 | |
| 20.8.19現地召集解除 | 19.4.12 | 独立歩兵第九旅団患者収容隊 一九、三、一四 | 新潟県新潟市田中町五一七九番地ノ第一 | 北京市内四区宮門口東分山二四號 | 妻 | 山添絹 | 昭7 | | 豫衛見士 少2.2.27 豫医少尉 20.7.10 | 山添三郎 | 明四一、一〇、二〇 | 無 | 20.7.1佐倉 |
| 20.3.10独混第一旅団司令部転属 | 19.11.30 | 高射砲第一三二聯隊 一八、一二、一 | 佐賀県藤津郡能古見村大字三河内戌四三二番地 | 東京都世田谷区深澤町一丁目三四二五番地 | 父 | 山上曹源 | 昭18 | | 現経見士 19.2.1 | 山上眞 | 大一一、五、二二 | 無 | |

181

| | | | | | | | | | | | |
|---|---|---|---|---|---|---|---|---|---|---|---|
| 20.8.29 加千葉司令官ノ定ムル兵站病院転属 | 18.10.1 | 気球聯隊 一八、九、二〇 | 石川県江沼郡山代町字山代一七、一五九番地ノ二 | 同上 | 父 | 山本源之助 | 昭16 | | 二補衛卅 20.8.20 | 山本千鳥 | 無 |
| 20.8.10 北支那特別警備隊転属 | 17.6.24 | 歩兵第一五七 | 千葉県香取郡佐原町佐原イ一九〇二番地 | 同上 | 兄 | 山中子之助 | 昭12 | 昭20 | 衛長伍 [illegible] | 山中芳松 大六、六、一五 | 無 |
| 20.8.29 第一六一兵站病院転属 | 18.4.8 | 野戦重砲兵第八聯隊 一八、三、二一 | 千葉県君津郡小櫃村賀恵渕四八八番地 | 同上 | 父 | 山田豊次 | | | 予補衛長 [illegible] 20.8.20 | 山田衛 大一〇、一〇、二三 | 無 |
| 20.8.29 第一九四兵站病院転属 | 18.10.1 | 気球聯隊 一八、九、二〇 | 東京都浅草区三筋町二丁目六番地ノ四 | 新潟県新潟市東堀前通十一番町二七八九 佐藤信方 | 父 母 | 矢橋猛 矢橋もとよ | 昭11 | | 二補衛卅上 20.8.20 | 矢橋綏弘 大五、八、二八 | 無 |
| 20.8.29 第一五五六兵站病院転属 | 15.9.6 | 歩兵第一五七聯隊 一五、八、一 | 千葉県印旛郡八生村松崎二五九番地 | 同上 | 父 | 山田安蔵 | 昭11 | | 予補衛長伍 20.8.20 | 山田正一 大五、一、二九 | 無 |
| 20.8.29 第一五五兵站病院転属 | 18.10.1 | 気球聯隊 一八、九、二〇 | 東京都小石川区諏訪町五三 | 東京都小石川区江戸川町[illegible]番地 猪瀬方 | 母 | 山谷トハ | 昭11 | | 二補衛卅上 20.8.20 | 山谷義次 大五、七、二五 | 無 |
| 20.8.29 第一五三兵站病院転属 | 15.1.6 | 歩兵第一四九聯隊 一五、二、九 | 神奈川県横濱市中区野毛町三丁目一四〇番地 | 神奈川県横濱市神奈川区栄町一丁目八番地 | 父 兄 | 八木儀平 八木一郎 | 昭15 | 昭19 | 予衛伍 衛生軍曹 20.8.20 | 八木桂次郎 大九、一、一三 | 無 |
| 20.8.29 第一六五兵站病院転属 | 15.1.6 | 歩兵第一四九 | 山梨県甲府市伊勢町二六五三番地 | 同上 | 母 | 山田ひでよ | 昭15 | | 予衛伍 軍曹 20.8.20 | 山田國雄 大九、五、二 | 無 |

20.5.30 担架　20.7.1 現住　20.7.1 進級

182

# 留守名簿

ヤ

| 記事 | 編入年月日 | 前所属及其編入年月日 | 本籍（在留地） | 留守担当者 住所 | 続柄 | 氏名 | 徴集年 | 任官年 | 役種兵種官等級俸月給額等ニ等給発令年月日 | 氏名 生年月日 | 留守宅渡ノ有無 | 補修年月日 |
|---|---|---|---|---|---|---|---|---|---|---|---|---|
| 20.6.4西部軍管区司令部転属 | 15.9.6 | 野戦重砲兵第一七聯隊 一五.八.一 | 東京都豊島区千早町二丁目三七番地、二 | 同上 | 父 | 久我三郎 | 昭14 | 昭19 | 豫衛伍 19.8.1 | 保永貞夫 大八.一二.二二 | 無 | |
| 20.6.4船舶輸送司令部転属 | 15.9.6 | 歩兵第一四九聯隊 一五.八.一 | 神奈川県鎌倉市扇ヶ谷一三八 | 同上 | 母 | 山村イク | 昭14 | 昭19 | 豫衛伍 19.3.1 | 山村直次 大八.五.二〇 | 無 | |
| 20.8.29第一五五兵站病院転属 | 16.1.6 | 歩兵第四九聯隊 一五.一二.九 | 千葉県安房郡鴨川町貝渚二八七七番地ノ第三號 | 同上 | 父 | 山下清吉 | 昭15 | 昭19 | 三 豫衛伍長 軍曹 20.8.20 | 山下敏雄 大九.一.二七 | 無 | |
| 20.8.29第一五三兵站病院転属 | 17.6.24 | 歩兵第一五七聯隊 一七.五.二五 | 東京都京橋区新川二丁目一番地ノ一 | 東京都深川区門前仲町一丁目 姫路市東同心町 | 妹 附人 | 山本敏 岩瀬倉吉 | 昭12 | 昭19 | 三 豫衛伍長 軍曹 20.8.20 | 山本正彦 明四四.一.一〇 | 無 | 20.6.1現住扣録 |
| 20.8.29第一五二兵站病院転属 | 17.6.24 | 歩兵第一五七聯隊 一七.五.二五 | 神奈川県横浜市鶴見区下末吉町一〇三四番地 | 千葉県夷隅郡御宿町須賀 千葉県夷隅郡布施村上布施 永石重太郎方 | 妻 | 山崎キクエ | 昭9 | 昭19 | 三 豫衛伍長 軍曹 20.8.20 | 山崎平司 大三.一一.二 | 無 | 20.5.30現住 |
| 20.8.29第一五一兵站病院転属 | 15.9.6 | 歩兵第一五七聯隊 一五.八.一 | 千葉県夷隅郡西畑村田代三〇七番地 | 同上 | 兄 | 山田玄蕃 | 昭11 | | 一補衛伍長 20.8.20 | 山田宗平 大五.九.一五 | 無 | |

183

| | | | | | | | | | | | | |
|---|---|---|---|---|---|---|---|---|---|---|---|---|
| 20、8、29第一九八号站病院転属 | 18、10、1 | 氣球聯隊 一八、九、二〇 | 山梨縣北巨摩郡大草村上條東割七〇六番地 | 同 | 上 | 兄 | 矢崎直 | 昭15 | 一補衛廿上 20、1、20 20、8、20 | 矢崎金三 大八、二、二 | 無 | |
| 20、8、29、第一五一号站病院転属 | 18、5、20 | 独立歩兵第七八大隊 一八、三、一 | 神奈川縣川崎市渡田町四丁目一〇番地 | 同 | 上 | 母 | 山下はつの | 昭17 | 現衛長伍 20、3、1 18、8 | 山下満 大一一、一、一六 | 無 | |
| 20、8、29第一五二号站病院転属 | 18、5、20 | 独立歩兵第七八九大隊 一八、三、一 | 埼玉縣北足立郡大岡村大字岡六二五番地 | 東京都荒川區日暮里七丁目三八五番地 | | 母 | 柳タイ | 昭17 | 現衛長伍 20、3、1 18、8 | 柳福次 大一一、一〇、三 | 無 | 20.4.5官等 |
| 20、8、29第一五一号站病院転属 | 18、10、1 | 氣球聯 一八、九、二〇 | 長野縣小縣郡神川村大字國分一七六八番地 | 同 | 上 | 父 | 山邊冬三郎 | 昭13 | 二補衛上長 20、6、1 18、9、20 | 山邊恭弘 大七、一、二九 | 20 無 | 20.7.1進級 |
| 20、8、29第一五一兵站病院転属 | 15、3、23 | 菊池部隊 一四、二、八 | 三重縣飯南郡粥見町大字粥見三〇九五番地 | 同 | 上 | 父 | 山本吉次郎 | 昭11 昭14 | 現衛曹准 四20、3、1 17、4、31 | 山本佳生 大五、六、一 | 有 | 20.4.5官等 |
| 20、8、29、第一九四号站病院転属 | 17、8、10 | 北支那獣医部下士官候補者隊 一六、一、三一 | 山口縣熊毛郡麻郷村大字麻郷二八〇九番地 | 同 | 上 | 父 | 矢村謙亮 | 昭12 昭14 | 現主曹 二18、12、31 | 矢村豊也 大八、六、二二 | 有 | |
| 20、8、29第一二軍司令官ノ定ムル兵站病院転属 | 15、3、23 | 菊池部隊 一四、二、八 | 京都府綴喜郡都々城村大字上奈良小字奈良里三九番地 | 同 | 上 | 父 | 安野市之助 | 昭11 昭14 | 現衛曹准 四20、8、1 17、10、31 | 安野平次 大五、一〇、二八 | 有 | 20.8.1進級 |
| 20、8、29第一五一号站病院転属 | 18、1、6 | 歩兵第一四九聯隊 一五、一二、九 | 埼玉縣川越市大字川越一五四三番地 | 同 | 上 | 父 | 山田正明 | 昭15 昭18 | 豫衛軍 二17、12、31 | 山田正治 大九、一、一四 | 無 | |

184

# 留守名簿

| 備考 | 編入年月日 | 前所属及其編入年月日 | 本籍（在留地） | 留守擔當者 住所 | 續柄 | 氏名 | 徵集年 | 任官年 | 役種兵種官等級俸月給ニ等給額發令年月日 | 氏名 生年月日 | 留守宅渡ノ有無 | 補修年月日 |
|---|---|---|---|---|---|---|---|---|---|---|---|---|
| 20、8、29第一六五号 兵站病院転属 | 16、12、1 | 天津陸軍病院 一五、三、七 | 静岡県富士郡吉永村間門一八三番地 | 同 上 | 父 | 山本久作 | 昭14 | 昭16 | 現衛軍曹 昭和17、3、1 下18、10、1 三20、6、30 31 | 山本嘉佳 大八、五、一〇 | 無 | 20.4.5 官等 20.6.30 〃 |
| 20、8、29第十三軍司令官ノ定ムル兵站病院転属 | 17、2、27 | 国府台陸軍病院 一七、一、一八 | 東京都渋谷区鶯谷町五番地 | 同 上 | 父 | 山本啓一 | 昭12 | 昭19 | 豫衛伍軍 19、3、1 三20、8、1 | 山本榮一 大六、一〇、二八 | 無 | 20.8.1 進級 |
| 20、8、29第一五一号 兵站病院転属 | 19、3、1 | 独立歩兵第廿大隊 一八、一一、三 | 山梨県甲府市新青沼町三三番地 | 同 上 | 父 | 八巻源次郎 | 昭18 | | 現衛兵長 20、6、1 19、12、1 | 八巻善次 大一二、七、二三 | 無 | 20.7.1 進級 |
| 20、8、29第一九四号 兵站病院転属 | 20、1、31 | 独立歩兵第八一大隊 一九、一二、一八 | 東京都江戸川区松本町一七九番地 | 千葉県市川市市川五丁目二三五六番地 | 父 | 矢高鶴吉 | 昭19 | | 現衛卄一 20、5、18 19、12、18 | 矢高新藏 大一三、七、一 | 無 | 20.6.1 進級 |
| 20、8、29第一八八号 兵站病院転属 | 20、1、31 | 独立歩兵第八一大隊 一九、一二、一八 | 山梨県甲府市善光寺町一八五九番地 | 同 上 | 父 | 山下角太郎 | 昭19 | | 現衛卄一 20、5、18 19、11、18 | 山下遜 大一四、六、二三 | 無 | 20.6.1 進級 |
| ヤ 20、8、29第一八八号 兵站病院転属 | 20、1、31 | 独立歩兵第八一大隊 一九、一二、一八 | 東京都本郷区駒込東片町四一番地 | 東京都世田ヶ谷区羽根木町一七二九番地岸川方 | 母 | 山口あさ | 昭19 | | 現衛卄一 20、5、18 19、11、18 | 山口宗秋 大一四、二、一五 | 無 | 20.6.1 進級 |

185

| | | | | | | | | | | |
|---|---|---|---|---|---|---|---|---|---|---|
| 20、8、29 第一五四兵站病院転属 | 18、3、1 | 歩兵第二一〇聯隊 一七、三、一 | 神奈川縣足柄上郡中井村松本一〇二三番地 | 同 上 | 父 | 山口丑五郎 昭16 | 現衛伍長 20、8、20 | 山口高昇 大一〇、九、一 | 無 | |
| 20、5、29 第十三軍司令官ノ定ムル兵站病院転属 | 20、1、31 | 独歩第八一大隊 一九、二、一八 | 東京都足立区梅田町一五三〇番地 | 同 上 | 父 | 安田豊次郎 昭19 | 現衛卅一 20、5、18 13、11、11 | 安田環藏 大一四、一、一九 | 無 | 20.6.1進級 |
| 20、8、29 第一九四兵站病院転属 | 15、9、6 | 横須賀重砲兵聯隊 一五、八、一 | 東京都浅草区田中町三丁目五番地 | 東京都足立区柳原町二四五番地 | 養父 | 渡邊岸次郎 昭14 | 二補衛伍長 20、8、20 | 山田政幸 大八、七、七 | 無 | |
| 20、5、30 鉄道第六聯隊転属 | 16、1、6 | 歩兵第一四九聯隊 一五、一二、九 | 東京都南多摩郡横山村散田五四四番地 | 同 上 | 養父 | 山崎要一 昭15 | 一補衛長 18、12、9 | 山崎富太郎 大九、九、一 | 無 | |
| 20、8、29 第一八七兵站病院転属 | 18、10、1 | 氣球聯隊 一八、九、二〇 | 富山縣射水郡櫛田村字串田四七六七番地 | 同 上 | 妻 | 山崎きみ 昭6 | 二補衛廿上 20、8、20 | 山崎長太郎 明四四、四、二四 | 無 | |
| 20、6、4 朝鮮軍管区司令部転属 | 15、9、6 | 歩兵第一五七聯隊 一五、八、一 | 千葉縣印旛郡成田町成田一一二一番地 | 同 上 | 養父 | 山田貞治郎 昭11 | 二補衛伍長 20、3、1 | 山田正秋 大四、一二、一三 | 無 | 20.4.5官等 |
| 20、8、29 第一五二兵站病院転属 | 16、1、6 | 歩兵第一四九聯隊 一五、一二、九 | 神奈川縣横濱市中区千歳町一丁目一二番地 | 神奈川縣川崎市南町七〇番地 | 父 | 山口鶴松 昭15 | 一補衛伍長 20、8、20 | 山口精一郎 大九、一〇、二二 | 無 | |
| 19、3、23 依願解傭 | 18、10、26 | | 香川縣高松市宮脇町六三九番地ノ第三 | 香川縣小豆郡西原村 | 父 | 山澤庄太郎 | 技術傭人 三七、五〇 19、9、30 | 山澤明子 大三、八、二七 | 無 | |

186

# 留守名簿

ヤ

| 欄 | 1 | 2 | 3 | 4 | 5 | 6 |
|---|---|---|---|---|---|---|
| 記事 | 20、8、20、解雇 | 20、8、27第一五五兵站病院転属 | 20、8、29第十二軍司令官ノ定ムル兵站病院転属 | 20、8、29第一五四兵站病院転属 | 20、8、29第一五三兵站病院転属 | 20、5、30、鉄道第一大隊転属 |
| 編入年月日 | 18、3、23 | 17、11、25 | 17、12、22 | 18 3 23 | 18 3、23 | 20、1 31 |
| 前所属及其編入年月日 | 菊池部隊 一四、六、三〇 | | | | 菊池部隊 一四、六、八 | 独歩第八一大隊 19 11、15 |
| 本籍（在留地） | 朝鮮全羅北道完州郡上関面新里八三番地 | 北海道樺戸郡新十津川村字上徳富一七五番地ノ一 | 朝鮮咸鏡南道徳源郡府内面石峴里七七番地 | 東京都板橋区板橋町八丁目五五一番地 | 長崎県長崎市稲佐町二丁目一二番地 | 東京都麻布区谷町六二番地 |
| 留守担当者 住所 | 朝鮮全羅北道全州府大和町一九六番地 | 同 一 | 朝鮮咸鏡南道徳源郡赤田面仲坪里 | 同 一 | 天津特別市第三区黄緯路七一号 | 同 上 |
| 留守担当者 続柄 | 義兄 | 父 | 父 | 母 | 養父 | 父 |
| 留守担当者 氏名 | 豊村利吉 | 山田文助 | 安田炳賛 | 矢吹のぶ | 山下三吉 | 柳詰太一 |
| 徴集年 任官年 | | | | | | 昭19 |
| 役種兵種官等級俸給 | 調理指導員 六二・〇〇 20、3、31 | 技術雇員 七〇・〇〇 20、8、20 | 通訳（備人） 臨時備人 五三・〇〇 20、8、20 | 業務手 自動車操縦手 七九・〇〇 20、8、20 | 陸軍雇 業務手 五、20、7、31 | 現衛廿一 20、5、18 |
| 氏名 | 山佳崇錫 | 山田政吉 | 安田鳳淳 | 矢吹英一 | 山下繁市 | 柳詰一太郎 |
| 生年月日 | 大五、一、二 | 大五、二、一五 | 大三、三、二二 | 明四三、一二、一三 | 大三、一二、二 | 大一四、六、二六 |
| 留守宅渡ノ有無 | ~~20、4、5昇給~~ 無 | ~~20、4、5昇給~~ ~~20、8、20~~ 有 | 無 | ~~20、4、5昇給~~ 有 | ~~20、4、5昇給~~ 無 | ~~20、6、1昇給~~ 無 |
| 補修年月日 | 20、4、5昇給 | 20、4、5昇給 20 8、20 〃 | 20、4、5昇給 20 8 20 〃 | 20、4、5昇給 20 8 20身分 | 20、4、5身分 20、7、31 | 20、6、1昇給 |

187

20.8.20
解傭

21.3.2

朝鮮平北竜川郡
東下面古寧洞
二二九番地

中華民國河南省
商邱城内民康
四街一八番地

兄
安田良太郎

筆生
三三.四
20.3.2

安田国雄
昭三.一三.八
無

工

# 留守名簿

| 異動 | 編入年月日 | 前所属及其編入年月日 | 本籍（在留地） | 留守担当者 住所 | 続柄 | 氏名 | 徴集年 | 任官年 | 役種兵種官等級等ニ給俸月額発令年月日 | 氏名 生年月日 | 留守宅渡ノ有無 | 留守補修年月日 |
|---|---|---|---|---|---|---|---|---|---|---|---|---|
| 20.8.29ヌ一五二 兵站病院転属 | 19.8.18 | 電信第七聯隊 一七、一〇、三一 | 三重県飯南郡柿野町大字横町七一番地 | 同 | 上 兄 | 油田親一 | | 昭16 | 現医大尉 三 19.12.1 | 油田愷生 大七、七、八 | 有 | |
| 20.8.29ヌ一九四 兵站病院転属 | 16.1.6 | 歩兵第一四九聯隊 一五、一二、九 | 千葉県千葉市神明町一八六番地 | 同 | 上 兄 | 湯浅毅 | 昭15 | | 一補衛生長 20.8.20 | 湯浅潔 大九、一〇、一三 | 無 | |
| 20.8.20 解雇 | 15.3.23 | 菊池部隊 一四、七、一四 | 朝鮮平安南道江西郡雙龍面林城里五三一番地 | 満洲国奉天市敷島通康泰街一五一番地ノ四四 | 父 | 結城宗男 | | | 技術雇員 五八〇〇 20.3.31 五九〇〇 19.9.30 | 結城健一 大九、一、一〇 | 無 | 20.4.5 月給 |
| 20.8.29ヌ五一兵 普病院転属 | 20.6.22 | 独立歩兵第七二大隊 一九、九、九 | 島根県那賀郡今福村大字今福六七九ノ一 | 同 | 上 父 | 湯浅倭 | | 昭17 | 現主大尉 三、20 6 10 | 湯浅倭佐雄 明四五、一、二七 | 有 | |



三三三

留守名簿

ヨ

| 備考 | 編入年月日 | 前所属及其編入年月日 | 本籍（在留地） | 留守担当者 住所 | 続柄 | 氏名 | 徴集年 | 任官年 | 役種兵種官等級ニ等給体月給額発令年月日 | 氏名 | 生年月日 | 留守宅渡ノ有無 | 補修年月日 |
|---|---|---|---|---|---|---|---|---|---|---|---|---|---|
| 20.8.29 第一五二号兵站病院転属 | 16.3.1 | 第二師団軍医部 一五.三.九 | 広島県佐伯郡水内村大字和田七八番屋敷 | 広島県広島市水主町四一八番地 | 妻 | 吉見藤子 | | 昭5 | 現 医中佐 19.7.1 | 吉見亨 | 明三五.一〇.三一 | 有 | |
| 20.8.29 方面軍司令部転属 | 15.11.1 | 歩兵第四九聯隊 一三.一二.三一 | 岐阜県岐阜市本荘三六三番地 | 同 | 父 | 吉村良雄 | 昭13 | 昭15 | 予 医中尉 17.9.30 | 吉村博 | 明四五.六.二九 | 有 | |
| 20.8.19 現地召集解除 | 19.2.10 | 東京 | 東京都芝区白金三光町三九一番地 | 兵庫県西宮市分銅町一二番 | 父 | 吉田大郎 | 昭12 | | 予 衛生 医少尉 20.5.20 19.12.31 | 吉田長之 | 明四三.二.一九 | 無 | 20.4.5 官等 |
| 20.8.19 現地召集解除 | 19.2.10 | 新潟 | 新潟県北魚沼郡小千谷町二四一二番地 | 北京市内二区錦什坊街雙柵欄甲七號 | 妻 | 横山ムツ | 昭8 | | 予 衛生 医少尉 20.3.22 19.2.23 | 横山正松 | 大二.一.一九 | 無 | 20.4.5 官等 |
| 20.8.29 第一五五号兵站病院転属 | 15.3.23 | 菊池部隊 一四.八.二五 | 京都府福知山市字内記七五番地 | 京都府京都市上京区東二条不丸太町上ル上大町四九三番地深瀬義一方 | 母 | 依田さと | 昭7 | 昭9 | 現役 衛生 准 少尉 20.5.20 19.12.31 | 依田良男 | 明四五.一.二〇 | 有 | 20.6.1 等級 |
| 20.8.29 第一五一兵站病院転属 | 15.3.23 | 菊池部隊 一四.二.八 | 奈良県南葛城郡忍海村大字忍海二番地ノ一 | 同 | 上 妻 母 | 吉井キヨ 吉井シカ | 昭11 | 昭14 | 現 衛生 准尉 昭20.3.1 19.12.31 | 吉井正喜 | 大五.六.二〇 | 有 | 20.4.5 官等 20.6.1 担当者 |

190

| | | | | | | | | | | | |
|---|---|---|---|---|---|---|---|---|---|---|---|
| 20、6、4朝鮮軍司令部転属 | 17、6、24 | 歩兵第一五七聯隊 一七、九、二五 | 千葉縣東葛飾郡田中村大室一四四四番地 | 同上 | 母 | 吉田つた | 昭12 昭18 | 豫衛伍 18、12、1 | 吉田正雄 大六、一〇、二〇 | 無 | |
| 20、8、29第一九八号病院転属 | 18、3、1 | 歩兵第二〇聯隊 一七、二、一 | 神奈川縣横濱市鶴見區生麥町大二一番地 | 同上 | 父 | 横田三吉 | 昭16 | 現衛伍長 19、8、1 20、8、20 | 横田政男 大一〇、一二、一 | 無 | |
| 20、8、29第一六六兵站病院転属 | 18、10、1 | 氣球聯隊 一八、九、二〇 | 東京都麻布區箪笥町三九番地 | 東京都麻布區箪笥町四〇番地 | 妻 | 横山富枝 | 昭11 | 二補衛伍長 19、9、20 20、6、1 | 横山直次郎 大五、八、一六 | 無 | 20.7.1進級 |
| 20、8、29第一五一号病院転属 | 17、6、24 | 歩兵第一五七聯隊 一七、九、二五 | 千葉縣香取郡橘村昔馬二八番地 | 同上 | 父 | 横田彌三郎 | 昭16 | 一補衛伍長 19、8、1 20、8、20 | 横田豊治 大一〇、一、三〇 | 無 | |
| 20、8、29第一五一号病院転属 | 18、10、1 | 氣球聯隊 一八、九、二〇 | 長野縣上伊那郡飯島村大字本郷一九一八番地ノ口號 | 同上 | 父 | 米山覺三郎 | 昭9 | 二補衛上 19、5、1 20、8、20 | 米山誠 大三、三、一三 | 無 | |
| 20、8、29第一五一号病院転属 | 20、1、31 | 独歩第八一大隊 一九、一二、一八 | 千葉縣山武郡瑞穂村小中一一三番地 | 千葉縣市川市穴川町三四九番地 | 父 | 吉田修 | 昭19 | 現衛卅一 19、11、18 20、5、18 | 吉田利男 大一二、一二、二五 | 無 | 20.6.1進級 |
| 20、5、30鉄道第八聯隊転属 | 20、1、31 | 独歩第八一大隊 一九、一二、一八 | 千葉縣夷隅郡東海村日在一〇四七番地 | 東京都京橋區月島西仲通九丁目一二番地 | 父 | 吉田松治 | 昭17 | 現衛卅一 19、11、18 20、5、18 | 吉田修平 大三、二、二五 | 無 | 20.6.1進級 |
| 20、8、29第一五四兵站病院転属 | 17、6、14 | 歩兵第一五七聯隊 一七、五、二五 | 東京都足立區伊藤谷本町二五五 | 同上 | 妻 | 吉田良子 | 昭12 | 豫衛伍長 19、12、20 20、5、20 | 吉田庫三 大六、一二、一 | 無 | |

191

# 留守名簿

ヨ

| 備考 | 編入年月日 | 前所屬及其編入年月日 | 本籍（在留地） | 留守擔當者住所 | 續柄 | 留守擔當者氏名 | 徴集年／任官年 | 役種兵種官等級俸給月額發令年月日 | 氏名・生年月日 | 留守宅渡ノ有無 | 留守給修補年月日 |
|---|---|---|---|---|---|---|---|---|---|---|---|
| 20、8、29 才一六五五兵站病院転属 | 18、3、1 | 三十二師団第一野戰病院 一七、五、二六 | 千葉縣船橋市湊町一丁目一〇四三番地 | 同上 | 兄 | 吉種武次郎 | 昭12 | 二、補衛長 20、8、20 | 吉種繁次郎 大六、八、二七 | 無 | |
| 20、8、29 才一九四兵站病院転属 | 18、1、6 | 歩兵第一四九聯隊 一五、一二、九 | 埼玉縣南埼玉郡新和村大字釣上一〇四四番地 | 同上 | 養父 | 吉野正賢 | 昭15 | 一補衛長 20、8、20 | 吉野正富 大九、一〇、三〇 | 無 | |
| 20、8、29 才十三軍司令官ノ定ムル兵站病院転属 | 18、3、1 | 三二師団第一野戰病院 一六、六、四 | 千葉縣松戸市大字松戸一八七三番地 | 東京都葛飾区本田原町一七〇番地 | 祖父 | 横尾六三郎 | 昭12 | 二補衛長 20、8、20 | 横尾幸太郎 大六、三、二九 | 無 | |
| 20、8、29 才一五五兵站病院転属 | 18、1、6 | 歩兵第一四九聯隊 一五、一二、九 | 東京都麻布区今井町二五番地 | 同上 | 父 | 吉原吉治 | 昭15 | 一補衛長 予衛伍長 20、3、1 19、6、9 | 吉原正太郎 大九、二、二三 | 無 | 20、4、5 官手 |
| 20、8、10 北支那特別警備隊転属 | 18、6、14 | 氣球聯隊 一八、六、一 | 東京都下谷区谷中三崎町四九番地 | 東京都豊島区池袋町五丁目三五二番地 埼玉縣川口市飯塚町一丁目六八五中川良治方 | 義兄 | 中川良治 | 昭15 | 一補衛一 | 吉川重吉 大八、一三、五 | 無 | 20、9、1 現住 |
| 20、8、29 才一八三兵站病院転属 | 18、5、20 | 独歩第七八大隊 一八、二、一 | 神奈川縣中郡大田村小稲葉一七〇番地 | 同上 | 母 | 吉岡りき | 昭17 | 現衛長 19、3、1 | 吉岡勲 大一二、八、二六 | 無 | |

192

| 召集解除 | | | | | | | | | | |
|---|---|---|---|---|---|---|---|---|---|---|
| 20.8.29 才八七兵站病院転属 | 18.6.14 | 氣球聯隊 一八、六、一 | 埼玉縣北足立郡上尾町大字上尾宿二三〇番地ノ二 | 同 | 上 妻 | 吉野もと 昭11 | 一補衛生 20.8.20 | 吉野六郎 | 大五、六、六 | 無 |
| 20.8.29 第一六六兵站病院転属 | 17.2.27 | 國府台陸軍病院 一六、一〇、二〇 | 東京都牛込區早稲田南町一八番地 | 同 | 上 兄 | 吉野重徳 昭15 | 一補衛生兵長 20.8.20 | 吉野文雄 | 大九、六、五 | 無 |
| 20.8.29 第一六六兵站病院転属 | 18.6.14 | 氣球聯隊 一八、六、一 | 東京都蒲田區中蒲田三丁目五番地ノ六 | 東京都蒲田區東蒲田三丁目四四番地ノ一 | 父 | 依田信重 | 一補衛生上 20.8.20 | 依田登 | 大九、八、一 | 無 |
| 20.9.5 解雇 | 19.6.9 | | 熊本縣玉名郡賀木村大字高久野二八四番地 | 北京市内六區東安門北河沿三九番地 | 兄 | 吉田二夫 | 看護婦長 六三、〇〇 20.8.20 五十、〇〇 20.3.31 | 吉田榮子 | 大九、一三、四 | 無 20.4.5 月給 |
| 20.8.29 第十三軍司令官ノ定ムル兵站病院転属 22年3月25日 | 15.3.23 | 一三、九、三〇 | 埼玉縣南埼玉郡日勝村大字下野 | 同 | 上 父 | 吉田藤助 | 自動車操縦業務手 八四〇〇 20.8.20 廿六〇〇 19.9.30 | 吉田朝一 | 明四二、一二、一 | 無 20.8.20 月給 22.12.2 |

193

リ

20.8.29 オ一五四
兵站病院転属

# 留守名簿

|  |  |
|---|---|
| 編入年月日 | 16.3.14 |
| 前所属及其編入年月日 | 北京陸軍病院 一四、一二、二四 |
| 本籍(在留地) | 愛媛縣松山市大字和泉町一丁目一五九番地 |
| 留守擔當者 住所 | 同上 |
| 留守擔當者 續柄 | 母 |
| 留守擔當者 氏名 | 笠ツギヲ |
| 徴集年 | |
| 任官年 | 昭15 |
| 役種兵種官等級俸月給額等ニ發令年月日 | 豫医大尉 三 17.9.15 |
| 氏名 | 笠不二夫 |
| 生年月日 | 大三、八、二四 |
| 留守宅渡ノ有無 | 有 |
| 留守補修年月日 | |

194

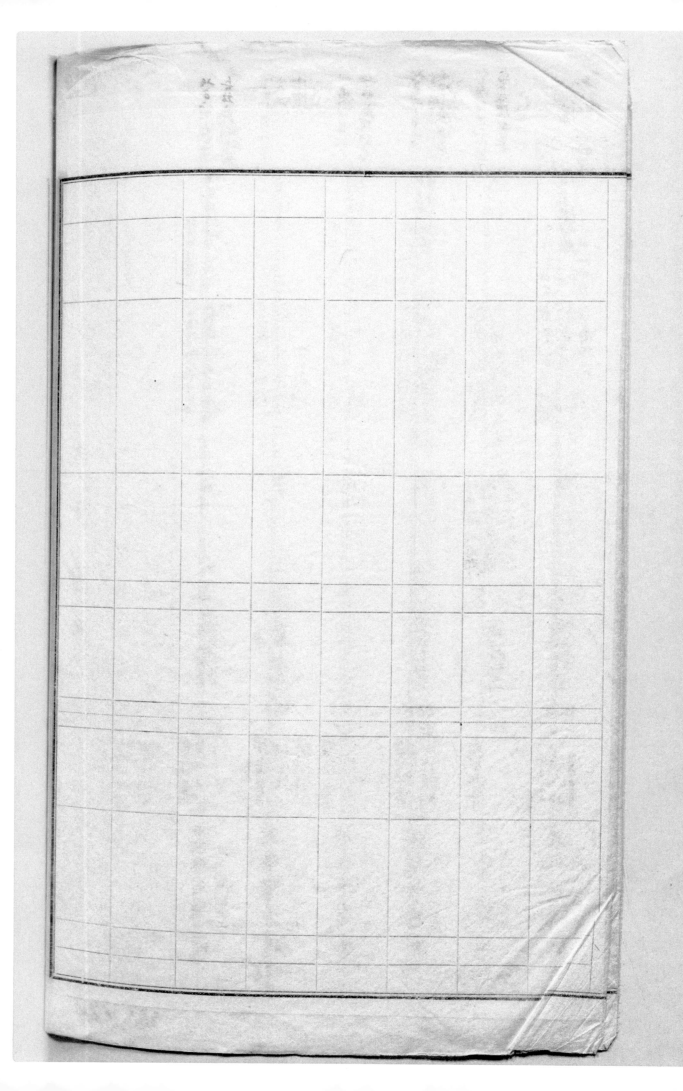

# 留守名簿

| | 20、5、3善通寺陸軍病院転属 | 20、6、10朝鮮軍管区司令部転属 | 20、8、29、オ一八八兵站病院転属 | 20、8、29オ一五一兵站病院転属 | 20、8、29オ一五五兵站病院転属 | 20、8、29オ一五一兵站病院転属 |
|---|---|---|---|---|---|---|
| 編入年月日 | 18、8、2 | 14、2、16 | 18、2、26 | 16、11、18 | 15、3、23 | 16、1、16 |
| 前所属及其編入年月日 | 齊々哈爾陸軍病院 一七、一二、一〇 | 大分 | 原平鎮陸軍病院 一四、四、二四 | 新郷陸軍病院 一五、一一、一〇 | | 歩兵第四九聯隊 一五、一二、九 |
| 本籍（在留地） | 愛媛縣越智郡亀岡村大字[illegible]甲一五一四番地 | 大分縣宇佐郡和間村大字岩保新田四六番地 | 山梨縣東八代郡石和村川中島七〇番地 | 栃木縣那須郡金田村大字市野澤一七九三番地 | 福島縣河沼郡高寺村字舟渡四五六番地 | 東京都芝区新橋七丁目二番地ノ二 |
| 留守担当者 住所 | 同上 | 同上 | 同上 | 同上 | 福島縣河沼郡高寺村字舟渡四五六七番地 | 同上 |
| 留守担当者 続柄 | 兄 | 妻 | 叔父 | 父 | 父 | 父 |
| 留守担当者 氏名 | 渡部健次郎 | 渡邊秀子 | 若杉茂 | 渡邊兼次 | 渡邊源作 | 若林作造 |
| 徴集年 | | 昭6 | 昭13 | 昭13 | | 昭15 |
| 任官年 | 大12 | | 昭15 | 昭15 | 昭19 | |
| 役種兵種官等級俸給月額発令年月日 | 現 衛 少佐 一 19、12、1 | 豫 衛 少尉 20、3、22 | 現 衛 曹 二 19、12、31 | 現 療 曹 二 19、12、31 | 陸軍技手 五、20、3、31 | 補 衛 兵長 一 20 |
| 氏名 生年月日 | 渡部忠重 明三五、三、二三 | 渡邊龍三 明四四、九、五 | 若杉茂次 大七、三、三 | 渡邊良勝 大七、一、一七 | 渡邊[illegible] 明四〇、五、二〇 | 若林啓介 大八、三、二八 |
| 留守宅渡ノ有無 | 有 | 無 | 無 | 無 | 無 | 無 |
| 補修年月日 | | 20、4、5官等 | | | 20、4、5級俸 | |

7

| | | | | | | | | | | | |
|---|---|---|---|---|---|---|---|---|---|---|---|
| 20、8、29、才八七 兵站病院転属 | 18、10、1 | 氣球聯隊 一八九、二〇 | 福島縣相馬郡大甕村大甕字十日迫六五番地 | 神奈川縣鎌倉市大町八九二番地 | 妻 | 渡部鋭子 | 昭8 | 二國衞井長 20、6、1 19、9、20 | 渡部俊英 明四三、八、二 | 無 | 20.7.1 進級 |
| 20、8、29、才五一 兵站病院転属 | 20、1、31 | 独歩第八一大隊 一九、二、八 | 東京都足立區花畑町四七九番地 | 同 | 上 父 | 若生喜蔵 | 昭19 | 現衞井一 20、5、18 19、11、18 | 若生善作 大一四、七、九 | 無 | 20.6.1 進級 |
| 20、8、29、才五一 兵站病院転属 | 20、1、31 | 独歩第八一大隊 一九、二、一八 | 山梨縣西八代郡山保村大山二五五番地 | 神奈川縣横濱市戸塚區汲澤町二一九二番地 | 父 | 渡邊利一 | 昭19 | 現衞井一 20、5、18 19、11、18 | 渡邊千徳 大一四、三、二五 | 無 | 20.6.1 進級 |
| 20、8、29、才一五二 兵站病院転属 | 20、1、31 | 独歩第八一大隊 一九、一一、六 | 山梨縣南都留郡下吉田町下吉田三三九番地 | 東京都立川市錦町二丁目二七六五番地 | 父 | 萱沼光治 | 昭19 | 現衞二 20、5、18 19、11、18 | 渡邊昌往 大一四、七、五 | 無 | 20.6.1 進級 |
| 20、8、29、才一八七 兵站病院転属 | 20、1、31 | 独歩第八一大隊 一九、二、六、二 | 千葉縣山武郡日向村一四八九番地 | 千葉縣千葉市神明町一九四番地 | 父 | 若林金造 | 昭19 | 現衞井一 20、5、18 19、11、18 | 若林克己 大一四、三、一五 | 無 | 20.6.1 進級 |
| 20、8、29、才一五三 兵站病院転属 | 20、1、31 | 独歩第八一大隊 一九、二、二八 | 千葉縣安房郡平群村平久里中三二四番地 | 東京都目黒區平町二二四番地 | 父 | 和田茂 | 昭19 | 現衞井一 20、5、18 19、11、18 | 和田友二郎 大三、一〇、二五 | 無 | 20.6.1 進級 |
| 20、8、29、才一軍司令官定ムル兵站病院転属 | 17、6、24 | 歩兵第一五七聯隊 一七、五、二五 | 山梨縣南都留郡勝山村二一四四番地 | 同 | 上 妻 | 渡邊ヒ多 | 昭8 | 衞井長 20、5、20 18、11、25 | 渡邊一夫 大二、八、一 | 無 | |
| 20、8、29、才一九四 兵站病院転属 | 18、10、1 | 氣球聯隊 一八九、二〇 | 山梨縣東山梨郡中牧村倉科五八八九番地 | 山梨縣東山梨郡日下部町小原農会内 | 母 | 渡邊ナヨ | 昭15 | 二補衞上 20、8、20 19、3、20 | 渡邊貞男 大九、五、一七 | 無 | |

196

# 留守名簿

| 欄 | 1 | 2 | 3 | 4 | 5 | 6 |
|---|---|---|---|---|---|---|
| （欄外） | 20.8.29第十三軍司令官ノ定ムル兵站病院転属 | 20.8.29第一九四兵站病院転属 | 20.8.29第一九四兵站病院転属 | 20.8.29第十三軍司令官ノ定ムル兵站病院転属 | 同右 | 20.8.29第一五二兵站病院転属 |
| 編入年月日 | 17.1.6 | 16.1.6 | 18.10.1 | 18.3.1 | 18.10.1 | 19.3.1 |
| 前所属及其編入年月日 | 歩兵第一四九聯隊 一五、一二、九 | 歩兵第一四九聯隊 一五、一二、九 | 氣球聯隊 一八、九、二〇 | 第三二師團衛生隊 一七、六、四 | 氣球聯隊 一八、九、二〇 | 独立歩兵第五大隊 一八、一二、一 |
| 本籍（在留地） | 山梨縣南都留郡船津村船津八五四番地 | 埼玉縣大宮市大字下加四五九番地 | 山梨縣東山梨郡八幡村切差一三五一番地 | 山梨縣南都留郡小立村字[illegible]崎七二三三番地 | 宮城縣亘理郡山下村北泥沼二二二番地ノ一 | 山梨縣南巨摩郡富河村楮根七六四番地 |
| 留守擔當者 住所 | 静岡縣駿東郡長泉村下土狩 原 | 同上 | 同上 | 同上 | 同上 | 同上 |
| 續柄 | 母 | 兄 | 父 | 兄 | 妻 | |
| 氏名 | 渡邊みや | 若林庄三 | 渡邊恭衛 | 渡邊鶴夫 | 渡邊二美子 | 若林賢藏 |
| 徴集年 任官年 | 昭15 | 昭15 | 昭15 | 昭13 | 昭11 | 昭18 |
| 役種兵種官等級 發令年月日 | 一補衛 20.8.20 上長 | 一補衛 20.8.20 衛長 伍 | 二補衛 20.8.20 上 | 一補衛 20.8.20 兵長 | 二國衛 20.8.20 兵長 | 現衛上長 20.6.12 |
| 氏名 生年月日 | 渡邊勝 大九、一、九 | 若林光治 大九、八、一九 | 渡邊久雄 大九、一、二七 | 渡邊富夫 大七、九、五 | 渡邊[illegible]衛 大五、二、二 | 若林重明 大一二、七、二〇 |
| 留守宅渡ノ有無 | 無 | 無 | 無 | 無 | 無 | 無 |
| 補修年月日 | | | | | | |

7

24.7進級

| | | | | | | | | | | | |
|---|---|---|---|---|---|---|---|---|---|---|---|
| 20、8、29 第一九八 兵站病院転属 | 19、3、1 | 独立歩兵第一五大隊 一八二三、一二 | 山梨縣南巨摩郡下山村下山第八七五七番地 | 同上 | 兄 | 渡邊百十一 | 昭18 | 現衛上長 20、6、12 | 渡邊秋晴 | 無 | 20.7.1進級 |
| 20、8、29 第一五二一 兵站病院転属 | 20、1、1 | 独歩第八一三大隊 一九一二、一八 | 千葉縣市原郡平三村平蔵三々五五番地 | 同上 | 父 | 渡邊廣郎 | 昭19 | 現衛二一 21、4、18 | 渡邊信重 大一四、四、二六 | 無 | 20.6.1進級 |
| 20、8、29 第十三軍司令官ノ定ムル兵站病院転属 | 18、3、9 | | 栃木縣上都賀郡板荷村一三五八番地 | 同上 | 父 | 渡邊幸太郎 | | 自動車操縦者 20、8、20 | 渡邊安二 大六、一二、二 | 有 | |
| 同右 | 16、4、2 | | 山形縣西村山郡三泉村大字上河原一六四番地 | 中華民國河南省新郷縣新郷同慶里一六号 | 妻 | 渡邊ふで | | 自動車操縦者 20、8、20 | 渡邊豊助 | 無 | 20.4.5昇給 20.8.20昇給 |
| 20、8、29 第一五四 兵站病院転属 | 15、5、1 | | 栃木縣都賀郡生井大字生井乙八六八番地 | 同上 | 兄 | 若林茂一 | | 技術雇員 20、8、20 | 若林禎二 大四、一一、一 | 有 | 20.4.5昇給 20.8.20 〃 |
| 20、8、29 第一五五 兵站病院転属 | 16、5、26 | | 東京都神田区須田町一丁目二一 東京都芝区新橋六丁目二八 | 中華民國済南市三六馬路緯七路仁号宿舎 | 妻 | 綿貫ユキ | | 自動車操縦者 20、8、20 | 綿貫久三郎 | 無 | 20.4.5昇給 20.8.20昇給 |

198

9999-9

## 編集・解説者紹介


### 西山勝夫
にしやま かつお

1942 年生まれ。滋賀医科大学名誉教授。


主な著書：

『新労働科学論』（共著、労働経済社、1988 年）

『運転手の腰痛と全身振動』（共著、文理閣、2004 年）

『建設労働者の職業病』（共著、文理閣、2006 年）

『フォークリフト運転座席の改善と腰痛予防効果』（編著、文理閣、2007 年）

『パネル集　戦争と医の倫理 日本の医学者・医師の「15 年戦争」への加担と責任』（共著、三恵社、2012 年）

『戦争と医学』（文理閣、2014 年〔中国語版 2015 年〕）

『NO MORE 731 日本軍細菌戦部隊』（編著、文理閣、2015 年）

『戦争・七三一と大学・医科大学』（編著、文理閣、2016 年）

編集復刻版『留守名簿 関東軍防疫給水部』全２冊（編・解説、不二出版、2018 年）


十五年戦争陸軍留守名簿資料集③

**留《る》守《す》名《めい》簿《ぼ》 北《きた》支《し》那《な》防《ぼう》疫《えき》給《きゅう》水《すい》部《ぶ》**

２０１９年７月３１日　第１刷発行

定価（本体３３，０００円＋税）

編集・解説　西山勝夫

発　行　者　小林淳子

発　行　所　不二出版株式会社

東京都文京区水道２－10－10

電話０３－５９８１－６７０４

(http://www.fujishuppan.co.jp)

組版＝昴印刷／印刷＝栄　光／製本＝青木製本

ISBN 978-4-8350-8296-7

## ❖十五年戦争陸軍留守名簿資料集

【既　刊】

十五年戦争陸軍留守名簿資料集①
**留守名簿　関東軍防疫給水部**　全２冊（全２回配本）〔モノクロ版〕

第１回配本　第１冊（２０１８年８月刊行）
定価（本体１８、０００円＋税）
ISBN978-4-8350-8251-6

第２回配本　第２冊（２０１８年12月刊行）
定価（本体１８、０００円＋税）
ISBN978-4-8350-8252-3

十五年戦争陸軍留守名簿資料集③
**留守名簿　北支那防疫給水部**　全１冊〔カラー版〕（２０１９年７月刊）
定価（本体３３、０００円＋税）
ISBN978-4-8350-8296-7

【続刊予定】

十五年戦争陸軍留守名簿資料集④
**留守名簿　南方軍防疫給水部**　全１冊〔カラー版〕　定価未定（２０１９年９月）

十五年戦争陸軍留守名簿資料集⑤
**留守名簿　関東軍軍馬防疫廠**　全１冊〔カラー版〕　定価未定（２０１９年12月）

十五年戦争陸軍留守名簿資料集⑥
**留守名簿　中支防疫給水部**　全１冊〔カラー版〕　定価未定（２０２０年５月）

十五年戦争陸軍留守名簿資料集②
**留守名簿　関東軍防疫給水部復七**　全２冊〔カラー版〕　定価未定（２０２０年２月）